天津臭氧污染成因及预报技术研究

主编：韩素芹

气象出版社
China Meteorological Press

内 容 简 介

本书是关于臭氧污染形成机理和数值模拟技术应用的一本专著。书中系统总结了作者近年来围绕臭氧污染成因和预报评估技术的研究成果，揭示了气象因素以及其他大气污染物对臭氧污染形成的影响机理，详细阐述了天津地区典型臭氧污染过程成因、臭氧精细化数值模型构建以及预报评估技术集成应用等代表性成果。本书兼顾臭氧污染研究的前沿性和业务服务领域的实用性，可供大气物理、大气化学和数值模拟领域的科研人员及预报人员阅读和参考，也可供相关专业研究生、本科生等参考使用。

图书在版编目（CIP）数据

天津臭氧污染成因及预报技术研究 / 韩素芹主编
. -- 北京 : 气象出版社, 2023.8
ISBN 978-7-5029-7958-4

Ⅰ. ①天… Ⅱ. ①韩… Ⅲ. ①臭氧－空气污染－成因－研究－天津②臭氧－空气污染－预报－研究－天津
Ⅳ. ①X511②0613.3

中国国家版本馆CIP数据核字(2023)第065860号

天津臭氧污染成因及预报技术研究
Tianjin Chouyang Wuran Chengyin ji Yubao Jishu Yanjiu

出版发行： 气象出版社
地　　址： 北京市海淀区中关村南大街 46 号　　**邮政编码：** 100081
电　　话： 010-68407112(总编室)　010-68408042(发行部)
网　　址： http://www.qxcbs.com　　**E-mail：** qxcbs@cma.gov.cn
责任编辑： 黄红丽　郑乐乡　　**终　　审：** 张　斌
责任校对： 张硕杰　　**责任技编：** 赵相宁
封面设计： 博雅锦
印　　刷： 北京建宏印刷有限公司
开　　本： 787 mm×1092 mm　1/16　　**印　　张：** 10.75
字　　数： 272 千字
版　　次： 2023 年 8 月第 1 版　　**印　　次：** 2023 年 8 月第 1 次印刷
定　　价： 75.00 元

《天津臭氧污染成因及预报技术研究》编委会

主　编：韩素芹

编　委：丁　净　姚　青　杨　旭　蔡子颖

张　敏　樊文雁　唐颖潇

前 言

党中央、国务院颁布实施《大气污染防治行动计划》《关于全面加强生态环境保护 坚决打好污染防治攻坚战的意见》等一系列重大举措以来，我国大气污染防治取得阶段性成效，细颗粒物（$PM_{2.5}$）浓度持续下降，但臭氧污染呈现上升和蔓延态势，为我国“实现美丽中国”“打赢蓝天保卫战”提出了严峻挑战。臭氧是一种重要的大气光化学产物，对人体健康、生态系统、气候变化等方面产生显著影响。京津冀及周边地区是我国臭氧污染比较严重的区域，天津作为北方沿海城市，建有中国最大的人工深水港——天津港，每年有大量的轮船进出渤海海峡。作为环渤海炼化一体化产业基地挥发性有机物（VOCs）、氮氧化物（NO_x）等前体物排放量大，大范围、长时间的臭氧污染事件，已引起各界广泛关注。

臭氧污染过程的形成受前体物排放、化学转化和气象因素的综合影响，不同污染过程的表现特征及成因不尽相同。天津独特的沿海特殊气象条件直接影响臭氧污染形成，也为臭氧污染精准预报带来挑战。韩素芹牵头的创新团队承担多项与臭氧污染相关的省部级及以上课题和业务建设项目，以 255 m 气象塔为中心建成臭氧及其前体物立体观测网，组织强化观测实验，采用统计分析和数值模拟技术研究臭氧污染成因，改进大气化学数值模式，建立臭氧预报和评估技术方法，为天津地区臭氧污染防治提供技术支撑。

本书共分为 7 章。第 1 章绪论，主要介绍臭氧污染形成机制以及臭氧预报评估技术的研究进展；第 2 章臭氧及气象观测，主要介绍天津围绕臭氧污染建成的观测网络；第 3 章臭氧及前体物的时空分布特征，主要介绍京津冀地区臭氧和前体物的时空变化特征以及基于气象塔观测的低层臭氧垂直分布特征；第 4 章气象因素对臭氧污染形成的影响，主要介绍辐射、日照、气温、空气湿度、风、混合层厚度、湍流及层结稳定性等气象因素对臭氧污染形成的影响；第 5 章臭氧与其他大气污染物的关系，主要介绍前体物、气溶胶对臭氧污染的影响以及过氧乙酰硝酸酯（PAN）和臭氧的关系；第 6 章典型臭氧污染过程特征及成因，主要介绍天津臭氧污染及光化学特征的城郊差异、前体物对臭氧污染形成贡献和大气边界层对臭氧垂直光化学生成机制的影响；第7章臭氧污染预报评估技术及应用，主要介绍围绕臭氧的大气化学数值模式改进技术、臭氧预报评估方法及其在天津环境气象业务中的技术集成与应用。韩素芹负责本书总体框架的设计和编写，主要作者包括韩素芹、丁净、姚青、杨旭、蔡子颖、张敏、樊文雁和唐颖潇，韩素芹、丁净、姚青和杨旭最后统稿。

臭氧污染形成的光化学生成机制比较复杂，需要持续进行研究。由于作者对臭氧污染的科学认识水平有限，书中疏漏和不当之处，敬请读者指正。

韩素芹

2022年11月于天津

目　录

前言

第 1 章　绪论 /001

1.1　臭氧生成机制概述 /001

1.2　臭氧预报和评估技术的发展概述 /006

第 2 章　臭氧及气象观测 /011

2.1　臭氧及气象立体观测体系 /011

2.2　臭氧污染强化观测 /017

第 3 章　臭氧及前体物的时空分布特征 /019

3.1　京津冀区域臭氧污染特征 /019

3.2　天津臭氧及前体物时间变化特征 /024

3.3　天津臭氧及前体物空间分布变化特征 /033

3.4　天津近地面臭氧垂直分布特征 /038

3.5　本章小结 /041

第 4 章　气象因素对臭氧污染形成的影响 /042

4.1　辐射和日照的影响 /042

4.2　气温和空气湿度的影响 /044

4.3　风的影响 /048

4.4　混合层高度、湍流及层结稳定性的影响 /051

4.5　本章小结 /054

第 5 章　臭氧与其他大气污染物的关系 /055

5.1　前体物对臭氧生成的影响 /055

5.2　气溶胶对臭氧浓度的影响 /060

5.3　臭氧与 PAN 的关系 /070

5.4　本章小结 /077

第 6 章　典型臭氧污染过程特征及成因 /079

6.1　夏季臭氧污染特征及成因的城郊差异 /079

6.2　夏季前体物对臭氧生成的影响 /087

6.3　夜间边界层对近地层臭氧的影响 /092

6.4　边界层内臭氧垂直分布特征及成因 /096

6.5　本章小结 /106

第 7 章　臭氧污染预报评估技术及应用 /107

7.1　臭氧污染统计预报技术 /107

7.2　臭氧污染数值预报技术 /112

7.3　臭氧污染影响评估技术 /125

7.4　臭氧污染预报和评估技术集成与应用 /138

7.5　本章小结 /152

参考文献 /154

第1章 绪 论

臭氧是一种重要的大气光化学产物，也是我国重点监测的大气污染物之一。每年夏季我国中东部地区会出现大范围、长时间的臭氧污染事件，对人体健康、生态系统、气候变化等方面产生显著影响。瞬时或长时间高浓度的臭氧暴露，会引起人类呼吸系统疾病、心血管疾病以及神经系统疾病的发生（Canella et al.，2016；Rider et al.，2019）。此外，臭氧可通过植物叶片的气孔进入植物体内并产生高活性氧化剂，降低多种光合作用催化酶的含量与活性，抑制光合色素的合成，诱导植物细胞中的叶绿体变异（Van Dingenen et al.，2009）。大量研究证实，臭氧浓度水平的升高会造成水稻、小麦、棉花等作物的减产（Avnery et al.，2011；Feng et al.，2015，2022）。

大气中的臭氧主要分布在平流层和对流层中，其中以平流层为主。平流层臭氧通过吸收太阳紫外辐射从而保护地球上的生命免受强紫外辐射的影响，而对流层内的臭氧大部分来自于光化学反应，是挥发性有机物（VOCs）和氮氧化物（NO_x）在太阳光照射下发生光化学反应的产物。对流层臭氧作为典型的二次污染物，是造成我国区域大气复合污染的重要因素之一。臭氧及其前体物的污染具有明显的区域特征和时空分布差异，臭氧与前体物的响应关系及关键前体物控制因地区差别而异。气象条件是造成臭氧污染重要的驱动因素，短期内臭氧浓度波动受气象因素诱导，长期看臭氧污染变化趋势在一定程度上受气候变化的影响。臭氧污染过程的发生往往伴随有高温、低湿、强辐射等气象特征，各气象因素对臭氧污染的独立和交互影响使得臭氧污染预测变得困难。

天津市作为我国北方最大的港口城市，石油化工产业是天津的支柱产业，前体物的大量排放对天津市臭氧污染有重要贡献。受渤海和华北平原等地形影响，独特的气象特征也会影响臭氧的形成和分布。因此，开展臭氧污染成因及预报技术研究，掌握天津市臭氧及前体物的污染水平和时空分布特征，厘清臭氧与前体物的响应关系，明晰影响臭氧生成的气象和气候因素，优化臭氧预报技术，可为臭氧污染的预报准确率提高及科学防控提供有效的气象保障。

1.1 臭氧生成机制概述

1.1.1 臭氧来源与生成机制

近地层臭氧（O_3）其生成机制较为复杂。美国的“空气污染控制之父”Haagen-Smit 通过一系列实验，发现加利福尼亚的光化学烟雾是由机动车尾气排放和工业设施排放的废气在阳光的照射下发生反应而产生大量 O_3 造成的，从而提出了 O_3 形成的初步理论（Haagen-Smit，1963，1964，1970）。该理论将大气光化学反应比作"燃烧的火焰"，VOCs 可看作燃料，NO_x 是助燃剂，阳光是不可或缺的引燃剂，在后续的自由基链反应中，VOCs 被氧化成含氧的有机物，O_3 逐渐累积。由于 VOCs 物种数量很多，O_3 产生的光化学反应可涉及数千个物种、两万多个反应。目前用 16 个反应组成的简化机制来概括描述光化学烟雾的形成过程（Narsto，2000；唐孝炎 等，2006）。地球大气中的 O_3 最终由原子氧 $O(^3P)$ 和分子氧（O_2）（式(1.1)和式(1.2)）的结合反应形成。在平流层，短波紫外线辐射（UV）（$\lambda \leqslant 240$ nm）对 O_2 的光解提供原子氧并促进 O_3 层的形成（Chapman，1930）。在紫外线辐射较少的对流层中，波长 $\leqslant 424$ nm（（式(1.1)）下 NO_2 光解成为 $O(^3P)$原子的主要来源并促使 O_3 形成。O_3 一旦形成，很容易与 NO 反应生成 NO_2（式(1.3)）。（式(1.1)）和（式(1.2)）涉及的反应是对流层 O_3 生成的唯一化学来源，当不涉及其他化学物质时，（式(1.1)—式(1.3)）构成了 O_3、NO、NO_2 之间的光化学循环，不会造成 O_3 浓度的增加。

$$NO_2 + h\nu(\lambda < 420\ nm) \rightarrow NO + O(^3P) \tag{1.1}$$

$$O(^3P) + O_2 + M \rightarrow O_3 \tag{1.2}$$

$$O_3 + NO \rightarrow NO_2 + O_2 \tag{1.3}$$

排放到大气中的 VOCs 与羟基自由基（OH）发生反应，会打破上述循环。反应（式(1.4)）和（式(1.5)）是对流层 OH 自由基的主要来源，反应（式(1.6)）是污染城市地区近地面的 OH 自由基主要来源。大气的氧化过程是由 OH 自由基驱动的，在光化学反应过程中，OH 自由基与多种微量气体反应，控制它们的氧化和去除过程。反应（式(1.7)—(1.13)）是自由基的链传递过程，CO 和 VOCs 与 OH 自由基反应生成过氧自由基（HO_2 或 RO_2），过氧自由基进一步氧化 NO 为 NO_2，同反应（式(1.3)）竞争，使得 O_3 出现净生成。反应（式(1.14)—(1.17)）是自由基链终止的主要过程，在大气中避免了"爆炸性"反应的出现。

自由基引发反应：

$$O_3 + h\nu(\lambda < 320\ nm) \rightarrow O(^1D) + O_2 \tag{1.4}$$

$$O(^1D) + H_2O \rightarrow OH + OH \tag{1.5}$$

$$HONO + h\nu(\lambda < 400\ nm) \rightarrow OH + NO \tag{1.6}$$

自由基传递反应：

$$CO + OH \rightarrow H_2O + CO_2 \tag{1.7}$$

$$VOCs + OH \rightarrow RO_2 + H_2O \tag{1.8}$$

$$RCHO + OH \rightarrow RC(O)O_2 + H_2O \tag{1.9}$$

$$RCHO + h\nu \rightarrow RO_2 + HO_2 + CO \tag{1.10}$$

$$HO_2 + NO \rightarrow NO_2 + OH \tag{1.11}$$

$$RO_2 + NO \rightarrow NO_2 + RCHO + HO_2 \tag{1.12}$$

$$RC(O)O_2 + NO \rightarrow NO_2 + RO_2 + CO_2 \tag{1.13}$$

自由基终止反应：

$$HO_2 + HO_2 + M \rightarrow H_2O_2 + O_2 + M \tag{1.14}$$

$$HO_2 + RO_2 \rightarrow ROOH + O_2 \tag{1.15}$$

$$OH + NO_2 + M \rightarrow HNO_3 + M \tag{1.16}$$

$$RC(O)O_2 + NO_2 \leftrightarrow PANs \tag{1.17}$$

从上述 O_3 形成的机制可以看出，O_3 浓度的增加归因于两种方式。一方面，NO_2 在太阳辐射的存在下可以产生原子氧，它可以与 O_2 反应形成 O_3（式(1.1)和式(1.2)）。另一方面，VOCs 与 OH 自由基反应生成 HO_2 和 RO_2，可以将 NO 快速转化为 NO_2，从而阻碍(式(1.3))反应的过程，导致 O_3（式(1.11)和式(1.12)）的积累。

近地面 O_3 是 VOCs 和 NO_x 在太阳光照射下发生光化学反应的产物，前体物排放及光化学转化是影响 O_3 污染的重要因素。O_3 浓度的降低主要依赖于 NO 滴定，因此城市地区的 O_3 浓度往往在夜间达到最低点(Sillman，1999)。在实际大气中，当 VOCs/NO_x 比值较低时，OH 自由基与 NO_2 生成 HNO_3 的反应是终止反应(式(1.16))。在这种情况下，NO_2 浓度越高，消耗的 OH 越多。因此，过氧自由基的产生和随后的 NO 氧化将受到抑制。随着 VOCs 含量的增加，更多的过氧自由基与 NO 反应，促进 O_3 浓度的积累(式(1.11)、式(1.12)和式(1.13))。所以 O_3 浓度会随着 VOCs 浓度的增加而增加，属于 VOCs 控制化学。当 VOCs/NO_x 比值高时，式(1.14)是终止反应，在这种情况下，可被过氧自由基氧化的 NO 的短缺导致 O_3 的积累较慢。因此，近地面 O_3 的形成主要受 NO_x 浓度水平而非 VOCs 浓度水平控制，O_3 浓度会随着 NO_x 浓度的增加而增加，属于"NO_x 控制"化学。我国典型城市群区域 VOCs 控制区和 NO_x 控制区分界线对应的 VOCs 反应活性与 NO_x 反应活性的比值为 3∶1～4∶1(蒋美青 等，2018)。此外，在实际研究中，除了划分 NO_x 控制区和 VOCs 控制区外，还划分 NO_x-VOCs 过渡区。近地面 O_3 的化学形成机制非常复杂，针对 O_3 污染控制区开展分区防控是目前 O_3 污染防控的主要政策手段。

1.1.2 臭氧与前体物的关系

过去的几十年中，O_3、NO_x 和 VOCs 之间的复杂关系促进了大气光化学研究方法的发展(Yarwood et al.，2005)，也被用来识别 O_3 污染主控区，以支撑 O_3 污染防治决策工作。基于观测资料的方法简单易行，相对增量活性法(RIR)和光化学指示剂法(PI)在 O_3-NO_x-VOCs 敏感性分析中广泛应用。经验动力学方法(EKMA)和空气质量模型法也是识别 O_3 污染主控区的重要方法。在决策支撑的研究中，通常多种方法并行，以获取更为准确的 O_3、NO_x 和 VOCs 关系，识别 O_3 污染的主要控制因素，制定科学可行的治理措施。

1989 年，Carter 等提出了增量反应性(IR)的概念来评估 VOCs 组分对 O_3 形成的影响(Carter et al.，1989)。基于这个概念，Cardelino 等(1995)提出了 RIR 法来分析 O_3-NO_x-VOCs 的敏感性，即将 VOCs、CO 和 NO_x 等主要污染物的观测值输入到具有光化学机制的零维模型中，计算相对增量反应性来评估 O_3-NO_x-VOCs 敏感性(Rusll et al.，2000；Liu et al.，2021a，2021b)。该方法基于实测数据，不确定性较低(Russll et al.，2000；Edson et al.，2017)，但光化学箱模型中 NO_x 和 VOCs 的测量值仅能决定 O_3 的瞬时生成速率，不能反映大气光化学过程的动态演化过程，模拟结果无法为评估 O_3-NO_x-VOCs 敏感性的长期演化和区域输送提供依据，因为无法确定前体物的具体减排量以降低 O_3 浓度，导致该方法无法为决策提供直接依据。

指示剂法是基于对过氧化物和活性氮等二次产物的观测，将一些二次产物(指示物质)的速率和 O_3-NO_x-VOCs 敏感性相关联。通过一些物种浓度的比值，可以初步判断 O_3 生成的敏感性区域。Liu 等(1987)提出 O_3 生成效率($OPE=\Delta O_3/\Delta NO_x$)来定义 O_3 生成和 NO_x 循环的关系。一般认为，OPE<4 对应 VOCs 限制区，OPE>6 对应 NO_x 限制区，4 <OPE<6 对应共

同限制区(Trainer et al.，1993)。由于地面观测技术简单，数据易获取，各类指标相继出现，指示剂法得到了广泛的应用(Wang et al.，2017；Milford et al.，1994；Sillman，1995)。基于外场观测数据，利用指示剂及其阈值可以快速判定 O_3-NO_x-VOCs 的敏感性，但是阈值会随着环境条件的不同而变化，且缺乏统一的标准，此外，光化学指示剂法识别 O_3 敏感性的有效性取决于 O_3 污染的严重程度 (Lu et al.，1998；Sillman，1995；Sillman et al.，1998，2002)，这也限制了该方法的深入应用。

EKMA 法主要在零维的光化学模型中输入早晨的气态污染物(NO_x，VOCs，$PM_{2.5}$等)和气象因素(气温、相对湿度、紫外辐射等)来模拟 O_3 的最大生成速率。O_3 的生成与 NO_x 和 VOCs 的初始浓度有关，其对前体物的敏感性可以利用 O_3 等值线图来表示。经过不断地迭代和发展(Sillman et al.，1999)，目前 EKMA 模型中已经考虑了更多的气象因素，如压力、湿度、温度和混合层高度(Orlando et al.，2010)，在模拟过程中还考虑了大气颗粒物与 O_3 相互作用机制。由于 EKMA 模型中设置的不同模拟情景，导致结果对于输入参数非常敏感，难以精确描述有机化合物在真实大气中的反应(Heo et al.，2012)。

空气质量模型内置了污染源排放清单、光化学反应机制和气象场来模拟不同空间尺度的 O_3 生成。考虑到基于空气质量模式的敏感性分析技术可以用来研究大气中某个要素(如排放源)改变时，大气系统(如污染物浓度)如何响应，《环境空气臭氧污染来源解析技术指南(试行)》(2018)推广了该方法，给出了采用该模型进行 O_3-NO_x-VOCs 敏感性分析的方法和案例。空气质量模式进行敏感性研究方法分为强力削减法(Brute Force Method)、去耦直接法(Decoupled Direct Method)等直接(前向)敏感性分析方法和伴随模式法(Adjoint)等后向敏感性方法。不同模型之间的结果可能存在不一致甚至矛盾之处，决策者在基于 O_3-NO_x-VOCs 敏感性制定减排方案时不能依赖单一的空气质量模型。

国内外学者利用上述研究方法开展了大量研究，不同国家、不同地区由于污染源结构和排放强度不同，导致 O_3-NO_x-VOCs 敏感性存在显著差异(Liu et al.，2021a；McDonald et al.，2015；Sierra et al.，2013；Itahashi et al.，2013；Kiriyama et al.，2015；Kumar et al.，2019)。我国大部分城市属于 VOCs 控制区，其关键性物种为芳香烃和烯烃类，不同区域、不同时段研究结果存在较大差异(Xue et al.，2014；Li et al.，2014；Peng et al.，2011)，且 O_3 污染控制区存在日变化、季节变化特征(Lu et al.，2010)和城郊差异(Wang et al.，2017；蒋美青 等，2018)。虽然目前 VOCs 仍未得到有效控制，但随着 NO_x 的深度减排，O_3 稳定降低，其生成已经由 VOCs 控制转向 NO_x 控制，机动车排放标准的提升和"散乱污"排放的整治是导致这一转变的关键因素(Tang et al.，2021b)。基于卫星观测的 HCHO 和 NO_2 数据的综合分析显示，近 10 年来我国大多数农村地区为 NO_x 控制区，但是京津冀、长三角和珠三角及周边地区属于过渡区的范围在扩大，利用线性回归分析预计，到 2030 年我国大部分地区在 O_3 污染季节将会转换到 O_3 生成的过渡区(Jin et al.，2015)。对流层 O_3 及其前体物可能会在大气中停留长达数周甚至数月，气团输送对地表 O_3 化学形成的影响也得到研究人员的关注(Milford et al.，1989；Sillman，1999；Cooper et al.，2010；Lin et al.，2012b；Ryoo et al.，2017)。Kunhikrishnan 等(2006)提出，由于外部区域输送对 O_3 的影响，在印度使用 NO_x 或 VOCs 控制区作为减排的根据是无效的。Lei 等(2021)在中国中部的一个区域背景站点评估了气团长距离传输对 O_3 光化学的影响，由于秋季华北平原 NO_x 的远程传输影响，研究点的 O_3 光化学形成从夏季的过渡区转为秋季的 VOCs 控制区。

除前体物排放和区域输送对 O_3-NO_x-VOCs 敏感性存在影响外，颗粒物对 O_3-NO_x-VOCs 敏感性也存在一定影响。Li 等(2019)发现，由于气溶胶的化学作用，华北平原颗粒物变化对 O_3 趋势的影响大于 NO_x 或 VOCs 排放。气溶胶对 NO_2 和 NO_3 的吸收可以增加羟基自由基但同时减少 NO_x，导致中国 VOCs 控制区的 O_3 形成增加(Lou et al.,2014)。颗粒物的非均相反应可能产生自由基的前体物 HONO，也可能对(HO_2)自由基或其活性前体物(N_2O_5)产生清除作用，从而促进或抑制 O_3 的生成，$PM_{2.5}$ 浓度的降低可以减缓气溶胶颗粒对 HO_2 的反应性吸收，可能导致 O_3 的形成对 NO_x 更加敏感。此外，颗粒物可以通过散射或吸收太阳辐射改变光解速率来影响 O_3 的浓度变化(Chen et al.,2021)。

1.1.3 气象因素对臭氧污染的影响

O_3 是光化学反应的产物，不同尺度天气和气候变化对 O_3 影响程度不同，短期 O_3 污染事件受气象因素诱导，长期 O_3 污染变化趋势在一定程度上受气候变化的影响。O_3 形成与气温、空气湿度、太阳辐射、边界层高度等气象要素密切相关，高温、低湿、光照充足的气象条件有利于 O_3 污染形成(Wang et al., 2017; Porter et al.,2019; Liu Y et al., 2020)。太阳辐射特别是紫外辐射驱动着 VOCs 和 NO_x 的光解(Seinfeld et al.,2016)。气温直接影响光化学反应速率，以及通过影响土壤 NO_x 和生物挥发性有机物(BVOCs)排放间接调控 O_3 生成(Porter et al.,2019; Dang et al.,2021)。空气湿度影响 O_3 的湿沉降和云的形成，通过气溶胶辐射效应影响到达地面的太阳辐射，进而影响 O_3 的光化学反应(Tao et al.,2014; Ma et al.,2021; Gao et al.,2021)。风通过垂直扩散和水平方向的区域输送影响 O_3 及其前体物的浓度(Liu Y et al.,2020; Yang L et al.,2019)。天气系统影响着局地气象条件，刘静达(2020)分析了我国9大区域不同天气型对应的 O_3 浓度和气象要素，发现除珠三角外，所有区域高 O_3 浓度均与低压系统前部或底部、高压后部及均压场相关，分别对应了冷锋过境前或气压梯度较小的特征。但 Dong 等(2020)的研究发现，华北地区夏季天气形势与 O_3 污染紧密相关，但不是 O_3 浓度呈增长趋势的主要原因。

不同地区和不同季节影响 O_3 变化的关键气象因素存在差异。针对我国334个城市的研究发现，气温、相对湿度和日照时数是影响 O_3 浓度最重要的3个气象因素(Hu et al., 2021)。其中影响我国南北方 O_3 浓度的主控气象要素略有不同(Ma et al., 2016; Chen et al., 2017)，Liu J 等(2019)等发现日最高气温、相对湿度、经向风和总云量是影响我国北方 O_3 变化的主导气象因素，其中气温是影响北京市夏季 O_3 的最关键因素。而在南方，例如广州，太阳辐射则是影响 O_3 变化的关键因素(Yin et al.,2019)。此外，以往的一些工作也研究了气象因素对 O_3-NO_x-VOCs 敏感性的影响。例如，一些研究将 O_3 形成机制的季节性差异部分归因于 BVOCs 排放的季节性变化(Ou et al.,2016)。研究发现，由于 BVOCs 排放量随温度升高而增加，导致夏季许多地区的 O_3 形成对 NO_x 更为敏感(Duncan et al., 2009)。由于夏季 NO_x 的光化学反应活跃导致其寿命较短，并且 VOCs 在高温下更容易挥发，导致夏季 O_3 的形成对 NO_x 更敏感(Chen et al.,2020)。

气象对 O_3 长期变化趋势的贡献对于理解空气质量的变化成因至关重要(Liu Y et al., 2020;Li et al., 2020;Lin et al., 2021)。Li 等(2021)发现，2013—2017年华北地区 O_3 变化的驱动因素存在空间和季节上的差异，大多数城市 O_3 变化受前体物排放的影响大于气象条件。然而，相当多的研究指出，气象条件的改变对于 O_3 的变化有更大的影响，例如 Ding 等

(2019)的研究强调人为排放的缩减可有效降低 O_3 的峰值浓度，但对城市地区的影响较小，多数城市 O_3 浓度的增长趋势与气象变化有关，且 O_3 增长较多的区域对气象变化的敏感度要大于排放变化(Sun et al.，2019)。在 O_3 高污染的年份，例如 2017 年，O_3 污染事件总伴随着高温出现，高温导致 BVOCs 的大量排放，从而增强 O_3 的光化学形成，相反，仅国内的人为排放会导致 O_3 下降(Lu et al.，2019a；Dang et al.，2021)。Mousavinezhad 等 (2021)指出，长三角、珠三角和四川盆地地区气象条件对 O_3 浓度的变化占据主导地位，而前体物排放是京津冀地区 O_3 增长的主要原因。排放对我国南北方典型城市 O_3 长期趋势的贡献为 40%～80%，其中排放对北京 O_3 长期变化趋势的贡献为 55%(张运江 等，2022)。而另一项研究则认为，气象条件仅可以解释 2006—2017 年北京市 O_3 长期变化趋势的 2%～3%(Cheng et al.，2019)。对于京津冀地区，气象和排放对 O_3 长期变化趋势的贡献尚存在争议，仍需要进一步的研究来形成共识。

除局地气象条件影响 O_3 生成外，区域间的水平输送和边界层垂直混合可以强烈影响 O_3 的时空分布(Li et al.，2016；Langford et al.，2019；Tang et al.，2021a)。O_3 及前体物 NO_x 和 VOCs 在区域间或区域内城市间相互输送，导致 O_3 污染呈现典型的区域污染特征。2015 年夏季华北平原发生的一次 O_3 重污染事件中，北京和天津的 O_3 浓度超过 30%来自山东和河北(Han et al.，2018)。垂直混合会影响 O_3 在对流层中的分布，白天在强辐射和高前体物浓度水平下，边界层内大量 O_3 生成和积累，夜间辐射冷却导致近地面大气趋于稳定，在稳定边界层以上和高层逆温层下形成夜间残留层。由于 NO_x 排放源大多在地表，残留层中的 O_3 缺乏 NO 滴定作用，其浓度维持在较高水平。夜间高空残留层中的 O_3 可以在夜间随盛行风远距离输送，早晨太阳开始加热地面时，对流混合开始加强，混合层开始发展，残留层中的 O_3 被带入混合层中，导致下风向地区地面 O_3 浓度迅速增加(Tang et al.，2021a，2021b)。多项研究证实，这一过程可影响清晨地面 O_3 浓度，并促进边界层日间 O_3 积累(Hu et al.，2018；Xu et al.，2018；Mao et al.，2020)。Zhao 等(2019)在石家庄利用系留汽艇的观测发现，残留层内存储大量 O_3，残留层中 O_3 浓度与前一天最大 O_3 浓度正相关，残留层 O_3 对第二天午间 O_3 的贡献可达 30%。此外，有证据表明副热带急流或中纬度风暴路径中偶然发生的平流层-对流层交换，可导致对流层 O_3 发生变化(Lu et al.，2019b；Langford et al.，2019；Lin et al.，2012a)。

1.2 臭氧预报和评估技术的发展概述

1.2.1 臭氧数值预报模型的发展历程

O_3 的精准预报是开展 O_3 污染防治的重要前提。目前 O_3 预报业务主要采用统计预报模型和数值预报模型，统计预报模型在长时间序列分析方面具有一定的优势，但无法解释大气物理过程和大气化学转化是如何影响预报结果的(刘烽 等，2017)。为了更准确地描述 O_3 形成对其前体物减排的响应，研究人员基于大气物理、大气化学、气象学等建立了空气质量模型(AQM)。模型中嵌入空气污染物排放清单、光化学机制和气象因素等模块，用来模拟真实大气中的 O_3 形成过程。根据空气质量模型的演化历程、模型特征和发展时间将其分为三代。第一代空气质量模型主要包括高斯模型和拉格朗日轨迹模型。在 20 世纪 60 年代末—70 年代初，第一个基于网格的空气质量模型被用来估算 O_3 的形成（Reynolds et al.，1973，1974；Sklarew et al.，1971）。Reynolds 等（1974）研究了洛杉矶道路附近监测点的交通排放对地表 O_3 浓度的影响，结果表明，将物理和化学过程纳入模型对更准确地模拟地面 O_3 的形成和输送具有重要意义。随后，Sklarew 等（1972）提出了一种求解湍流大气扩散方程的新方法来模拟和预测地面 O_3 浓度。MacCracken 等（1975）开发利弗莫尔区域空气质量模型 LIRAQ-1 和 LIRAQ-2，并基于烟雾箱实验获取了主要的化学机制。随着模型的不断发展，更多的物理信息和化学过程被逐渐纳入第一代模型，空气质量模型的性能不断提高。然而，第一代空气质量模型的主要局限性之一是无法处理化学转化的非线性过程，且不考虑空气污染物的垂直和水平输送。

自 20 世纪 80 年代以来，第二代模型中加入了较为复杂的气象参数和化学反应机制，使模拟环境更接近于实际大气状况。由于此类模型主要将整体空间进行了三维网格划分，因此也称为三维网格模型。其代表性模型有城市 UAM（Urban Airshed Model）模型（Scheffe et al.，1993）、区域酸沉降 RADM（Regional Acid Deposition Model）模型（Chang，et al.，1987）及区域氧化 ROM（Regional Oxidant Model）模型（Lamb，1983）。通过求解平流扩散方程和详细的化学机理（Lu et al.，1998），这些模型将研究区域划分为网格，并在整个区域中考虑了对流、扩散和化学反应等大气过程（Sharma et al.，2017）。基于这些模型，O_3 形成研究得以在更多地区开展。第二代空气质量模型中除了考虑对流、扩散和化学反应外，还将云动力学和辐射反馈纳入模型（Sharma et al.，2017）。与第一代空气质量模型相比，第二代空气质量模型可以更准确地模拟复杂的非线性化学转化过程。然而，除了缺乏气溶胶和液相化学外，第二代空气质量模型的另一个关键限制是只考虑了单一的空气污染问题。事实上，在真实大气中，污染物之间并不独立，而是处于相互影响的状态。第二代空气质量模型只是简单地整合了气象模型和物理化学机制，没有考虑到各种大气污染物之间的相互转换和相互影响（张恺，2004）。

20 世纪 90 年代以后，为了使模拟过程更接近现实，出现了第三代空气质量模型来研究地面臭氧的形成。一般来说，大气数值模拟基于两种模型：一是基于大气物理的气象模型，如新一代中尺度天气预报模式 WRF（Weather Research and Forecasting）和区域大气模式系统 RAMS（Regional Atmosphere Modeling System），另一种是基于大气化学的空气质量模型，如区域多尺度空气质量模式 CMAQ（Community Multi-scale Air Quality）、扩展的综合空气质量模型 CAMx（Comprehensive Air quality Model with extensions）和大气化学传输模型 GEOS-Chem（Goddard Earth Observing System-Chemistry）。随着计算机的发展，考虑大气动力、大气物理、大气化学以及陆面作用等理化过程的三维数值模式成为臭氧预报的主流手段。空气质量数值模型自 20 世纪 70 年代以来至今已有四十多年的发展历史，第三代空气质量模型如气象-化学完全在线耦合的新一代区域空气质量模式 WRF-Chem 以及 CMAQ 和 CAMx 可用来识别污染成因，研究 O_3 浓度与排放源、气象条件、大气化学成分、干湿沉降及其他要素之间的定量关系，既可用于历史污染成因的源解析，也可对未来排放源治理方案与措施的有效性进行评估。除引进国外开源数值模式外，我国研究人员相继研发了嵌套网格空气质量预报模式（NAQPMS）、区域天气大气化学大气气溶胶双向耦合模式预报系统（CUACE）和南京大学城市空气质量数值预报模式系统（NJU-CAQPS）等三维模式，突破了区域大气复合污染建模原理和预报若干关键技术，在全国环保、气象和高校等得到了广泛的应用（Li et al.，2007；房小怡 等，2004）。此外，我国还积极发展多模式集合预报方法，形成了多模式集合预报体系。同时发展多元同化反演技术，实时耦合地面观测、雷达和卫星遥感数据，完善了大气复合污染预报能力（中国环境科学学会臭氧污染控制专业委员会，2020）。

近年来，随着机器学习方法的快速发展，数值模拟技术与机器学习的结合成为 O_3 预报的一种新趋势。Alqamah 等（2021）研究人员将 CMAQ 与卷积神经网络（CNN）相结合，吸收数值模拟能够提供精细的空间分辨率和深度神经网络计算速度快的优势，来实现未来 14 d 更准确的小时 O_3 浓度的时空预测。CNN 模型使用 WRF 提供的天气预测产品、CMAQ 提供的空气质量预测产品以及过去 24 h 实测的各项污染物的浓度作为输入。结果显示，CNN 第 1 d 预报的 O_3 浓度平均一致性指数为 0.91，第 14 d 的平均一致性指数为 0.78，预测效果好于 CMAQ 单独的预测。我国重庆和杭州地区的研究也同样发现机器学习结合 CMAQ 或 WRF 模型进行预测调整，预测结果好于 CMAQ 或 WRF 单独的预测（Lu et al.，2021；丰睿，2021）。相较于基于清单的传统空气质量模型 WRF-Chem 或 CMAQ，数值模拟技术与机器学习的结合方式在精度、运行时间上有一定的优势，且不依赖于污染源清单，对大气污染物排放源的变化有更好的适应性，未来还存在很大的发展空间。

1.2.2 臭氧数值预报准确率的影响因素

影响 O_3 预报准确率的因素主要包括三方面（刘烽 等，2017）。一是复杂的大气光化学机制，目前模式中常用的简化机制包含 50 多种物质，涉及化学反应 100 多项，研究表明，选择不同的光化学反应机制，O_3 产生率对 NO_x 和 VOCs 变化的响应不同，得出的 O_3 控制方案可能会有差别。

二是大气物理过程的影响，包括风场、湍流以及干湿沉降等。风场资料的可靠性对 O_3 模拟准确性和精度起着关键作用，但由于风场模拟所面临的普遍性问题，基于天气预报获得大气参数的大气质量预报，仅限于短期预报为宜。在边界层参数化方案中，合理的大气边界层湍流物理过程是准确模拟地面 O_3 浓度的关键，采用不同的湍流变化方案，O_3 模拟结果差异显著，而且对 NO_x 和 VOCs 排放的敏感性不同（Lin et al.，1994）。研究表明，非局地湍流通量参数化方案改善了垂直湍流交换过程的描述，尤其适用于具有强烈垂直交换的热力对流边界层，在 O_3 和 $PM_{2.5}$ 的模拟上更有优势（Chen et al.，2017）。干湿沉降也是影响 O_3 模拟精准的物理过程之一，由于 O_3 易溶于水，云雾降水很容易将 O_3 去除，但对于气象模型而言，云和降水预报仍属难题，尤其是对小尺度降水量和降水位置预报包含极大的不确定性，由此获得的湿沉降可能引起 O_3 预报的极大误差。

三是排放源清单的准确性和及时性的影响，源排放资料是指模拟区域内大气污染物排放率及其时空分布，是除气象资料之外的另一个至关重要的 O_3 数值模拟输入资料，准确的污染源资料直接决定 O_3 模拟结果的误差与偏差大小，所以源排放资料又是模型结果不确定性因素的主要原因之一。当前我国通用的污染源清单是由清华大学主导的中国多尺度排放清单模型（MEIC），自 2013 年以来，珠三角、长三角和京津冀等城市群地区以及我国大部分省份也建立了涵盖多种污染物的区域高分辨率排放清单，京津冀大气污染传输通道上的“2＋26”城市开始编制城市尺度的排放清单支撑城市大气精细化管控服务。目前，我国大多数城市尺度 O_3 的形成都处于 VOCs 控制区，因此，人为源排放的 VOCs 清单和自然源排放的 BVOCs 清单的准确性和及时性就显得尤为重要。我国目前已建立了多份不同尺度 VOCs 组分排放清单，已经用于国内区域和城市 O_3 污染防控中关键污染源识别、空气质量模拟和管控决策等方面。

已构建的VOCs本地源成分谱涵盖工业源、交通运输源、溶剂使用源、生物质燃烧源和餐饮等主要VOCs排放行业，近年来开始补充以往缺失含氧挥发性有机物(OVOCs)组分的排放源测试工作。尽管我国在VOCs清单编制方面已经做了大量工作，但尚处于起步阶段，仍存在很多关键性的不足，导致VOCs清单质量参差不齐，缺乏可靠性(中国环境科学学会臭氧污染控制专业委员会，2020)。

1.2.3 臭氧污染来源解析技术

(1)污染过程分析技术

大气污染物浓度的变化受大气中许多过程的共同影响，包括物理过程和化学过程，受这些过程的相互作用，大气污染物浓度在不同时间、地点存在显著差异。过程分析技术(Process Analysis)便是用来定量分析各种物理和化学过程对大气污染物浓度影响的技术手段。目前，CMAQ数值模型中的过程分析模块提供了综合过程速率分析(Integrated process rate analysis，IPR)和综合反应速率分析(Integrated reaction rate，IRR)两个方法。综合过程速率分析(IPR)用于评估各种物理过程以及化学反应对大气污染物浓度的贡献。欧拉网格模型中的主要计算方程为连续性方程，将连续性方程应用于化学反应性物种，将产生一系列偏微分方程(PDEs)，偏微分方程将污染物浓度随时间的变化看作不同化学和物理过程的函数。因此，综合过程速率分析(IPR)方法便是用来分析各种物理和化学过程对污染物浓度贡献的一种计算方法。其中涉及的过程主要包括水平输送过程(包括水平扩散和水平传输)、垂直输送过程(包括垂直扩散和垂直传输)、气相化学反应过程、气溶胶过程、云雾液相过程、沉降过程(干沉降和湿沉降)和一次污染源排放过程等。其中，气溶胶过程主要包括气溶胶热动力学过程、新粒子生成以及爱根核模态粒子和积聚模态粒子之间的碰并等过程。云雾液相过程包括由于云雾导致太阳辐射减少而引起的大气光化学反应速率变化、液相化学、云中和云下化学物种的混合以及云内清除等过程。综合反应速率分析用于研究模式中的气相化学转化，解释污染物的化学变化过程，可以给出各时刻不同化学反应的反应速率。综合反应速率分析主要用于HO_x自由基的收支循环分析和大气氧化能力分析。

以O_3过程分析技术为例，影响O_3浓度变化(ΔC)因素包括：化学过程影响的浓度变化(ΔC_{chemi})、物理过程影响的浓度变化(ΔC_{phyi})和一次排放的O_3浓度(ΔC_{emisi})：$\Delta C=\Delta C_{chemi}+\Delta C_{phyi}+\Delta C_{emisi}$。由于模式假定$O_3$均为二次生成，因此，$\Delta C_{emisi}$为0。物理过程包括平流、垂直混合、干湿沉降和对流，化学过程主要为气相化学。通过将物理和化学过程影响的O_3浓度单独输出，并分析这些物理化学过程诊断量的变化，便形成了过程分析技术。物理过程诊断量包括：垂直平流(Advz)、水平平流(Advh)和垂直混合(垂直分层中最下底层包含干沉降的贡献，Vmix)(张亮 等，2015)，化学过程则以Chem表示；Advz和Advh作为输送的影响，将之合并为Tran表示输送。基于过程分析中各物理化学过程诊断量的变化，能够进一步定量分析O_3浓度变化中各物理化学过程的相对贡献，从而厘清O_3浓度变化特征的成因，这一技术在各地广泛应用(Gao et al.，2017；沈劲 等，2019；李莉，2012；张瑞欣 等，2021)。

(2)污染来源追踪技术

O_3源解析技术是以污染源示踪的方式获取有关O_3及其前体物生成(或排放)和消耗的信息，并统计不同地区、不同类型的前体物对O_3生成的贡献量，同时，还对已生成的O_3进行示踪，因此可以分析本地生成和外部传输O_3的占比。区域空气质量模型，如CAMx、CMAQ和

WRF-Chem 常被用于分析 O_3 的来源贡献。其中，基于 CAMx 模型的 O_3 源解析法 CAMx-OSAT(Ozone Source Apportionment Technology)是目前进行 O_3 来向解析最主流的方法，《环境空气臭氧污染来源解析技术指南(试行)》(2018)介绍了利用 CAMx-OSAT 进行 O_3 来源解析技术的方法。在对 O_3 的源解析中，模式首先区分 O_3 生成是 NO_x 控制还是 VOCs 控制，如果为 NO_x 控制，则追溯不同源区或行业 NO_x 排放对受体点 O_3 生成的贡献；如果为 VOCs 控制，则追溯不同源区或行业 VOCs 排放对受体点 O_3 生成的贡献，并在示踪过程中同时考虑 VOCs 的最大增量反应因子(MIR)来区分不同示踪物的反应活性。

研究人员在我国京津冀地区、珠三角、长三角和四川盆地等 O_3 污染严重的区域均开展了 O_3 的来向解析研究(Wang et al.，2009；Mijling et al.，2013；Fu et al.，2012)，Wang 等(2017) 和 Liu H L 等(2020)综述了我国开展 O_3 来向解析的最新研究进展。除 CAMx-OSAT 模拟法外，其他一些基于源标记的方法也被广泛应用于光化学网格模型，例如，耦合于 CMAQ 模型的综合源解析 ISAM 法(Integrated Source Apportionment Method)(Collet et al.，2018；Han et al.，2018；Liu H L et al.，2019)。Kwok 等(2015)首先应用该方法来解析 $PM_{2.5}$，后扩展于 O_3 的来源解析，跟踪 NO_x 和 VOCs 排放源类的贡献，Han 等(2018)和 Liu H L 等(2019)也利用 CMAQ-ISAM 对华北地区的 O_3 污染事件进行源解析。采用了在线标记示踪技术的 NAQPMS(王自发 等，2008；Li et al.，2008；Yang W et al.，2019)和 WRF-Chem (Gao et al.，2016，2017b) 模型也被用于探究不同区域和源类对中国和东亚地区 O_3 浓度的贡献。

第 2 章　臭氧及气象观测

2.1　臭氧及气象立体观测体系

2.1.1　臭氧及前体物地面观测

天津市 O_3 及其前体物观测网包括环保部门设置的 20 个国家级空气质量观测站以及天津市气象局补充建设的 9 个大气成分观测站（图 2.1），每个点位均具有 PM_{10}、$PM_{2.5}$、SO_2、

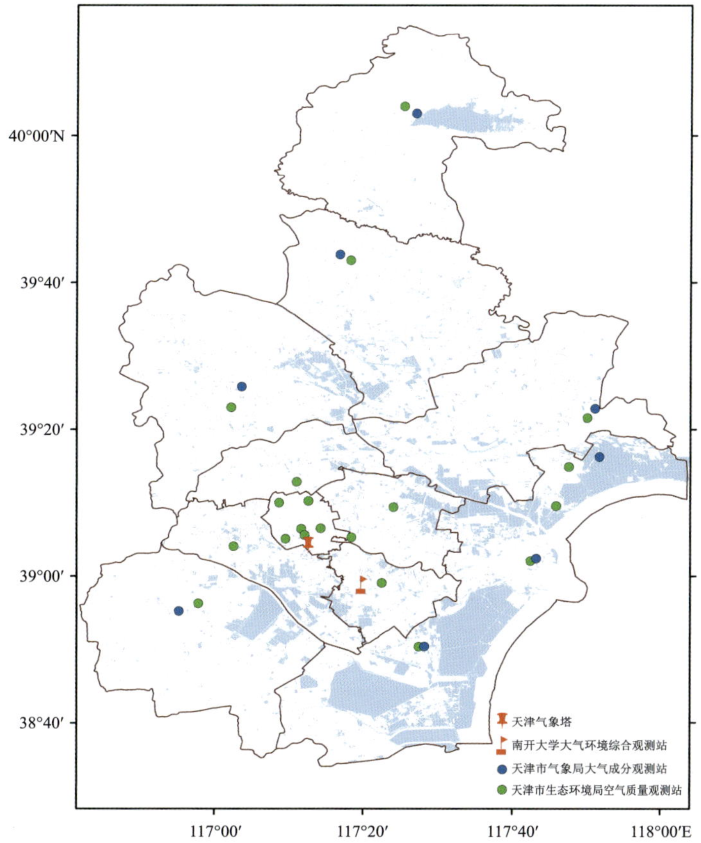

图 2.1　天津市 O_3 及其前体物观测网

NO_2、CO、O_3 6 项常规空气污染物监测能力。2013 年开始，通过天津市环境空气质量实时发布平台向社会公众全面发布全市各监测点位的实时环境空气质量信息。2013 年，在中国气象局和天津市政府的支持下，依托《京津冀及周边地区大气成分观测系统建设项目》，天津市气象局在天津市各区建成 9 个环境气象观测站，并在天津气象塔建有多层垂直方向上的环境气象观测站，与生态环境监测部门的空气质量监测站形成互补。

2020 年 4 月，在中国气象局的支持下，中国气象局——南开大学大气环境与健康研究联合实验室成立。联合实验室建设有一座大气环境综合观测站，位于南开大学校园内，占地 220 多平方米，观测站具备常规及反应性大气污染物、颗粒物理化性质及气象要素的高时间分辨率监测能力，其中 VOCs 和光化学反应的关键物质及自由基光解速率的监测为研究 O_3 光化学形成和降解提供了基础保障（表 2.1）。

表 2.1 O_3 及其前体物观测仪器信息

观测项目	具体物种	仪器及型号	时间分辨率	质控依据
O_3	—	臭氧分析仪 /Thermo 49i 型	1 h	《环境空气气态污染物（SO_2、NO_2、O_3、CO）连续自动监测系统运行和质控技术规范》（HJ818—2018）
NO_x	NO、NO_2	氮氧化物分析仪 /Thermo 42i 型	1 h	
CO	—	一氧化碳分析仪 /Thermo 48i 型	1 h	
VOCs	27 种烷烃（乙烷、丙烷、正丁烷、异戊烷、异丁烷、正戊烷、环戊烷、2-甲基戊烷、正己烷、甲基环戊烷、甲基环己烷、2,2,4-三甲基戊烷、2,3,4-三甲基戊烷、正庚烷、3-甲基己烷、2,2-二甲基丁烷、3-甲基戊烷、2,3-二甲基丁烷、2-甲基己烷、2,3-二甲基戊烷、2,4-二甲基戊烷、环己烷、正癸烷、正辛烷、3-甲基庚烷、正壬烷、2-甲基庚烷）、10 种烯烃（乙烯、丙烯、异戊二烯、1-己烯、1-丁烯、顺-2-丁烯、反-2-丁烯、1-戊烯、顺-2-戊烯、反-2-戊烯）、16 种芳香烃（苯、甲苯、乙苯、间，对二甲苯、邻二甲苯、1,2,4-三甲苯、对-乙基甲苯、邻-乙基甲苯、间-乙基甲苯、苯乙烯、正丙苯、1,3,5-三甲苯、1,2,3-三甲苯 、对-二乙苯、间-二乙苯、异丙苯）、1 种炔烃（乙炔）	气相色谱仪 /（SYNSPEC，GC955）	1 h	SYNSPEC，GC955 校准规范

2.1.2 气象地面观测

O_3 的生成、传输、扩散等受气象因素的影响，多站点气象因素监测可为 O_3 污染的气象成因分析提供保障。天津市地面自动气象观测网包括 13 个国家级自动气象站、278 套区域自动气象站（图 2.2）。天津市地面自动气象观测网能够实现对温度、雨量、湿度、风向、风速等地面气象要素的连续和自动化观测，为全市环境气象预报业务和科研工作提供完备的基础数据。辐射是 O_3 生成的主要气象驱动力，天津现有三套辐射气象观测系统（DFZ2），分别位于西青、宝坻和滨海新区气象科技园（图 2.3）。其中西青属于国家二级辐射观测站，观测项目为总辐射、反射辐射、大气长波辐射、地面长波辐射，净全辐射。科技园辐射站观测总辐射、净全辐射、直接辐射、散射辐射、紫外辐射、大气长波辐射、地面长波辐射。宝坻辐射站观测总辐射、净全辐射、直接辐射、散射辐射、日照。

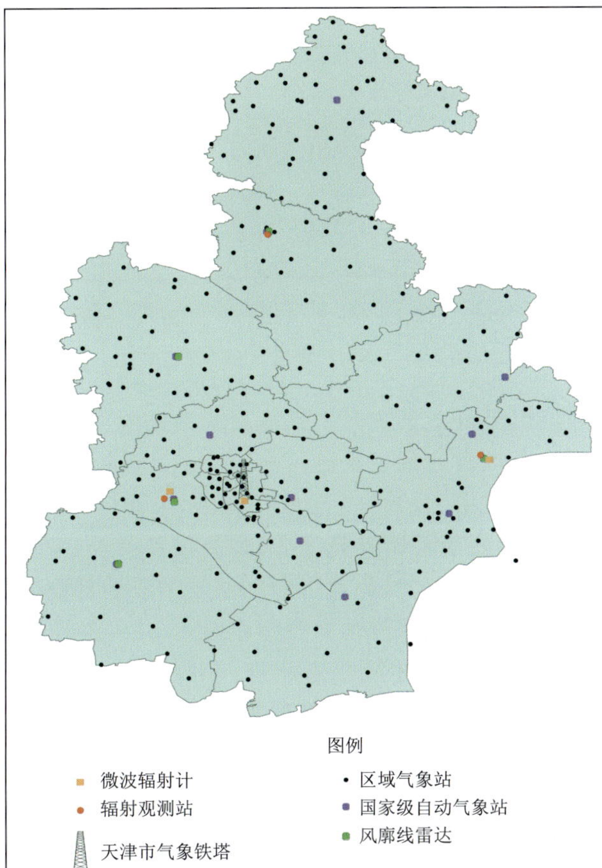

图 2.2　天津市边界层气象立体观测体系分布图

2.1.3　臭氧及气象的塔基观测

天津市气象塔始建于 1982 年，1984 年建成投入使用，系我国第二座超高专业气象塔，也是迄今为止我国气象系统仅有的两座超高专业气象塔之一。天津市气象塔塔高 255 m，位于天津市气象局边界层观测站院内，经纬度为（39°4′N，117°12′E），地面塔底海拔高度 3 m（图 2.4）。气象塔建成初期，所处区域为市郊地区，塔址周围的地形反映了市郊的一般特征，有农田、房舍、树木、小河等，半径 500 m 范围内无高大建筑群和树林。进入 20 世纪 90 年代以后，随着天津市城市建设及城市化规模的快速发展，目前塔址周围建起了多座高层建筑，已从当初

图 2.3 DFZ2 辐射气象观测站

城郊下垫面变为现在的城市粗糙复杂下垫面。该塔目前是国际上研究城市边界层和监测城市低层大气污染垂直分布的一个难得的理想观测平台，在城市复杂下垫面边界层及城市大气污染研究中发挥出越来越重要的作用。1996 年起依托此塔，天津气象部门逐步开展连续在线的气象要素和大气环境观测，观测要素不断补充完善，观测设备历经多次更新。天津气象塔现建有由 15 层温度、相对湿度、风速和风向四要素自动气象站构成的梯度气象观测系统，由 5 层超声风速仪、H_2O/CO_2 观测仪等构成的湍流垂直观测系统，3 层太阳辐射计，以及 5 层大气成分站，可开展 5～250 m 高度气象和大气环境要素的连续在线观测。南北双伸臂均配备有齐备的电力和网络线路，可搭载多台气象和大气环境观测设备，用于在线观测和污染物采样。卷扬机和升降机等作业辅助设施齐备，便于工作人员上塔作业。

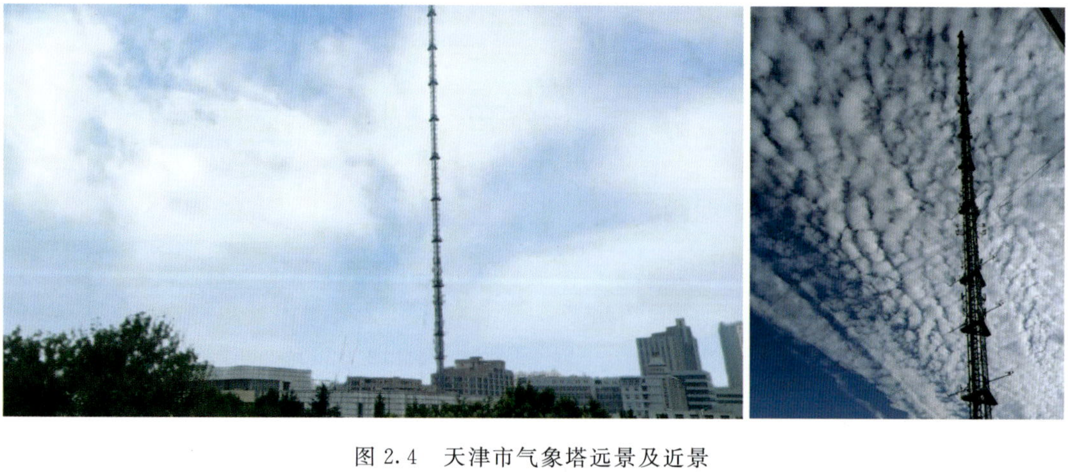

图 2.4 天津市气象塔远景及近景

(1)大气成分垂直观测系统

O_3、NO、NO_2 的梯度观测设在塔的 120 m 和 220 m 观测平台上，连同地面环境气象站，在垂直方向上共有 3 层反应性气体观测。其中 O_3 监测采用 model 400E 臭氧分析仪进行观测，NO_x 采用 model 200E 氮氧化物分析仪进行观测，各个仪器均满足美国环保署(EPA)监测标准，各项污染物浓度值均每 1 min 记录 1 次数据。

(2)梯度气象观测系统

天津气象塔梯度气象观测系统历经多次更新，目前采用与地面站设备型号完全一致且一致性更优的温湿风传感器，每 2 年全部更新一次所有气象传感器。在塔距地面 5、10、20、30、40、60、80、100、120、140、160、180、200、220 和 250 m 共 15 层观测平台上，安装中环天仪(天津)气象仪器有限公司生产的 DZZ6 型自动气象站，实现风速、风向、温度和相对湿度的实时在线观测，数据采集频率为 1 min。表 2.2 为梯度气象观测系统技术参数。

表 2.2　梯度气象观测系统技术参数

测量要素	范围	分辨率	准确度	备注
温度传感器	−40～60 ℃	0.05 ℃	±0.1 ℃	
湿度传感器	5%～100%	1%	±3%(≤80%)，±5%(>80%)	
风向传感器	0°～360°	3°	±5°	抗风强度:60 m/s
风速传感器	0～60 m/s	0.1 m/s	±0.3 m/s(≤10 m/s) ±0.03 m/s(>10 m/s)	抗风强度:60 m/s 起动风速:≤0.5 m/s

(3)辐射垂直观测系统

在天津气象塔 40、120 和 200 m 高度安装由 Kipp&Zonen 公司生产的 CNR4 净辐射传感器进行测量，CNR4 包括向上和向下的 2 个短波和 2 个长波辐射表，辐射传感器类型为 Kipp&Zonen CMP3 短波辐射传感器(光谱波长为 305～2800 nm)和 CG3 长波辐射传感器(光谱波长为 4500～42000 nm)。测量的辐射量包括总辐射、短波反射辐射、大气长波辐射、地面长波辐射和净辐射。仪器灵敏度为 5～20 $\mu V/(W/m^2)$，反应时间<18 s，系统采样频率为 1 min。CNR4 净辐射传感器的辐射传感器探头与仪器本身有机整合为一体，配有 Pt-100 铂电阻和 10 K 热敏电阻，用于测量仪器内部温度，对所测量的辐射数据进行补偿修正，以保证数据准确可靠。

(4)湍流垂直观测系统

在天津气象塔 40、80、120、160 和 200 m 高度安装由超声风速仪和 H_2O/CO_2 观测仪等构成的湍流垂直观测系统。该系统使用快速响应传感器，运用涡动协方差技术，测量大气下垫面界面上的物质交换和能量交换，如显热通量、潜热通量、动量通量、摩擦风速，以及二氧化碳通量等物理量。原始数据包含水平风速、垂直风速和虚温，以及空气中的 CO_2 和 H_2O 含量，系统采样频率为 10 Hz，湍流计算时间长度选择 30 min。

2.1.4　臭氧及气象的地基遥感观测

(1)臭氧激光雷达

在全天候的 O_3 立体监测中，臭氧激光雷达是目前外场观测中用来探测 O_3 垂直廓线的主流设备，对流层 O_3 的探测是国内臭氧激光雷达应用的重点领域。本节以无锡中科光电生产的 WUXI CAS 雷达为例，该设备的观测原理是：臭氧激光雷达主要包括三个系统，即：发射系统、接收系统和信号解析系统。在发射系统中，由 Nd：YAG 激光器激发 266 nm 波长的激光脉冲，经过拉曼管产生拉曼频移，从而可以获得 289 nm 和 316 nm 波长的激光发射光束。激光发射的脉冲重复频率为 10 Hz，脉冲宽度为 5 nm。三个波段 266 nm、289 nm 和 316 nm 的输出能量分别为 90 MJ、15 MJ 和 10 MJ。激光光束进入大气后，产生后向散射，由接收系统接收回波信号，即在地面使用直径为 250 mm，视场为 0.5 mrad 的卡塞格伦望远镜收集不同波长的后向散射激光信号。激光雷达的空间垂直分辨率为 7.5 m，由于出射信号和接收信号的不完全重叠，最低可探测高度约为 300 m。信号处理方面采用差分吸收光谱技术，基于比尔朗伯定律，根据目标气体对于不同波段探测激光的不同吸收程度，来反演目标气体浓度。臭氧激光雷达利用 O_3 对不同波长激光信号的吸收差异，来测定大气中 O_3 的垂直浓度分布。分析两种不同波长的后向散射信号，即 O_3 吸收较强的波长和 O_3 吸收较弱的波长，对比两个波长上激光信号衰减的差异，即可计算大气 O_3 的浓度(Kuang et al.，2017)。

(2)风廓线雷达

风廓线雷达在 O_3 污染的区域输送以及垂直扩散和下沉研究中发挥着重要作用，天津市气象部门目前建有 6 套固定式风廓线雷达(图 2.2)，分别位于天津市河西区、宝坻区、静海区、武清区、西青区和滨海新区，以及 1 套移动式风廓线雷达。风廓线雷达的原理是，通过向高空发射不同方向的电磁波束，电磁波在传输过程中因大气湍流造成的不均匀折射率而产生散射，后向散射被风廓线雷达接收。根据多普勒效应可以确定其相对于雷达的径向速度，通过进行多射向的速度测量，在一定的假定条件下可估测出回波信号所在高度上的风向、风速和垂直运动，从而获取大气风廓线资料。以 CFL-03 型风廓线雷达为例，该风廓线雷达主要由天线分系统、发射分系统、数字接收分系统、信号处理分系统、雷达监控分系统、标定分系统、通信分系统、数据处理和应用终端系统等构成。雷达采用 2.4 m 天线、2 kW 发射机峰值功率，接收信号灵敏度优于－150 dBm，有较大的功率口径积和较高灵敏度，具有较大的雷达威力和更高的获取率。其低副瓣天线对低空探测具有重要贡献，最低探测高度为 60 m，低空探测性能良好。最大探测高度在 3～6 km，2000 m 以下的分辨率为 120 m，2000 m 高度以上约为 240 m。风速测量精度在 1.5 m/s 以下，风向测量精度在 10°以下。

(3)微波辐射计

天津市气象部门目前建有 3 套 MP3000A 型微波辐射计，分别位于河西区、西青区和滨海新区(图 2.2)。微波辐射计属于被动遥感仪器，被动接收来自大气发射的电磁能量，可以提供高分辨率的温度、相对湿度和水汽廓线以及较低分辨率的液态水廓线，对分析 O_3 污染过程中的边界层气温和空气湿度的垂直分布具有重要作用。大气中的水汽和氧气在大气吸收光谱中表现为不同频率的谐振带，利用这种特点通过获取固定频率的微波辐射来反演得到不同的温度和水汽垂直分布。MP3000A 型号是一种新型 35 通道微波辐射计，可测量 22～200 GHz 频率段中的大气辐射。它测量氧气在 51～59 GHz 附近的辐射强度反演出温度分布，测量 22～30 GHz 处水汽谐振带水汽线压力增宽的辐射的强度和信息反演出水汽廓线。地面到 10 km 共 58 层的温度、湿度、水汽液态水廓线采用神经网络算法反演。其中 0～500 m 空间分辨率为 50 m，0.5～2 km 空间分辨率为 100 m，2～10 km 空间分辨率为 250 m。时间分辨率为 2 min。

2.2 臭氧污染强化观测

O_3 污染多发于夏季，其污染程度及持续时间受其前体物浓度水平、局地气象条件以及 O_3 水平和垂直输送的影响。自 2009 年起，我们在天津市城区和郊区开展了若干次 O_3 污染加强观测试验，初步掌握了 O_3 前体物对 O_3 形成的影响，结合气象塔和地基遥感设备观测资料，初步探究了沿海城市大气边界层结构对 O_3 污染垂直分布的影响。

2.2.1 夏季臭氧污染城郊对比观测

为了确定影响天津 O_3 浓度的关键因素以及不同种类 VOCs 对 O_3 浓度贡献率，2009—2010 年在天津城区和武清开展 O_3 及其前体物的加强观测。城区观测点位于气象塔站(39°06′N, 117°10′E)，属于商业、居民混合点位，其周围环境基本代表了大城市复杂下垫面。武清站(39°23′N, 117°01′E)地处天津武清区的西北角，位于两个超大型城市北京与天津之间，距离北京市区约 80 km，距离天津市区约 30 km。观测站方圆 10 km 范围内有许多小工厂，主要集中在东侧，包括造纸厂、制冷设备厂、家具厂、有机溶剂生产厂、皮革厂、食品制造厂、金属表面加工厂和发电站。观测站以东是人口集中的武清区中心，西侧和南侧则主要是大片农田。铁路线和交通流量较大的高速公路也主要从西侧穿过。

加强观测资料包括实时的 O_3、CO 和 NO_x 浓度。气象塔站 VOCs 的观测为 2009 年 8 月 6—13 日，2010 年 8 月 22—28 日，采样每日分五个时段进行(07:30—09:30，11:00—13:00，14:00—16:00，17:00—19:00，21:00—23:00)。武清站 VOCs 的观测从 2009 年 8 月 6 日下午—13 日中午(07:30—09:30，10:30—12:30，13:30—15:30，16:30—18:30，19:30—21:30)。两个站点的气象分钟数据由地面自动气象站提供。

O_3、NO_x 和 CO 的观测使用美国 TE 公司出品的仪器(表 2.3)。气象塔站臭氧、氮氧化物分析仪置于地面恒温集装箱(进气口在 3 m 左右的高度)、40 m、120 m 和 220 m 观测平台，武清站置于地面恒温集装箱。分析仪采用 Teflon 管连接气路，避免管路对 O_3 的吸附和反应。观测期间每周进行一次滤膜更换，避免颗粒物对 O_3 观测准确性的干扰以及对仪器内部管路的堵塞。VOCs 采样由 3.2 L 不锈钢真空罐两小时连续罐采，武清站的采样则由 8 L 的 Teflon 袋在 2 h 内每隔 30 min 分 4 次完成。所采样本均在实验室进行定量分析。VOCs 的实验室定量分析依照美国环保署提出的 EPA-TO14A 和 EPA-TO15 方法。采样气体首先经过预处理以脱除对 VOCs 分析带来影响的水汽、CO_2、N_2 和 O_2，然后经由热解吸附重新释放并进入色谱质谱系统(GC-MS)。已定标过的色谱质谱仪将比对采样气体和零气稀释过的标准气体，通过谱峰的比值对相应的 VOCs 组分进行定量。采样和分析的仪器每次使用前都会进行清洗以防止采样气体受到污染而影响观测结果。实验室分析总共得到 101 种 VOCs 物种的定量结果，包括烷烃 28 种，烯烃 10 种，芳香烃 16 种，卤代烷烃 20 种，卤代烯烃 11 种，卤代芳香烃 6 种，含氧烃 10 种。分析结果以体积混合比 ppbv① 为单位，仪器探测下限以下的浓度标记为 0 ppbv。紫外辐射观测采用了 YES 公司的紫外辐射表，有 UVB-1(280～320 nm)和 UVA-1(320～400 nm)两个波段。每天早晨对辐射表进行擦拭，以确保观测结果不会受落到玻璃罩

① ppbv＝10^{-9}(体积分数)，余同。

上的尘埃杂质影响。

表 2.3　观测中使用的各公司 O_3、NO_x 和 CO 仪器的探测下限与观测精度

观测项目	O_3	NO_x	CO
仪器	TE49C	TE42i	TE48i
探测下限/ppbv	0.5	0.4	40
精度/ppbv	1	0.4	100

2.2.2　夏季臭氧污染过程垂直观测

2017—2019 年是天津市近些年来 O_3 污染最为严重的 3 年，2018 年 8 月天津市出现异常的 O_3 污染，根据 O_3 污染预报，于 2018 年 8 月 8—13 日开展一次加强观测试验，本书第 6 章的 6.4 节详细解读了此次 O_3 污染过程的特征及边界层结构特征。

在南开大学大气环境综合观测站(38°59′N，117°20′E)观测 O_3 及其前体物。观测站位于城乡边缘地区，距天津市中心约 20 km，观测站处于教育园区，周边无工业源，绿化环境较好。在距离观测站约 1.5 km 的津南气象局(38°57′N，117°25′E)观测气象要素。250 m 以下大气污染物和气象因素基于天津市气象塔(39°04′N，117°12′E)观测。气象塔处于友谊路和柳江路之间的住宅区、商业区和交通区的混合区域，西南侧有居民区，东侧有繁忙的道路，北侧 150 m 有快速公路，附近无工业污染源。气象塔 5、10、20、30、40、60、80、100、120、140、160、180、200、220 和 250 m 的气象参数(包括风、温度和湿度)每 10 s 测量一次。在地表(距地面 2 m)以及 120 m 和 220 m 处测量 O_3 和 NO_x。

2018 年 8 月 8—13 日的地面 O_3、NO-NO_2、VOCs 逐小时浓度数据来自南开大学观测站，VOCs 浓度由气相色谱仪(SYNSPEC，GC955)观测，共 54 种有机物，包括 27 种烷烃、10 种烯烃、16 种芳香烃、1 种炔烃。利用臭氧激光雷达(WUXI CAS Photonics Co.，Ltd.，China)观测 O_3 的垂直廓线，探测高度为 8 km，垂直分辨率为 7.5 m，时间分辨率为 12 min。由于雷达的监测盲区为 200 m，因此采用臭氧雷达和气象塔结合的方式获取 O_3 完整的垂直廓线，220 m 以下的 O_3 采用气象塔观测结果，220 m 以上采用臭氧雷达观测的结果。逐小时边界层高度采用云高仪(CL31，Vaisala，Oyj，Finland)观测。

第 3 章　臭氧及前体物的时空分布特征

2013 年以来，全国重点城市广泛开展了 O_3 连续在线监测。数据表明，我国近地面大气 O_3 浓度呈现逐年上升趋势。此外，O_3 浓度超过《环境空气质量标准》(GB 3095—2012)二级标准限值的天数、O_3 作为首要污染物占比以及受 O_3 污染影响城市数目均逐年上升。京津冀区域目前是我国 O_3 污染最严重的区域，作为京津冀区域的典型沿海城市，天津 O_3 污染问题日渐突出。本章分析了京津冀区域和天津市近年来的 O_3 污染水平，重点分析了天津市 O_3 及其前体物的时空分布特征，以及夏冬季 O_3 垂直分布特征等，以期掌握和了解京津冀区域，特别是天津市 O_3 污染现状，为 O_3 预报和治理提供基础。

3.1　京津冀区域臭氧污染特征

3.1.1　臭氧污染现状

生态环境部监测数据表明，自 2013 年大气污染防治行动计划和蓝天保卫战相继实施以来，O_3 成为我国环境空气质量评价六参数中唯一持续上升的污染物。就全国平均而言，O_3 年均评价浓度(日最大 8 h 平均浓度的全年第 90 百分位数，MDA8 O_3-90th)在 2018 年达到峰值 151 $\mu g/m^3$，2015—2018 年年均增长率为 6.2 $\mu g/m^3$(图 3.1)。2019—2021 年，O_3 浓度呈现轻微下降趋势，O_3 污染出现缓解。在全国 O_3 污染的重点区域中，京津冀地区的 O_3 年均评价浓度最高，2014—2021 年均超过国家二级标准限值(GB 3905—2012，160 $\mu g/m^3$)，2014—2018 年年均增长率高达 10.5 $\mu g/m^3$，2019—2021 年 O_3 浓度高于全国平均水平约 30%。随着 O_3 前体物减排措施的持续推进，京津冀地区的 O_3 年均评价浓度在 2018 年达到峰值后(199 $\mu g/m^3$)在近三年逐年下降，但仍然处于超标水平，O_3 污染情况仍不容忽视。

2013 年京津冀地区以 O_3 为首要污染物的占比仅为 7.6%(图 3.2)，此后以年均 8%的增幅增加，2019 年以 O_3 为首要污染物的占比持续升高至 48.2%，近半数的超标天为 O_3 污染。2020—2021 年 O_3 为首要污染物的占比略有下降，但仍占 40%以上。

3.1.2　臭氧时空分布变化

2015—2021 年京津冀地区 O_3 平均浓度呈先上升后下降的趋势，但不同城市的 O_3 变化存在差异(图 3.3)。2015—2016 年，京津冀地区 O_3 浓度高值区出现由单中心向双中心的转变，其中 2015 年高值中心位于北京市，2016 年 O_3 高值中心位于北京和衡水。2017—2019 年，O_3

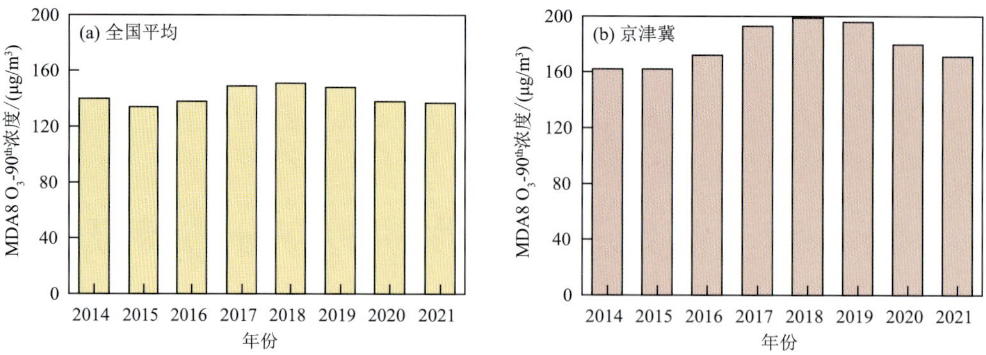

图 3.1　2014—2021 年我国及京津冀区域 O_3 年均评价浓度年际变化

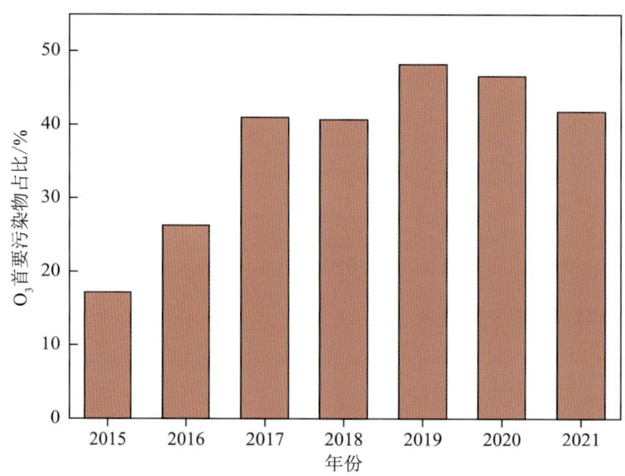

图 3.2　京津冀区域以 O_3 为首要污染物的占比变化

污染呈多点爆发且合并扩大，高值中心明显南移，位于石家庄、保定、邢台一带。2020 年京津冀北部的北京、承德和张家口市 O_3 污染明显缓解，O_3 高值区移至东部沿海城市一带。2021 年京津冀地区的 O_3 污染继续缓解，尤其是北部地区的 O_3 浓度显著下降，北京、承德、张家口的 O_3 浓度较 2018 年的峰值分别下降 22%、24%、22%，O_3 高值区域位于石家庄、保定、邢台、邯郸一带。整体而言，目前 O_3 高值区位于京津冀南部。

在京津冀区域的 13 个城市中，只有北京和承德的 O_3 浓度在 2015—2021 年整体呈下降趋势（图 3.4），年均下降率为 7 μg/m³ 左右。其他 11 个城市的 O_3 浓度均呈先上升后下降的趋势，其中唐山、保定、廊坊和邢台的 O_3 浓度于 2017 年达到峰值，天津、石家庄、张家口、沧州、衡水的 O_3 浓度于 2018 年达到峰值，秦皇岛、邯郸的 O_3 浓度于 2019 年达到峰值。在 O_3 浓度增长的年份，京津冀北部区域城市（张家口、唐山、沧州、廊坊）的 O_3 年均增长速率慢于南部城市，低于 15.0 μg/(m³·a)，天津、秦皇岛、保定、邯郸的 O_3 年均增长速率相当，均值为16.7 μg/(m³·a)，而邢台和石家庄的 O_3 年均增长速率较快，分别达到 18.8 μg/(m³·a) 和 22.2 μg/(m³·a)；在 O_3 浓度下降的年份，承德、北京、廊坊、唐山的 O_3 年均下降速率较慢，低于 10.0 μg/(m³·a)，衡水、保定、沧州、石家庄、张家口、邯郸的 O_3 年均下降速率在 10.0～14.0 μg/(m³·a) 范围内，秦皇岛、邢台和天津的 O_3 年均下降速率较快，分别达到

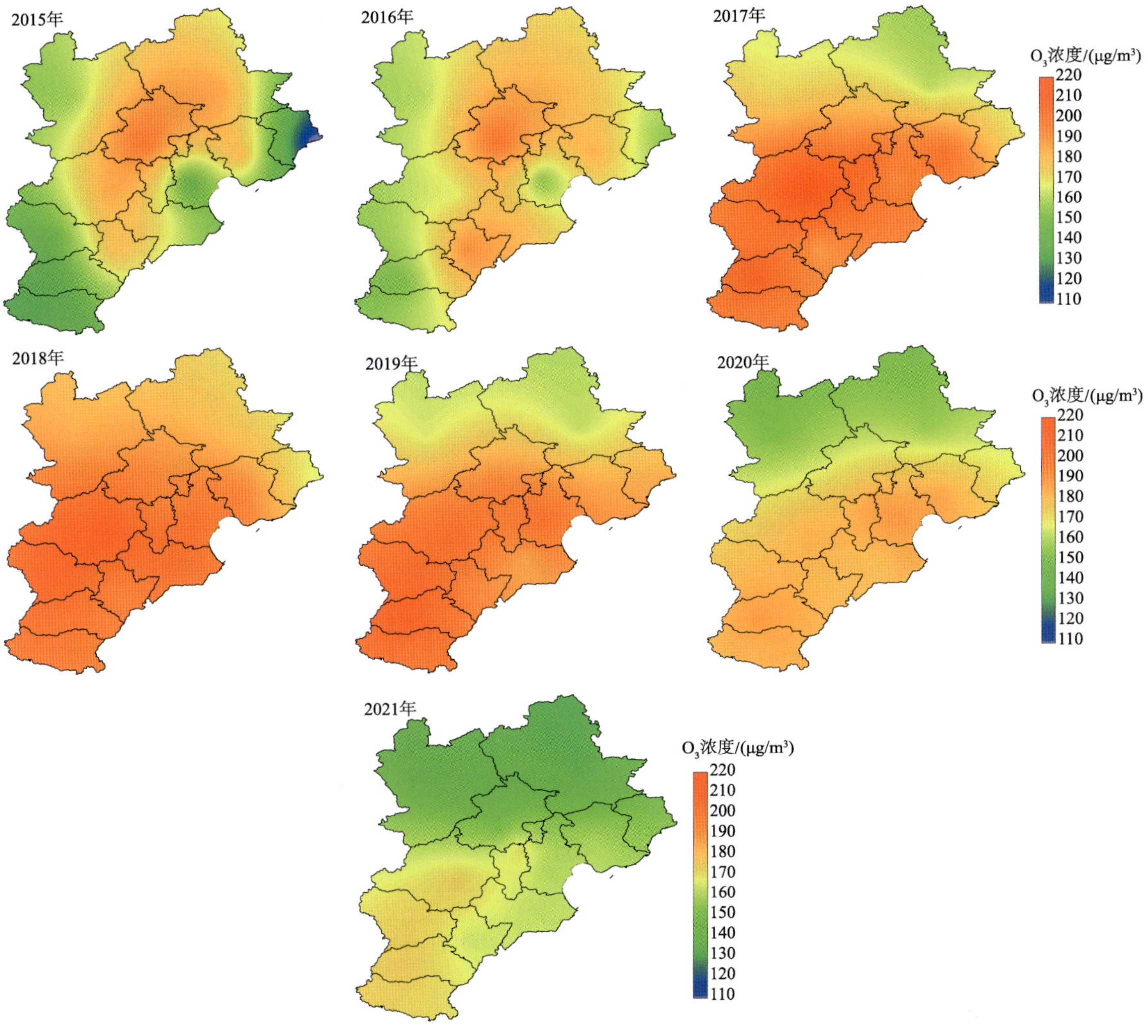

图 3.3　2015—2021 年京津冀地区 O_3 年评价浓度的空间分布

15.8 μg/(m^3 · a)、17.7 μg/(m^3 · a)和 20.4 μg/(m^3 · a)。综合两个阶段 O_3 变化的速率可以发现，在 O_3 浓度较低的京津冀北部区域，其增长率和下降率都较慢，而对于目前 O_3 污染仍较为严重的南部区域的城市来说，其 O_3 年均下降速率低于其前期的上升速率，距离 O_3 达标可能仍需要一段时间。

3.1.3　臭氧背景浓度估算

特定地点的 O_3 浓度可以视作区域 O_3 背景浓度和本地光化学生成的 O_3 浓度之和，区域背景浓度通常可通过在空气质量模式中关闭目标区域的 O_3 前体物排放模拟获得，但该方法受限于 O_3 前体物排放源精度和反应机制的不确定性，无法获得较为准确的结果。背景点测量法、美国德克萨斯州环境质量委员会(TCEQ)区域背景估算法和主成分分析等基于大数据的方法具有不确定性小、相对可靠等优点，广泛应用于国外区域臭氧背景浓度估算等方面。基于 2017—2019 年京津冀区域 68 个国控站 MDA8 O_3 平均浓度资料，分析了京津冀区域地面

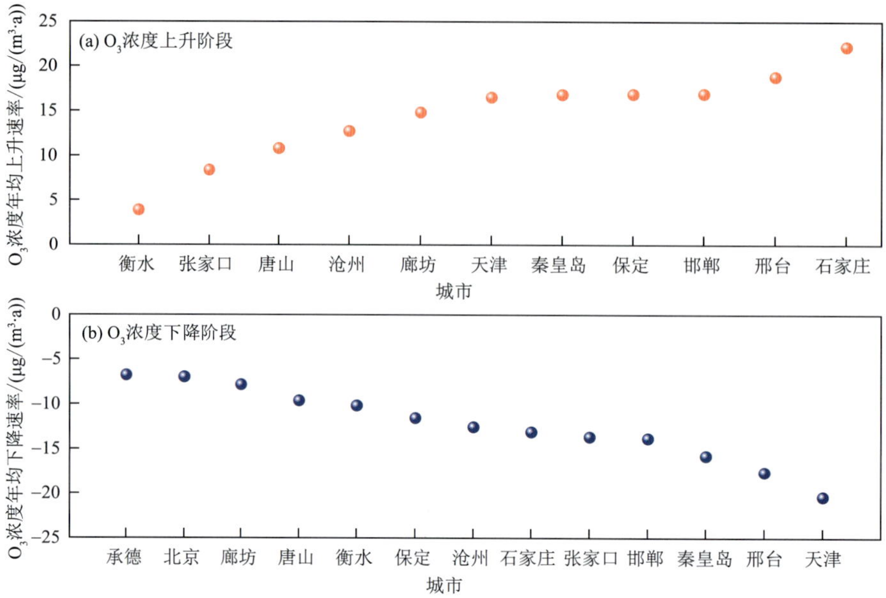

图 3.4 京津冀区域主要城市不同阶段 O_3 浓度的年均上升(a)和下降(b)速率

臭氧时空分布特征，采用主成分分析和 TCEQ 区域背景估算法分季节初步量化该区域的臭氧区域背景浓度，为评估不同区域间 O_3 的相互贡献，明确 O_3 防控路径提供技术支撑。

图 3.5 给出了京津冀区域不同季节本地生成 O_3 与 O_3 日最大 8 h 滑动平均浓度(MDA8 O_3)，其中春、夏和秋季本地生成 O_3 量和 MDA8 O_3 的拟合曲线斜率介于 0.55～0.59，二者的相关系数 R 介于 0.569～0.708，均通过 0.01 的显著性检验，冬季二者的斜率(0.09)显著低于

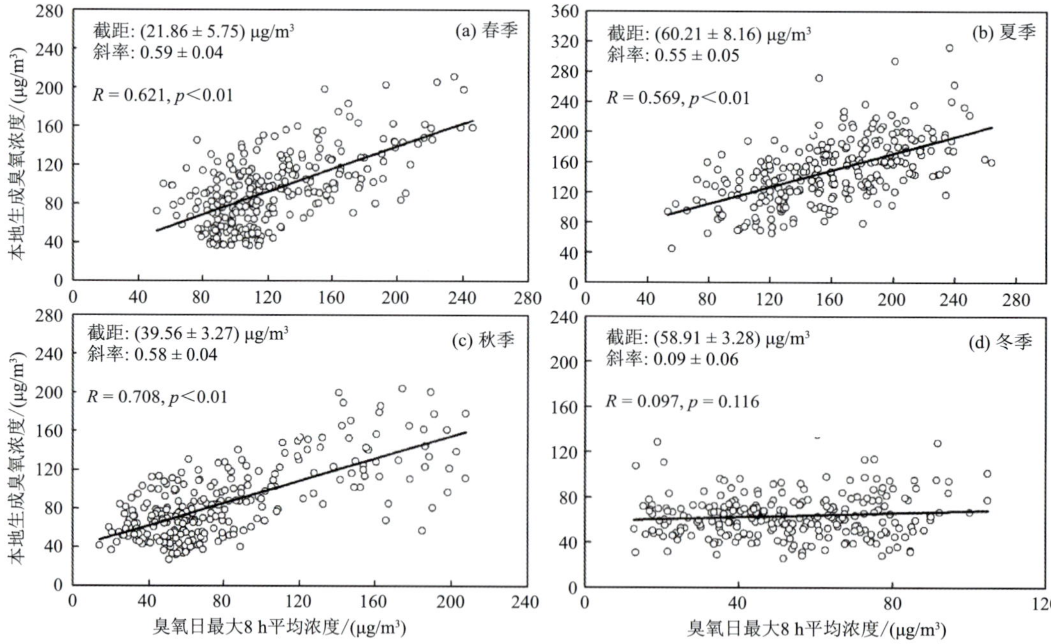

图 3.5 不同季节本地生成 O_3 与 MDA8 O_3 浓度的相关性

其他季节，且 R 仅为 0.097，未能通过 0.05 的显著性检验，表明该方法在冬季可用性较差，这可能与冬季本地生成较弱，区域传输影响较大，而不同站点间的浓度差异相对固定有关，同时秋冬季计算得到的本地生成 O_3 占其总浓度的 106.2% 和 117.0%，即存在京津冀区域内生成的 O_3 往外输送，可能与目标区域排放的 O_3 前体物经大尺度气象条件影响再次回到该区域，以及局地环流（如海陆风或山谷风等）等因素有关。

基于主成分分析，通过最大方差法旋转得到的空间因子载荷可以代表每个主成分在空间上的贡献，采用具有 Kaiser 标准化的正交旋转法对全体成分进行了旋转平方和载入，可以将京津冀区域划分为河北省中南部（区域 1）、京津冀北部（区域 2）和渤海西岸地区（区域 3）三个次区域。如图 3.6 所示，3 个次区域本地生成臭氧量和 MDA8 O_3 的相关系数 R 介于 0.599～0.679，均通过 0.01 的显著性检验，其中区域 1 最高，区域 2 最低。以 $R^2>0.3$ 作为判断城市或区域 O_3 是否受本地生成影响较大的依据，经计算京津冀 3 个次区域的 R^2 依次为 0.46、0.36 和 0.44，表明区域内 O_3 均以本地生成为主，其中区域 1 受影响最大，区域 2 最小。计算得到 3 个次区域本地生成 O_3 浓度依次为 71 $\mu g/m^3$、60 $\mu g/m^3$ 和 59 $\mu g/m^3$，分别占各次区域 MDA8 O_3 的 65.7%、60.6% 和 57.8%，则区域传输占比为 34.3%、39.4% 和 42.2%。河北省中南部和渤海沿岸地区 O_3 受本地生成影响较大。

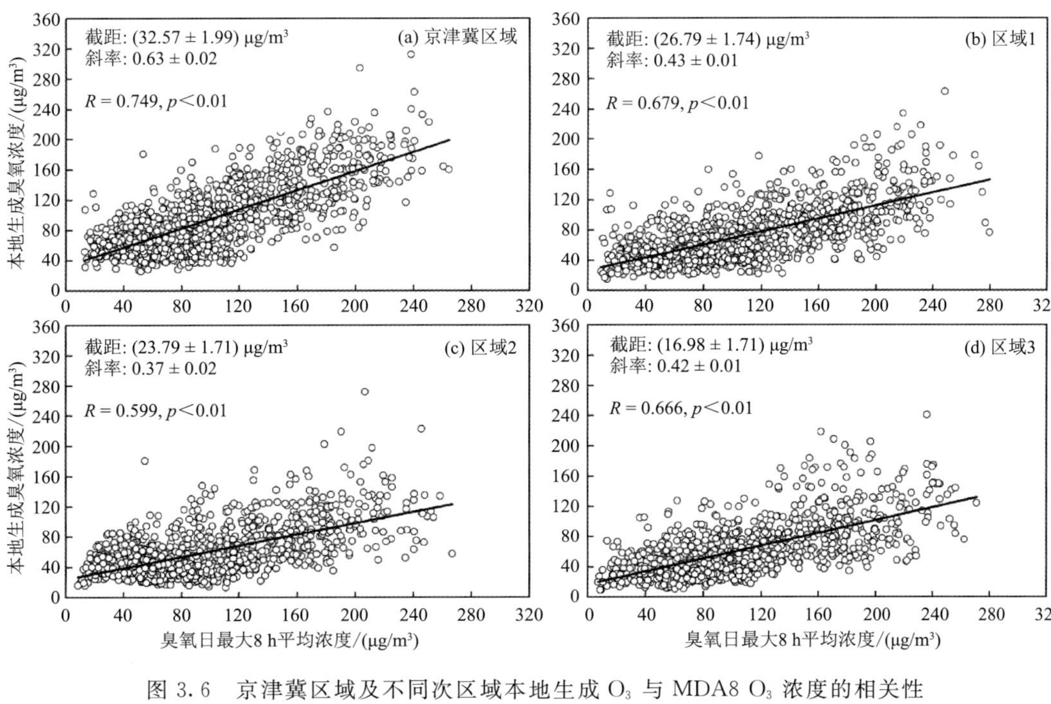

图 3.6　京津冀区域及不同次区域本地生成 O_3 与 MDA8 O_3 浓度的相关性

进一步对 3 个次区域分季节进行评估，表 3.1 给出了京津冀不同次区域 O_3 本地生成量及其与 MDA8 O_3 的决定系数。各季节区域 1 的 O_3 本地生成量为 47.8～109.9 $\mu g/m^3$，区域 2 为 43.9～89.4 $\mu g/m^3$，区域 3 为 35.7～96.7 $\mu g/m^3$，区域 1 的本地生成量高于其他 2 个次区域，与河北省中南部地区产业结构和 O_3 前体物排放量较大，光化学反应强度较高有关。各次区域 O_3 本地生成量均呈夏季最高，春季略高于秋季，冬季最低的季节分布特征。与全年数据分析相比，分季节后各次区域的 R^2 均明显下降，春夏秋 3 个季节 R^2 在 0.3 左右或不足 0.3，冬季未能通过 0.05 的显著性检验。闫慧等(2020)研究表明,2018 年北京、天津和唐山市 O_3 以本地生成为主,京津冀区域其他城市以区域传输为主,本研究获得的分季节 O_3 本地生成/区域传输关系更加复杂,这可能与京津冀区域受地形、前体物和气象条件影响,O_3 来源和影响因素更加复杂有关,这需要进一步利用气象和前体物资料,并结合数值模式做详细研究。需要指出的是,采用改进的 TCEQ 方法讨论本地生成和区域传输对 O_3 浓度的影响,获得的结果更为合理,同时降低了现有区域 O_3 背景浓度定量评估方法的不确定性,分区域分析也为京津冀区域的 O_3 分区预报提供思路。尽管如此,考虑到不同次区域的地形、气象条件和前体物排放强度存在差异,如何厘清这些因素对 O_3 背景浓度的影响,需要进一步定量评估。

表 3.1 京津冀不同次区域 O_3 本地生成量及其与 MDA8 O_3 的决定系数

区域	物理参数	春季	夏季	秋季	冬季
区域 1	本地生成量/(μg/m³)	68.6	109.9	65.7	47.8
	MDA8 O_3/(μg/m³)	127.8	167.2	84.8	50.5
	区域传输占比/%	46.3	34.3	22.5	5.3
	R^2	0.27*	0.29*	0.31*	0.02**
区域 2	本地生成量/(μg/m³)	57.3	89.4	52.9	43.9
	MDA8 O_3/(μg/m³)	118.1	149.0	72.6	56.5
	区域传输占比/%	51.5	40.0	27.1	22.3
	R^2	0.31*	0.18*	0.32*	0.02**
区域 3	本地生成量/(μg/m³)	57.5	96.7	52.3	35.7
	MDA8 O_3/(μg/m³)	119.8	155.3	82.9	51.1
	区域传输占比/%	52.0	37.7	36.9	30.1
	R^2	0.29*	0.23*	0.27*	0.01**

注:* 通过 0.01 的显著性检验,** 未能通过 0.05 的显著性检验。

3.2 天津臭氧及前体物时间变化特征

3.2.1 臭氧浓度变化特征

天津市作为京津冀地区的重点城市,东临渤海湾,是典型的沿海城市,当前石油化工产业已成为天津市经济发展的重要支撑,导致 VOCs 排放量持续增长,O_3 污染在京津冀城市群中日渐突出。本小节利用 2014—2021 年天津市生态环境局实时发布数据分析天津市近 8 年 O_3 浓度的变化趋势,为评估 O_3 污染防治效果和研判 O_3 污染形势提供数据基础。

2014—2021 年,天津市 O_3 年评价浓度(日最大 8 h 平均浓度的全年第 90 百分位数,MDA8 O_3-90th)整体呈先上升后下降的态势,分别为 157 μg/m³、142 μg/m³、157 μg/m³、192 μg/m³、201 μg/m³、200 μg/m³、190 μg/m³ 和 160 μg/m³,以 2014 年为基准,2015—2021 年天津市 MDA8 O_3-90^{th}较 2014 年分别增长 −9.0%、0.0%、22.3%、28.0%、27.4%、21.0% 和 1.9%(图 3.7),即 2017 年 MDA8 O_3-90th 快速上升后在随后几年持续保持高值,而后在 2020 年和 2021 年 O_3 浓度出现持续下降。需要注意的是,2018 年 8 月,我国发布《环境空气质

量标准》(GB 3095—2012)修改单,将气态污染物的浓度表示方法由标况浓度改为实况浓度。因此对于天津而言,MDA8 O_3 浓度实际是在 2019 年达到峰值。

历年 MDA8 O_3 的季节变化均表现为夏季(6—8 月)>春季(3—5 月)>秋季(9—11 月)>冬季(12 月和次年 1 月、2 月)。2015—2018 年 MDA8 O_3 超标日数最多的月份为 6 月,2014、2019 和 2021 年为 7 月,2017 年和 2019 年 9 月也出现超标日数的次峰值,2020 年 MDA8 O_3 超标日数最多的月份为 5 月和 6 月,超标日数分别达到 21 d 和 20 d,O_3 污染出现的时间较往年明显提前,而 7—8 月 O_3 超标日数较 2017—2019 年则有显著下降。2021 年春夏季天津市 O_3 浓度和超标日数出现明显下降,夏季平均 MDA8 O_3 浓度为 144 $\mu g/m^3$,较 2020 年同期下降 10.6%,春夏季 O_3 超标日数 31 d,较 2020 年同期下降 53.7%。

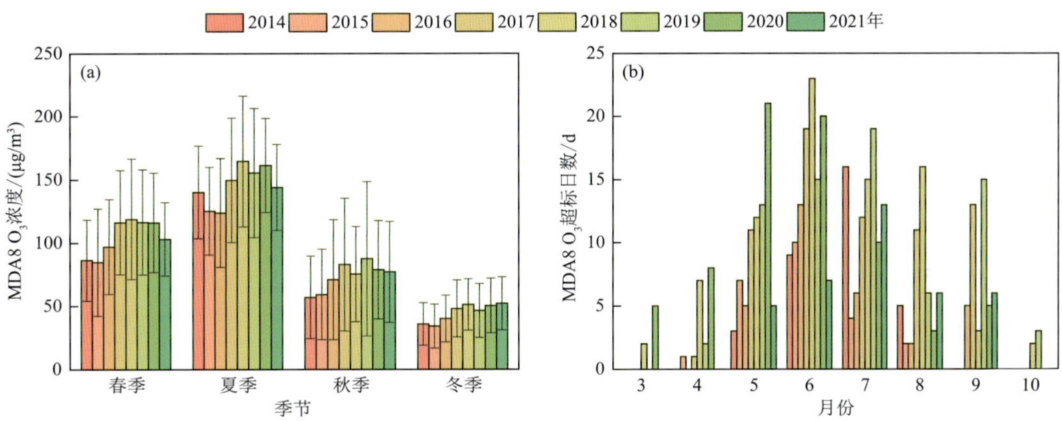

图 3.7　2014—2021 年天津市 MDA8 O_3 浓度的季节变化(a)及各月 MDA8 O_3 超标日数(b)

以 2015 年、2018 年和 2021 年为代表的四季的 O_3 日变化如图 3.8 所示,可以看出,除了 O_3 的绝对值在历年发生变化外,O_3 的日变化趋势基本未发生改变。O_3 小时浓度在一天中呈明显的单峰型变化规律,夜间 O_3 浓度随时间变化平缓,日出前达到全天的最低值,其中春季、夏季和秋季在 07:00(北京时,下同)达到最低值,冬季在 08:00 达到最低值。日出后 O_3 浓度逐渐升高,在 15:00—16:00 达到峰值,其中春季、秋季和冬季一般在 15:00 达到最大值,夏季在 15:00 和 16:00 两个时次达到最大值。O_3 的日变化主要与太阳辐射及边界层的日变化有关,因此在不同城市 O_3 峰值出现的时候会略有差异,如成渝地区城市群的 O_3 峰值出现时间为 16:00—17:00。

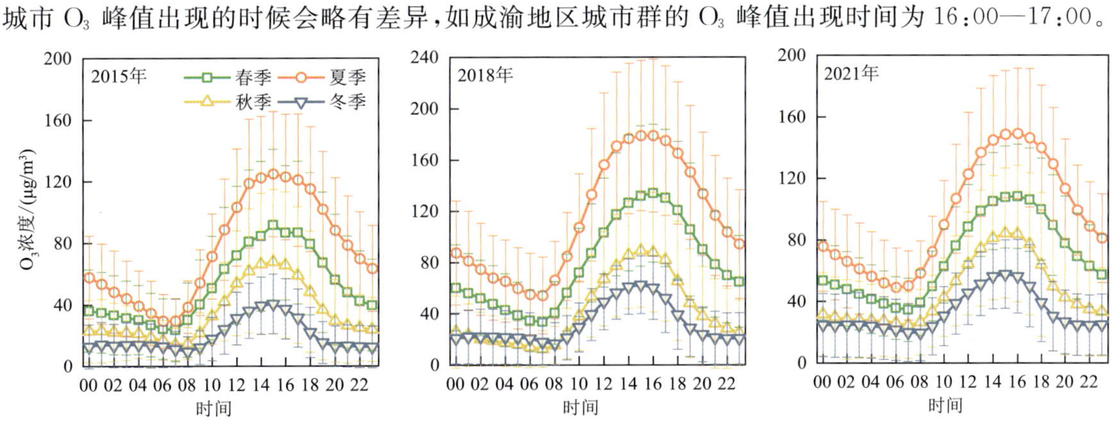

图 3.8　天津市四季 O_3 浓度日变化特征

定义 MDA8 O_3 浓度连续超标 3 d 以上为 O_3 污染事件，2014—2020 年 O_3 污染事件呈现强度加重、污染时间延长、频率上升的特点。如图 3.9 所示，2016 年后 O_3 污染事件的次数明显增加，2018—2020 年 O_3 污染事件均在 10 次以上。此外，污染事件的持续时间也同时增加，2017—2019 年 O_3 污染事件平均持续时间在 5 d 左右，2020 年回落到 4.4 d。2017—2019 年 O_3 污染事件的强度较 2016 年前有显著上升，平均超标率在 20%～30%。与 2017—2019 年相比，2020 年 O_3 污染事件的强度和持续时间均呈现减弱趋势，但依然保持较高的发生频率。2021 年春夏季，天津市 O_3 污染出现明显改善，MDA8 O_3 的超标率、平均浓度以及 O_3 污染事件的次数和持续时间均较 2020 年出现明显下降。

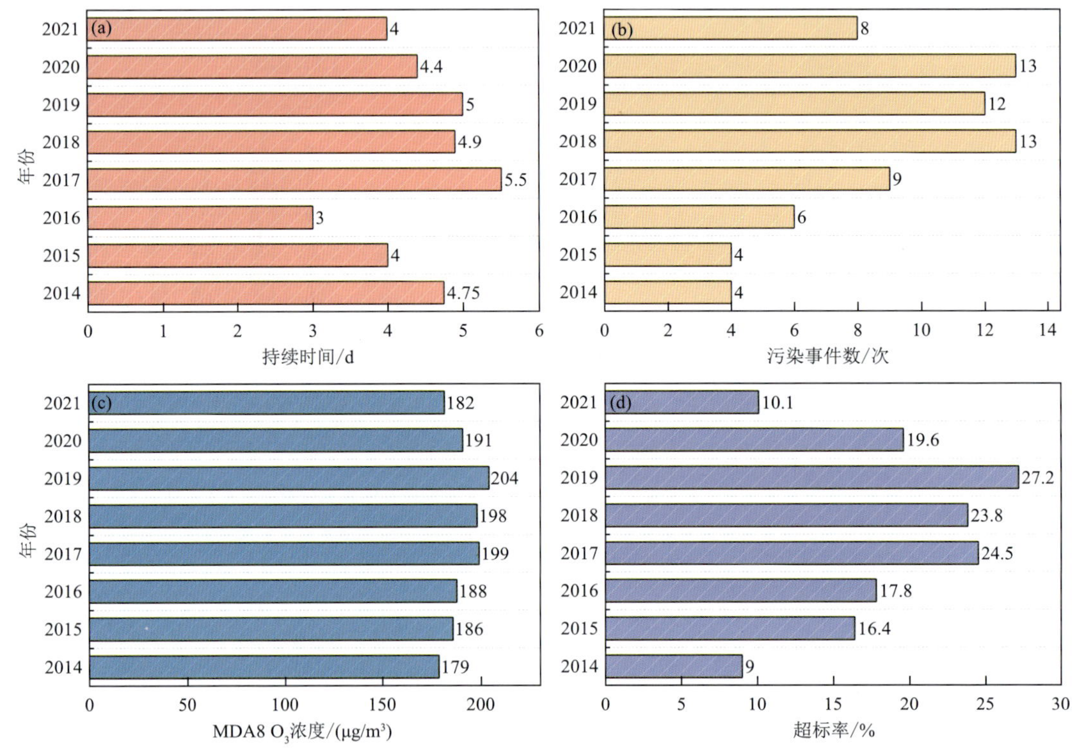

图 3.9　2014—2021 年天津 O_3 污染事件的持续时间(a)、次数(b)、污染浓度(c)和超标率(d)统计

一个长时间序列通常由长期趋势，季节变动，循环波动，不规则波动几部分组成，对于一个时间序列{$y(t)$}，假设它是加性模型，则可以写成 $y(t)=S(t)+T(t)+R(t)$，其中 $S(t)$、$T(t)$、$R(t)$分别是周期成分、趋势成分、残差成分。采用时间序列分解法 STL(Seasonal-Trend decomposition procedure based on Loess)分解 O_3 的原始时间序列，STL 分解法基于局部加权回归将时间序列分解成趋势分量、季节分量和余项。

局地 O_3 浓度受其前体物排放、局地气象条件及周边输送等多因素影响，将 MDA8 O_3 浓度原始时间序列分解后可得到 MDA8 O_3 浓度的长期分量、季节分量和短期分量，其中长期分量去除中短期的气象扰动，可反映 O_3 受排放和气候变化的影响。如图 3.10 所示，2014—2018 年，MDA8 O_3 浓度呈持续上升趋势，2018—2020 年整体保持平稳，略有下降趋势。表 3.2 展示了天津市不同地区 MDA8 O_3 长期分量及观测值的年均增长率。市国控站点夏半年 MDA8 O_3 长期分量的年均增长率为 5.21 $\mu g/m^3$，而 MDA8 O_3 观测值的年均增长率为 7.12 $\mu g/m^3$，表明气象

条件加剧了 O_3 污染。

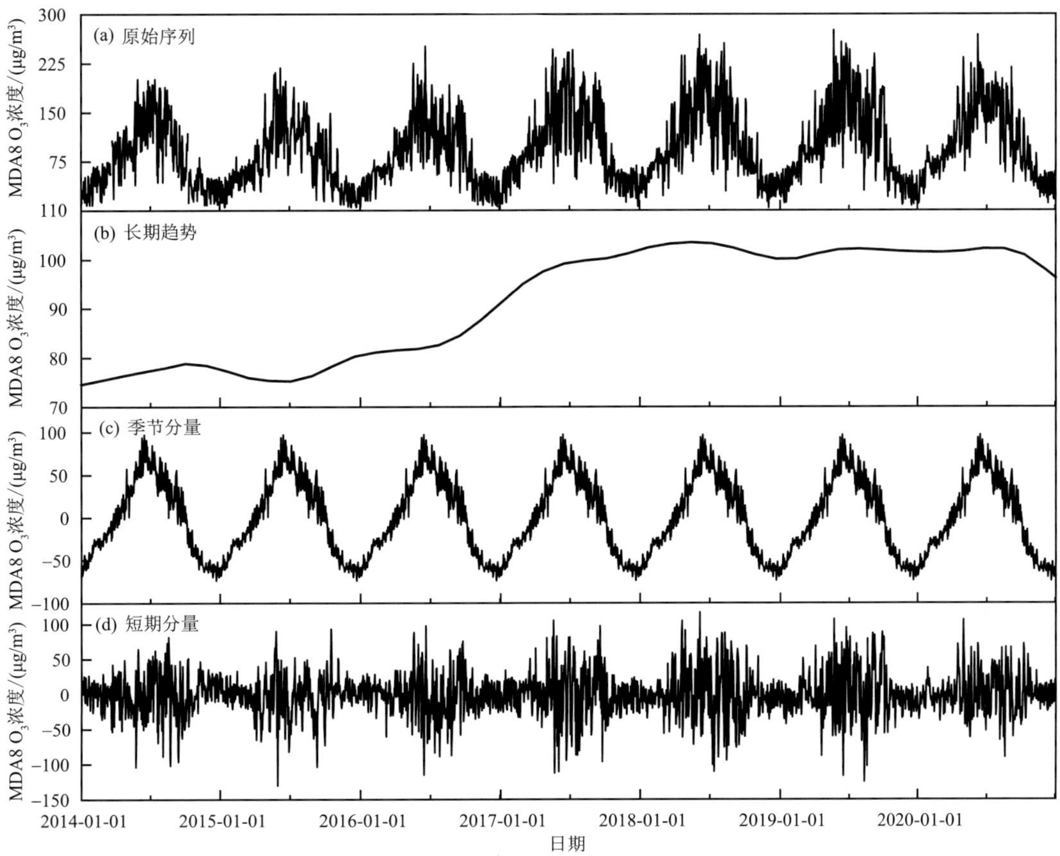

图 3.10　天津市 2014—2020 年 6 月 MDA8 O_3 浓度的原始时间序列(a)和序列分解后的长期(b)、季节(c)和短期(d)分量序列

从天津市不同行政区来看，市区、滨海新区和环城四区 MDA8 O_3 长期分量和观测值的年均增长率高于蓟州和郊县(表 3.2)。此外，天津市市区、环城四区、滨海新区及郊县的 MDA8 O_3 观测值的年均增长率均大于其长期分量的年均增长率，即气象条件对上述地区的 O_3 污染均起加剧作用，其中滨海新区的气象贡献最大，其次为环城四区、市区和郊县。研究表明，滨海新区和环城四区对工业源 VOCs 排放总量的贡献较大，其中，滨海新区天津港是北方最大的港口，区域内工业企业众多，工业源 VOCs 排放量最大，因此对气象条件的变化可能较为敏感。市区虽然工业源较少，但容易出现热岛效应，其对 O_3 生成起到重要作用。蓟州区气象条件对 O_3 污染略起缓解作用，蓟州山区为风景区，植被丰富，工业源少，区域气温整体偏低，夏季多雨，空气湿度大，因此 MDA8 O_3 年均增长率较低，气象因素对 O_3 增长起缓解作用。

表 3.2　天津市夏半年不同区域 MDA8 O_3 年均增长率　　单位：$\mu g/m^3$

区域	滨海新区	蓟州	市区	环城四区	郊县	国控平均
基于观测值	6.76	4.44	6.94	6.39	4.97	7.12
基于长期分量	5.12	4.54	5.74	5.07	4.46	5.21

3.2.2 NO_2 浓度变化特征

本小节利用 2014—2021 年天津市生态环境局实时发布数据分析近 8 年 NO_2 浓度的变化趋势。2014—2021 年，天津市 NO_2 年均浓度整体呈下降态势。以 2014 年为基准(54 μg/m³)，2015—2021 年天津市 NO_2 浓度较 2014 年分别下降 22.2%、9.3%、7.4%、16.7%、22.2%、27.8%和 31.5%(图 3.11)。受供热及交通双重影响，NO_2 浓度通常在冬季最高，春秋季次之，夏季最低，2017 年后的冬季 NO_2 浓度出现断崖式下跌，2018—2021 年冬季的 NO_2 浓度基本保持在 47～55 μg/m³，呈小幅下降趋势。2017—2020 年春季 NO_2 浓度以年均 6.9 μg/m³ 的速率下降，2021 年春季 NO_2 浓度略有反弹。2017—2020 年秋季 NO_2 浓度的年均下降速率明显较慢，仅为 1.5 μg/m³，但 2021 年秋季 NO_2 浓度较 2020 年下降 12.7%，接近达标。如图 3.12 所示，一年中 NO_2 质量浓度的月际变化呈“V”字形分布，在 7 月最低，在 12 月最高。显然，NO_2 浓度 7 月的最低值与 O_3 浓度 6 月的最高值并不对应，因此，7 月 NO_2 浓度的低值可能主要是由于有利的扩散及湿沉降引起。NO_2 日变化的季节差异较小，作为 O_3 的前体物之一，NO_2 浓度的日变化与 O_3 相反，一天中 NO_2 浓度从 10:00 开始下降(夏季从09:00开始)，于 15:00 达到最低。早晨受交通早高峰影响，NO_2 浓度自 07:00 起略有上升，在 08:00—09:00 达到一个小高峰。

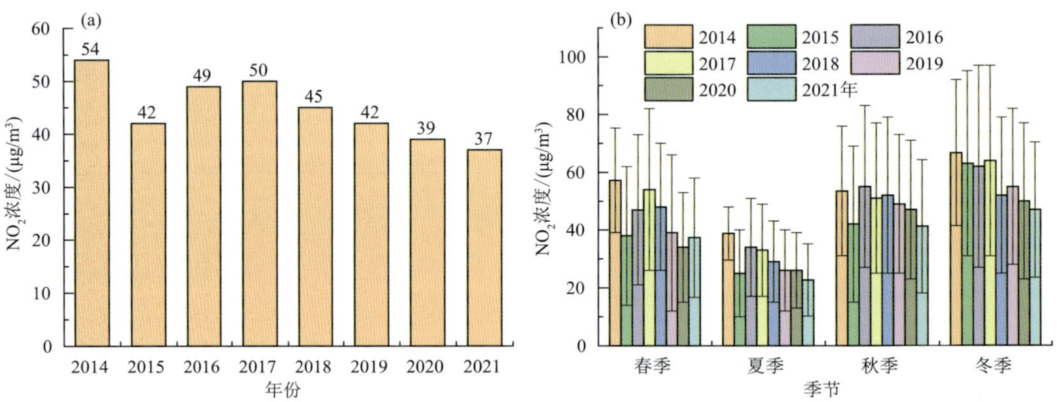

图 3.11　2014—2021 年天津市 NO_2 浓度的年际(a)和季节(b)变化

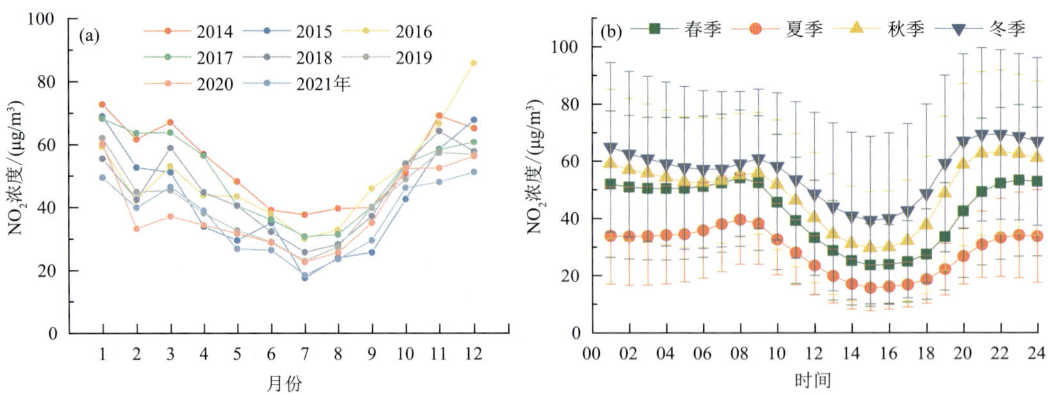

图 3.12　2014—2021 年天津市 NO_2 浓度的月际(a)和日(b)变化

同 O_3 时间序列分解一样，采用 STL 法将 NO_2 的长时间序列分解为长期分量、季节分量和短期分量。如图 3.13 所示，2017 年后天津市 NO_2 长期分量的年均下降率为 3.2 $\mu g/m^3$，而 NO_2 观测值的年均下降率为 2.8 $\mu g/m^3$，表明不利的气象条件部分抵消了 NO_2 的减排效果。从分解后的 NO_2 季节变化中可以看到，2 月 NO_2 浓度会出现短暂的下降，导致 NO_2 浓度在 3 月份出现一个小峰值。除气象因素的扰动外，春节多在 2 月份，期间大量的机动车离开天津或处于停滞状态是导致 2 月份 NO_2 浓度降低的主要原因。

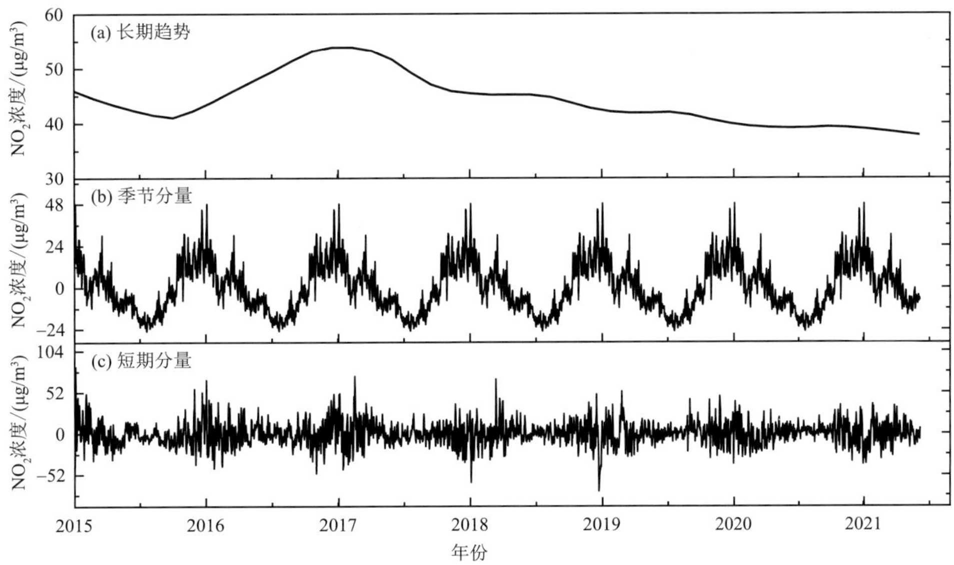

图 3.13　天津市 2015—2021 年经时间序列分解后的 NO_2 浓度长期(a)、季节(b)和短期(c)趋势分量

3.2.3　VOCs 浓度变化特征

基于南开大学大气环境综合观测站资料，统计 2017—2021 年 VOCs 总浓度和各物种浓度的年际变化和季节变化。如图 3.14 所示，2017—2021 年间，总 VOCs(TVOC)的年均浓度为 16.4～21.7 ppbv，2018 年达到峰值，此后呈下降趋势，2020 年和 2021 年 TVOC 年均浓度较 2018 年分别下降 24.4%和 18.1%。从不同季节来看，秋季(9—11 月)TVOC 的浓度高于春季和夏季，且 2017—2020 年间秋季的 TVOC 浓度呈逐年下降趋势(图 3.15)。与秋季相反，夏季(6—8 月)的 TVOC 浓度在 2017—2020 年间呈现逐年上升的趋势，2019 年和 2020 年的 TVOC 浓度分别较 2017 年上升 32%和 58%，在当前京津冀地区 O_3 生成整体处于 VOCs 控制区的大背景下，夏季 TVOC 浓度的增长对于 O_3 污染的恶化有重要贡献，2021 年 TVOC 浓度较 2020 年有显著下降，这是造成 2021 年夏季 O_3 污染缓解的原因之一。春季(3—5 月)有时也会发生 O_3 污染事件，2018 年春季的 TVOC 浓度在 2017—2020 年间最高。

2017—2021 年年均及不同季节 VOCs 的化学组成(浓度)如图 3.16 所示。从年均来看，烷烃是 VOCs 中含量最多的物种，占 TVOC 的 59%～65%，其次是烯烃(10%～15%)、芳香烃(14%～20%)和乙炔(7%～10%)。不同季节 VOCs 的化学组成整体上与 VOCs 的年均化学组成相似，但不同年份各季节烷烃、烯烃、芳香烃和炔烃占 TVOC 的比例有所差异。例如

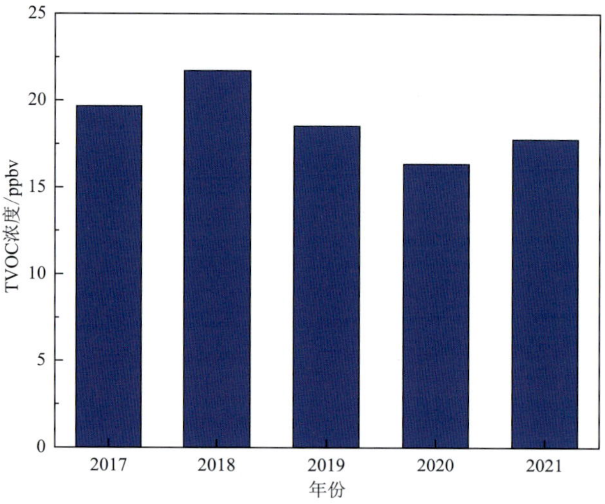

图 3.14 天津市 2017—2021 年 TVOC 浓度变化趋势

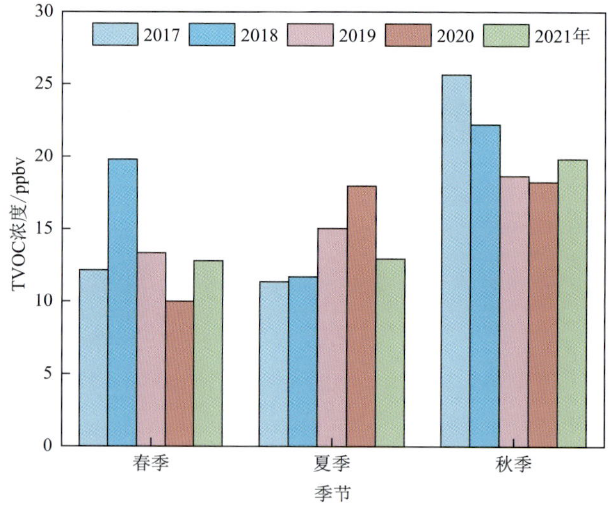

图 3.15 天津市 2017—2021 年不同季节 TVOC 浓度变化趋势

2017 年春季，TVOC 中芳香烃占比为 22%，而 2018—2021 年芳香烃占比仅为 10%左右；2020 年春季 TVOC 中烷烃占比仅为 46%，而烯烃的占比高达 28%，为历年春季之最。在 O_3 污染严重的夏季，历年烯烃的占比差异也较为明显，2020 年夏季 TVOC 中的烯烃占比最高为 23%，而 2017 年夏季烯烃的占比仅为 8%。

从 VOCs 物种浓度的排名来看(图 3.17)，排名前 10 位的 VOCs 物种在不同年份略有所差异，但整体上包括乙烷、丙烷、乙炔、乙烯、甲苯。已有研究表明，芳香烃和烯烃对 O_3 生成潜势的贡献较大，2018 年夏季天津市烯烃对 O_3 生成潜势最大为 55.8%，乙烯、异戊二烯和甲苯分列 O_3 生成潜势贡献的前三位。O_3 生成潜势较高的 VOCs 中，甲苯、二甲苯主要来自溶剂使用，乙烯和丙烯主要来自工业和居民源(Li et al.，2019)。

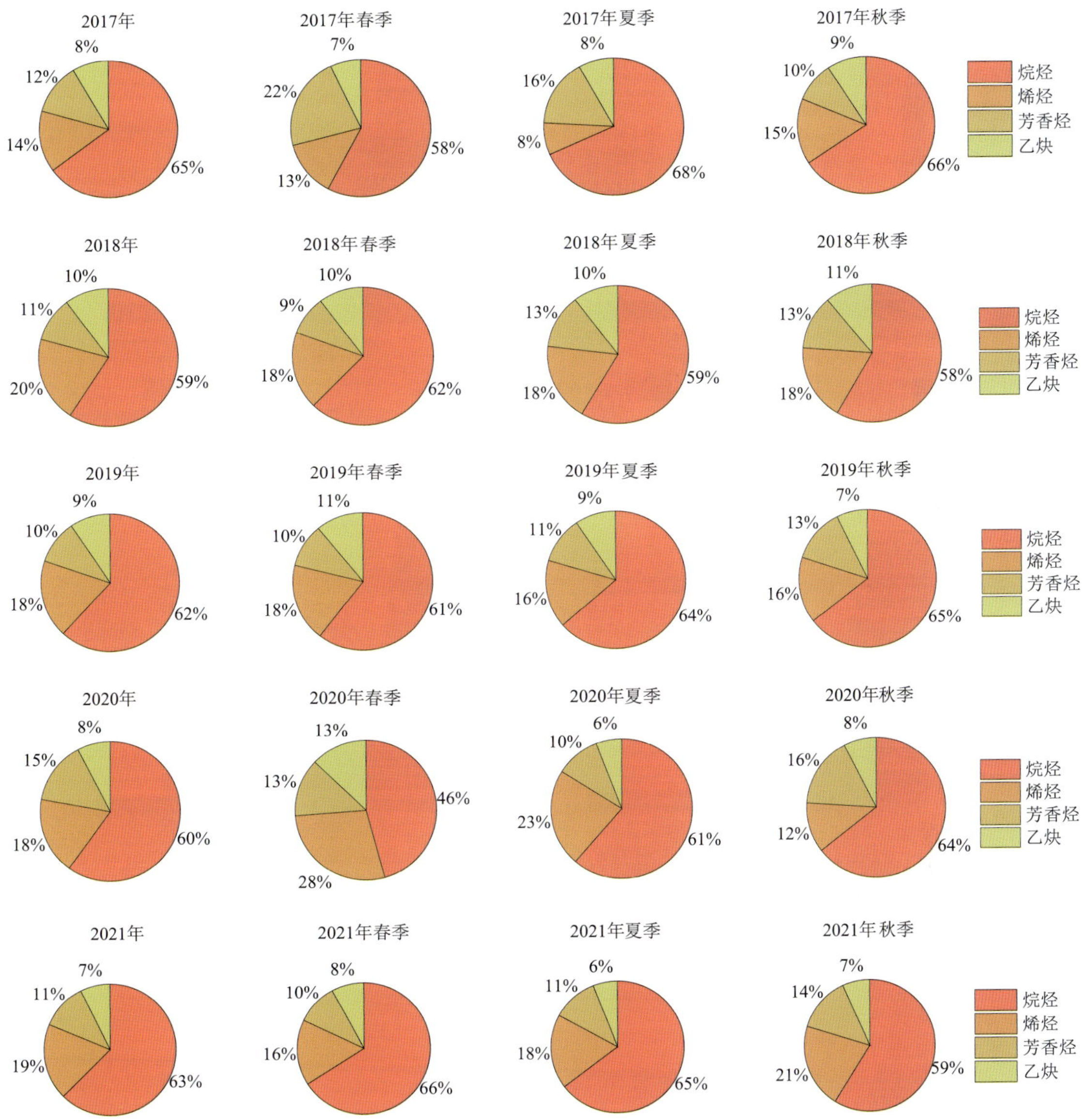

图 3.16　天津市 2017—2021 年年均及不同季节 VOCs 的化学组成

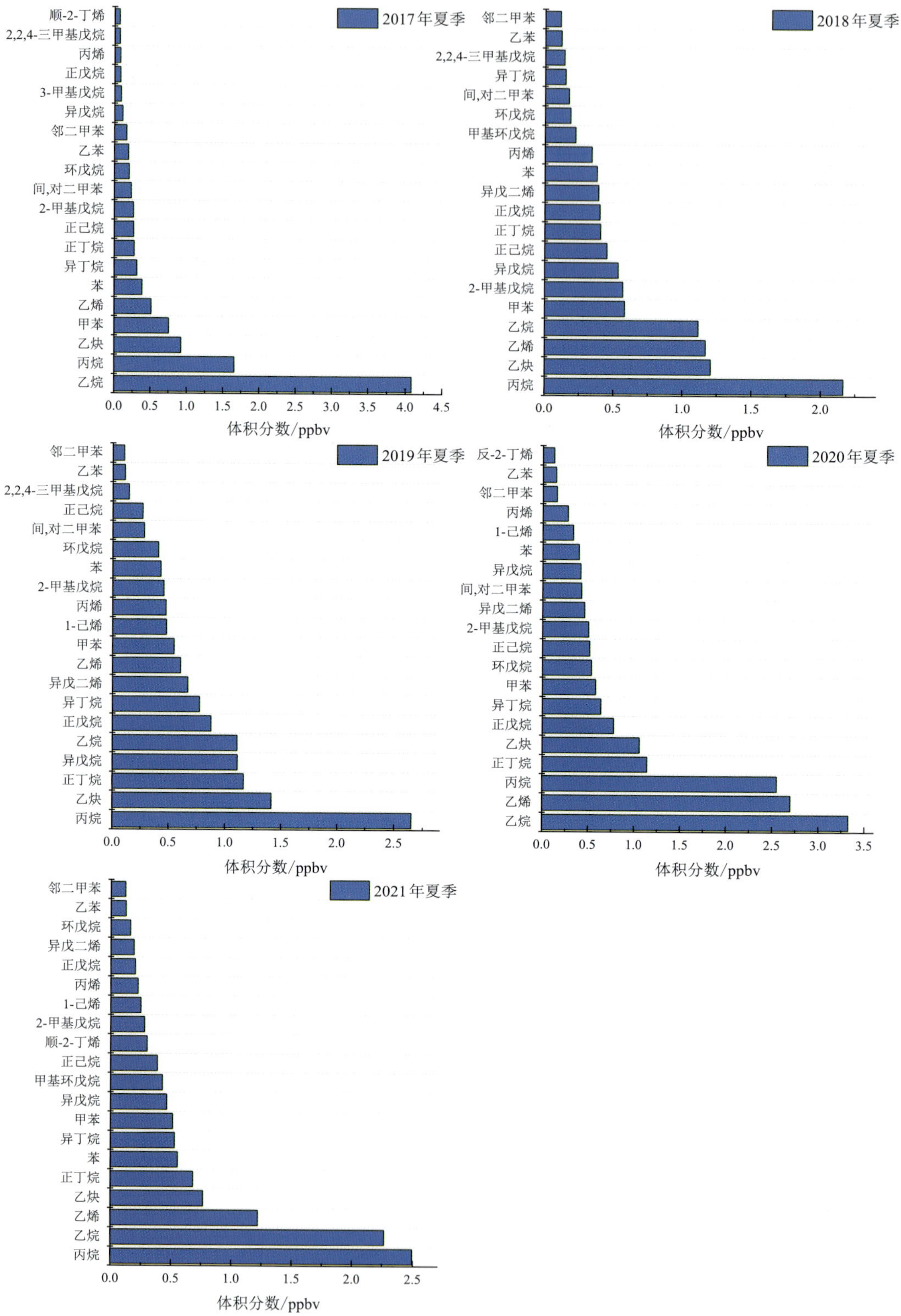

图 3.17 天津市 2017—2021 年夏季 VOCs 的化学组成

3.3　天津臭氧及前体物空间分布变化特征

3.3.1　臭氧空间分布变化特征

受前体物减排和气象条件的双重影响，天津市 O_3 的空间变化在不同年份也会发生变化。利用天津市生态环境监测数据，分析 2014—2021 年天津市各国控点 O_3 年均评价浓度的空间分布。如图 3.18 所示，2014—2016 年 O_3 高值中心主要分布在偏西北地区的武清一带，2017—2019 年 O_3 浓度逐年增高，天津市 O_3 高值区由西北区域逐渐向市中心及周边区域和滨海新区南部迁移，且中心城区与东丽—滨海新区南部存在合并发展及扩大趋势，天津市域东南侧 O_3 污染存在加剧趋势。2020—2021 年随着 O_3 浓度的下降，O_3 的空间分布继续发生变化。2020 年 O_3 高值区分布在市中心—东丽—宁河一带以及蓟州区，而 2021 年 O_3 高值区重新回到西北区域的武清、北辰和宝坻一带。

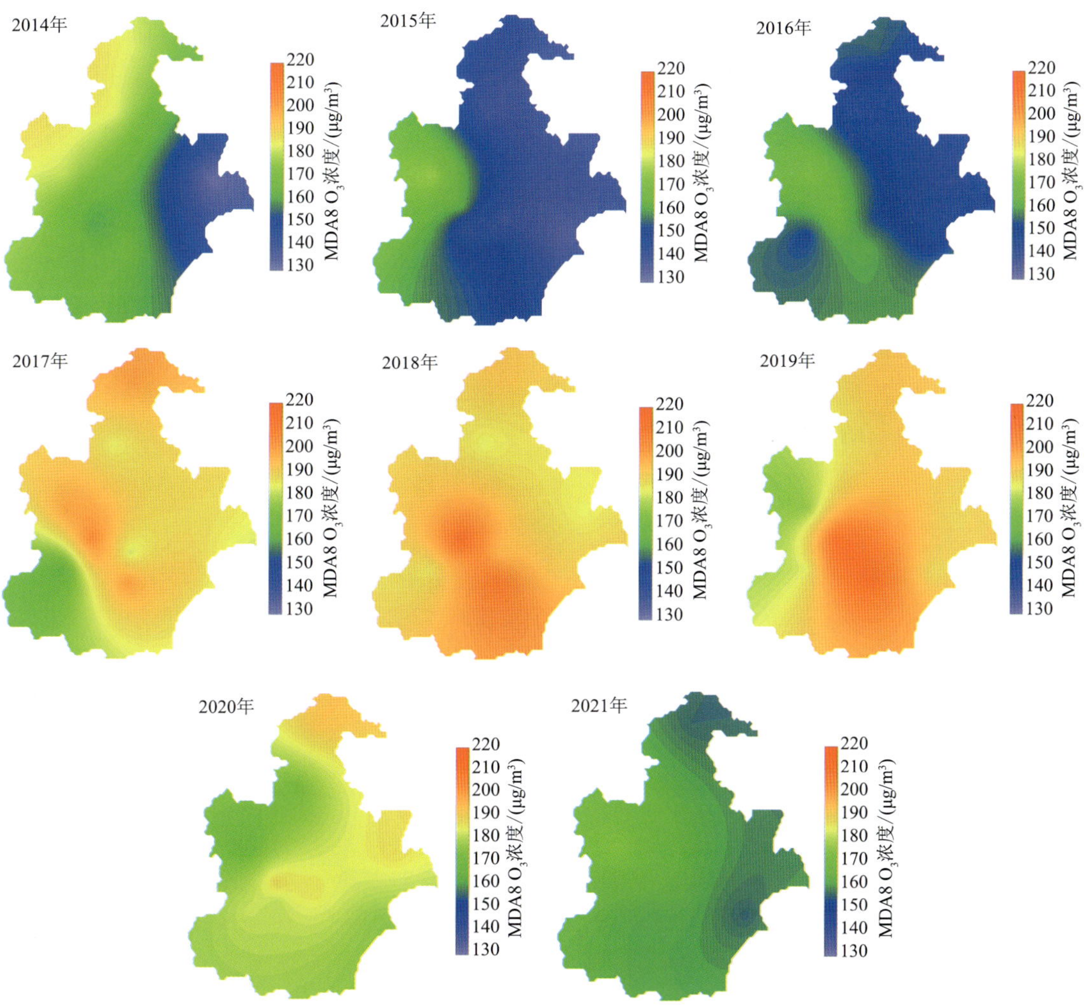

图 3.18　2014—2021 年天津市 MDA8 O_3 浓度空间分布变化

春季和夏季 O_3 污染的空间分布略有不同，春季 O_3 分布大体上呈现双高值中心，一个中心位于北部的蓟州地区，另一个高值中心位于市中心及周边区域（图 3.19）。2015 年和 2019 年春季的 O_3 分布非常相似，高值中心位于市中心及东北区域。2016 年和 2021 年春季天津市西侧的 O_3 浓度整体上高于东部地区。而 2017 年、2018 年和 2020 年春季 O_3 浓度高值中心则位于蓟州和市中心周边地区。总体而言，春季东部沿海地区的 O_3 浓度低于其他地区。

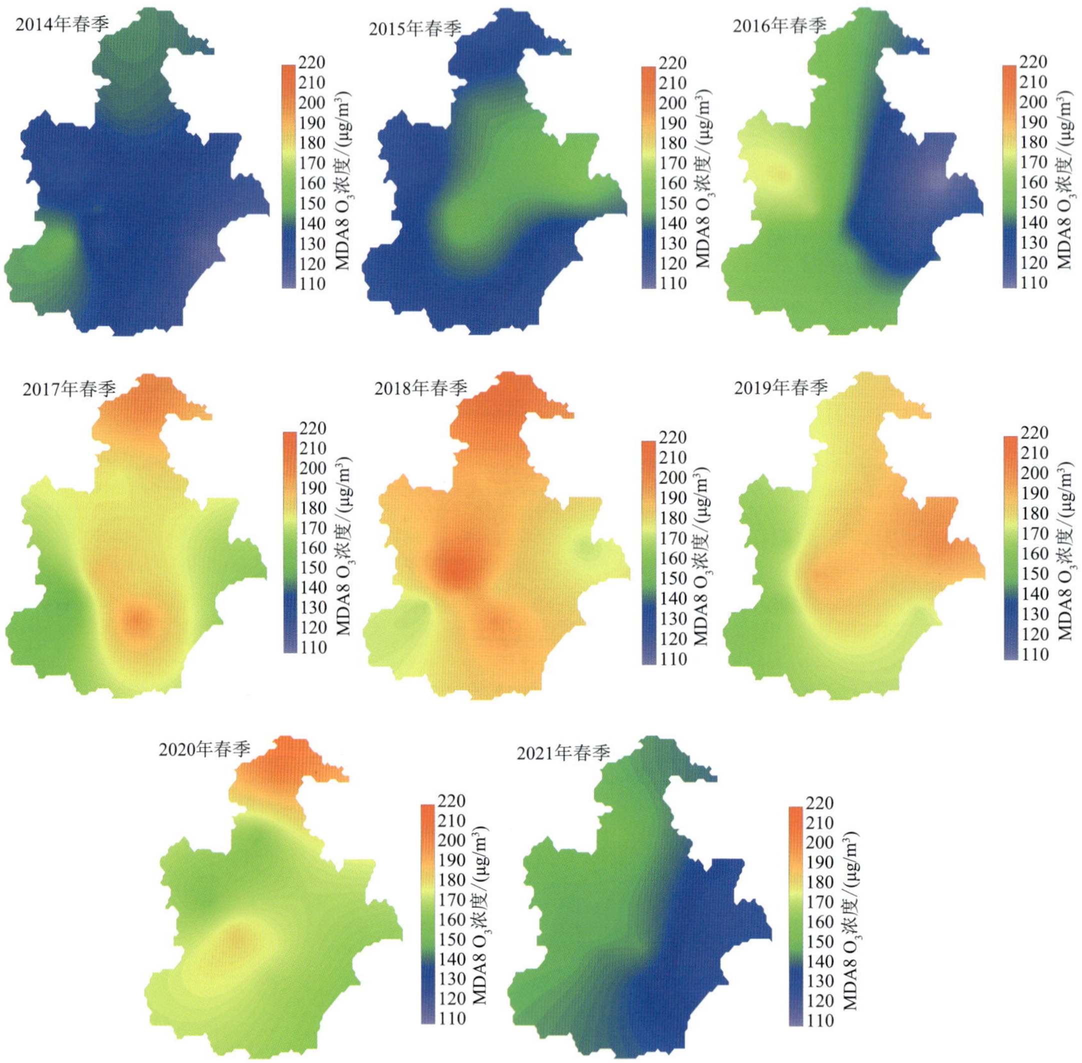

图 3.19　2014—2021 年天津市春季 MDA8 O_3 浓度空间分布变化

2014—2021 年天津市夏季 O_3 高值区呈现连片的特征（图 3.20），且高值区域逐渐向南部推进，市区及周边、西南区域和东南区域的 O_3 浓度偏高，而北部的蓟州则仅在 2014 年、2017 年和 2020 年较高。天津市南部区域的高浓度 O_3 与京津冀北部 O_3 污染的整体改善和夏季的主导风向有关系。目前京津冀 O_3 污染主要集中在南部地区，而天津市夏季主导风向恰为西南风，因此西南风对天津地区的 O_3 输送可能是造成夏季天津南部 O_3 污染严重的原因之一。值得注意的是，2017—2020 年，天津东部特别是东南部地区的 O_3 污染尤为突出，与春季 O_3 浓度在东部地区较低的空间分布明显相反，这可能与环城四区及滨海新区夏季较高的 O_3 前体物排放量有关。

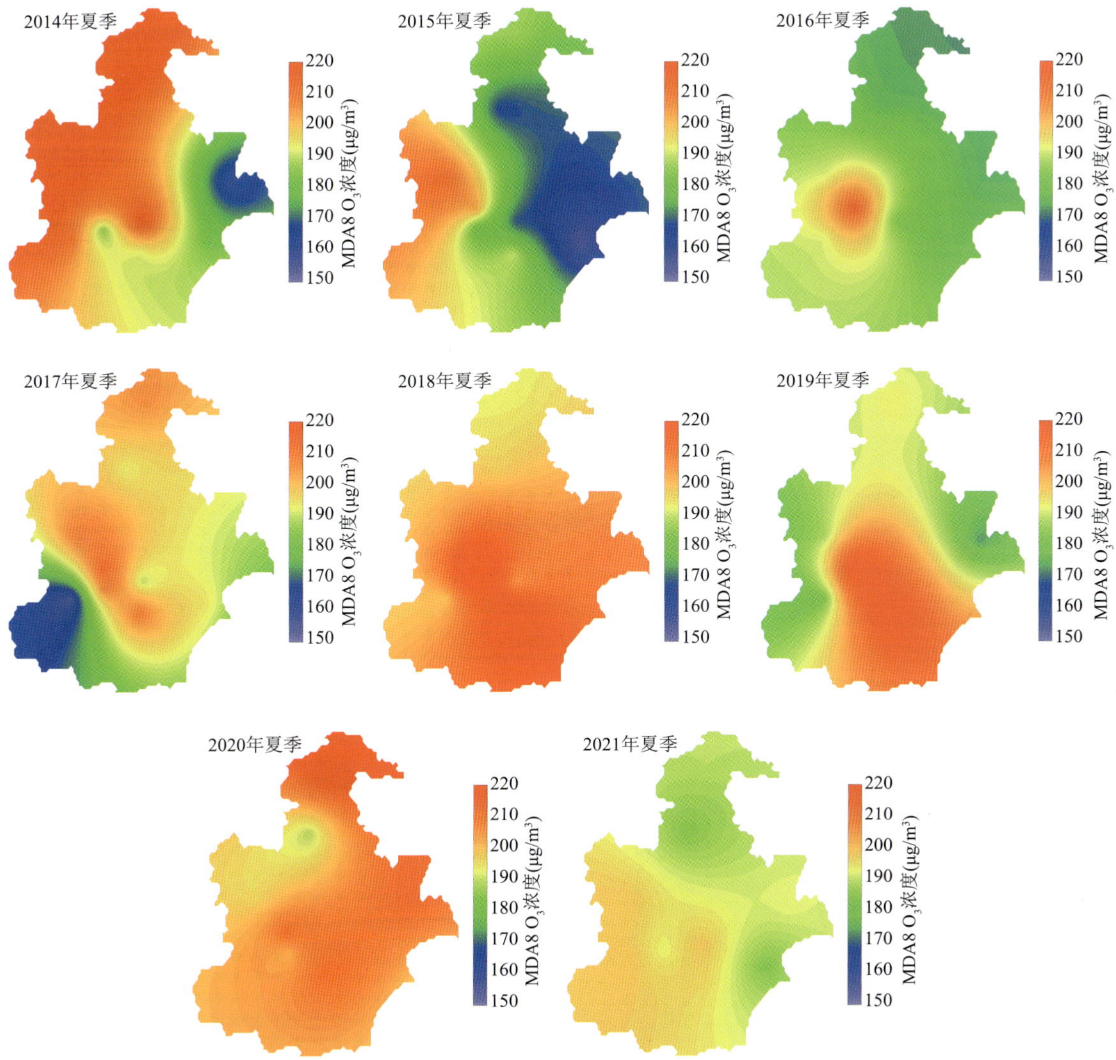

图 3.20　2014—2021 年天津市夏季 MDA8 O_3 浓度空间分布变化

3.3.2　NO_2 空间分布变化特征

2014 年天津市 NO_2 浓度高值区主要分布在市区及北部地区，2015 年以后 NO_2 浓度高值中心向南部迁移，其中中心城区、东丽区及滨海新区 NO_2 浓度明显较高(图 3.21)。2017 年天津市中部区域的 NO_2 浓度高于其他地区。虽然历年天津市 NO_2 浓度的空间分布略有差异，但整体表现为中部和东南部高而北部偏低的分布。NO_x 来源于燃烧过程，机动车、工业燃烧及燃气取暖是其主要的来源。2020 年，天津市机动车保有量突破 338 万辆，其中由于大量人口在市区通勤，导致中部 NO_2 浓度较高。东丽和津南两个环城区内由于工业和物流中心较多，大型运输车辆来往频繁，因而排放较多的 NO_2。而滨海新区因天津港坐落于其区域内，大量的工业企业排放及货轮、大货车、飞机共同导致其东南部 NO_2 浓度较高。春季和夏季 NO_2 浓度的空间分布与年均 NO_2 的空间分布基本保持一致，NO_2 浓度高值区仍位于环城区和滨海新区。

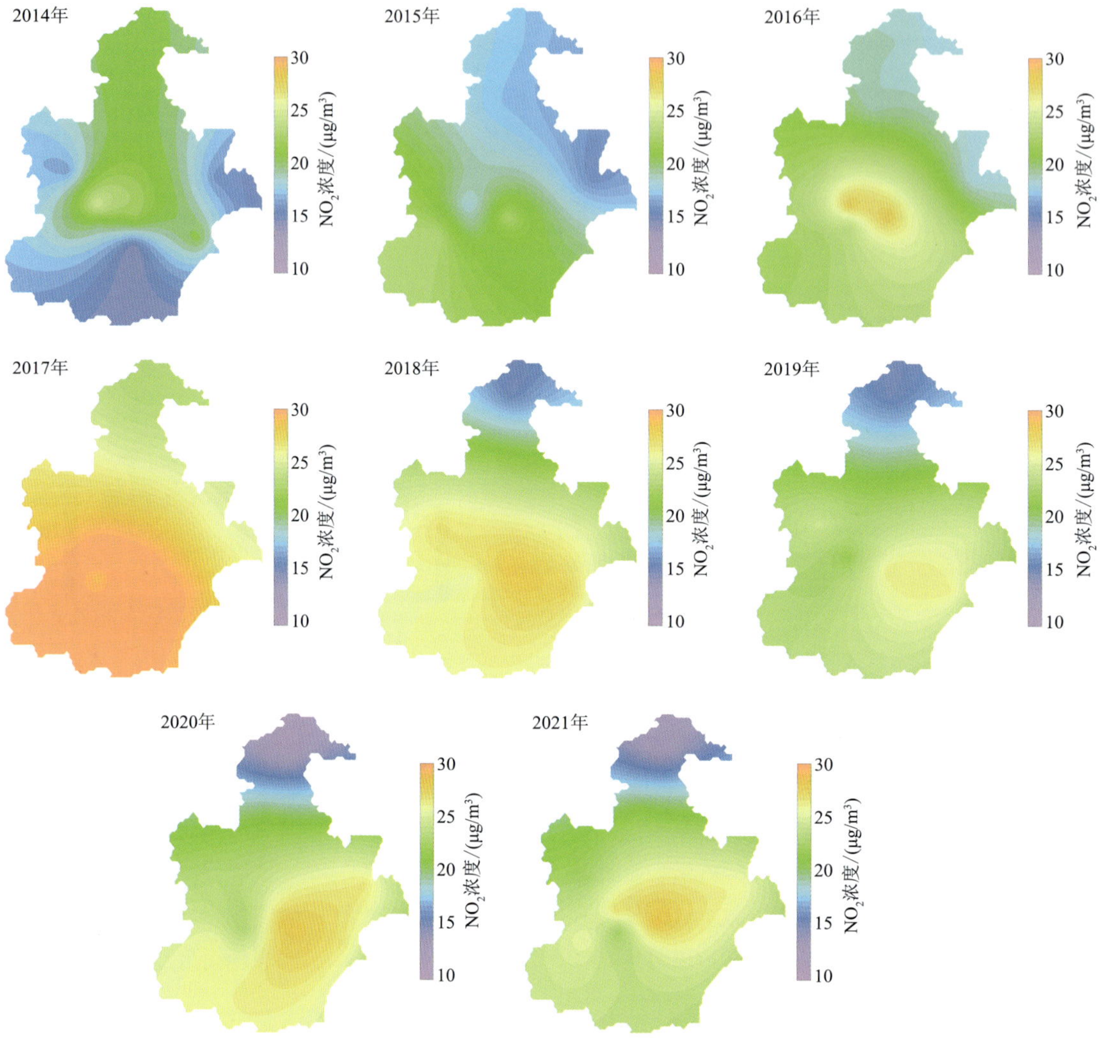

图 3.21　2014—2021 年天津市 NO_2 浓度空间分布变化

3.3.3　VOCs 空间分布特征

2009 年 8 月和 2010 年 8 月，于天津城区（天津大气边界层观测站，位于河西区，简称为气象塔站，下同）和郊区（武清区气象局，简称为武清站，下同）同步开展了 O_3 及其前体物的外场观测，观测信息见第 2 章的 2.2 节。

2010 年 8 月天津城区采样期间观测的 VOCs 总含碳量浓度约为 530 ppbC，总丙烯等效浓度约为 180 ppbC（图 3.22a）。VOCs 总量的日变化表现为白天低早晚高。不过，由于一天只有 5 次采样且集中在早 8 时和晚 8 时之间，因此这一日变化特征的确定还有待于更高时间分辨率的采样观测确认。图 3.22b 进一步给出了各采样时段 VOCs 的平均组成结构，无论是基于含碳量浓度还是丙烯等效浓度，天津城区 VOCs 的组成情况都基本没有变化，也表明了 VOCs 组成和来源的稳定性。从含碳量浓度的组成来看，芳香烃的比重最高，约占了 40%，其次是烷烃，在 25%左右，随后是含氧烃和卤代烃，烯烃比重最小，只占了不到 5%。天津城区的烷烃主要由含碳数小于 6 的轻烷烃组成，它们大多来自机动车尾气。从丙烯等效浓度的组成来看，芳香烃对 VOCs 总反应活性的贡献占有主导地位，约为一半，其次是烯烃，贡献在 30%左右。特别是基于体积混合比的 VOCs 组成结构显示，卤代烃和含氧烃所占比重最高（约为 25%），其次是烷烃和芳香烃（约为 22%），最后是烯烃（约为 5%）。卤代烃大多来自制冷设备和化工工业，反应活性极低，生命时间很长，虽然对 O_3 光化学的贡献可以忽略不计，可是其中许多物种自身都具有毒性。酮脂类的含氧烃则可以作为工业生产的原料。VOCs 组成的情况意味着天津城区 VOCs 的来源具有工业型城市的独特性。

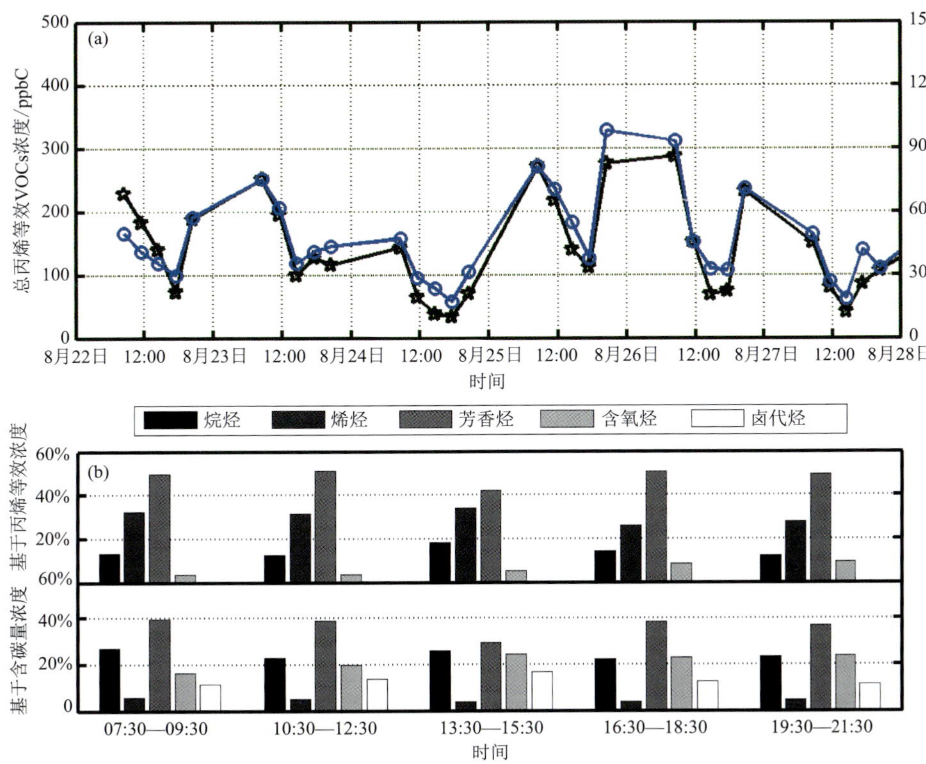

图 3.22　(a)2010 年 8 月天津城区 VOCs 采样期间观测的总 VOCs 时间序列，分别用含碳量浓度（带圆点的实线）和丙烯等效浓度（带星号的实线）表示；(b)各个采样时段基于两种浓度的平均组成情况

2009 年 8 月武清采样期间观测的 VOCs 总含碳量浓度约为 650 ppbC，总丙烯等效浓度约为 220 ppbC（图 3.23a），略高于天津城区。采样期间 VOCs 没有表现出比较规律的日变化特征，用两种浓度表示的时间序列在变化趋势上也不一样。VOCs 总含碳量浓度基本保持不变，但在 8 月 11 日之前有一些特别高的值，丙烯等效浓度则随时间逐渐升高。这可能是由于这一地区 VOCs 来源的多样性和复杂性，也可能仅仅因为采样期间气象条件发生了变化，带来了不同源排放地区的信息。各采样时段 VOCs 的平均组成结构如图 3.23b 所示。从含碳量浓度的组成来看，烷烃比重最高，占了约 30%，其次是芳香烃（约为 25%），含氧烃和卤代烃含量相当，都接近 20%，最少的是烯烃，只占了 5%左右。与天津城区不同，武清的烷烃主要由含碳

数大于 5 的重烷烃构成。它们多来自工业排放，比如正己烷广泛应用于食品加工、家具制作和皮革制造在内的许多工业生产领域，而如前所述，含碳数大于 8 的重烷烃可来自于石油炼制工业。从丙烯等效浓度的组成来看，芳香烃和烯烃对 VOCs 总反应活性的贡献相当，大约为 40%，其次是烷烃(20%左右)。由于烯烃大多是含碳数小于 6 的小分子，因此用含碳量浓度考察时所占比重并不大，但是由于诸如 2-丁烯和异戊二烯这样的物种反应活性非常高，因此它们的 O_3 产生潜力不可忽视。武清区基于体积混合比的 VOCs 组成中，卤代烃所占比重竟然高达 40%，其次是烷烃(约为 25%)、含氧烃(约为 20%)、芳香烃(约为 10%)和烯烃(约为 5%)。不过卤代烃多是小分子，因此对 VOCs 总含碳量浓度的贡献才远远小于烷烃和芳香烃。

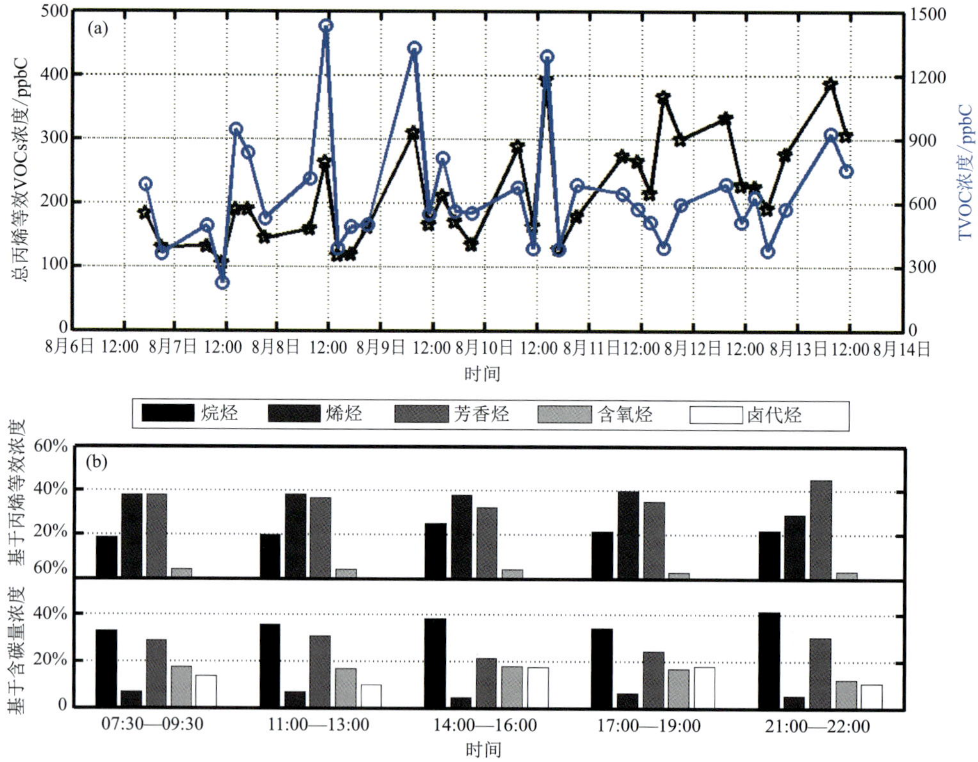

图 3.23 (a)2009 年 8 月武清 VOCs 采样期间观测的总 VOCs 时间序列，分别用含碳量浓度(带圆点的实线)和丙烯等效浓度(带星号的实线)表示；(b)各个采样时段基于两种浓度的平均组成情况

3.4 天津近地面臭氧垂直分布特征

大气污染物浓度的垂直分布特征与污染源的排放高度、城市边界层结构及其与大尺度天气背景的相互作用、城市内部的建筑布局及城市周边的大尺度地形条件、大气化学过程等因素有关。揭示城市边界层中大气污染物浓度的垂直分布结构特征对于更好地认识污染物间的大气物理化学过程十分重要。受观测条件所限，目前关于大气污染物浓度垂直分布的研究手段多为数值模拟，而利用气象塔进行连续垂直观测的数据非常有限。为了获得城市近地面 O_3 的垂直变化规律，利用天津市气象局 255 m 气象塔对 O_3 进行观测，分析 O_3 在近地层内的分

布特征。

夏季是 O_3 污染的高发季节，2018 年 6—8 月利用天津气象塔观测 O_3 的垂直分布特征，观测高度分为 3 层，包括地面（2 m）、120 m 和 200 m。观测期间不同高度 O_3 日均浓度的时间序列变化如图 3.24 所示。2018 年天津市的年均 O_3 浓度在 2015—2021 年间最高。2018 年夏季平均气温达到 27.4 ℃，是 2013 年以来夏季平均气温最高年份；平均日均日照时数 671.6 h，比上一年同期增加 3 h，两者基本持平，白天（08:00—18:00）紫外辐射 19.4 W/m²，比上一年同期下降 4.8%。2018 年夏季 MDA8 O_3 浓度为 171 μg/m³，上一年同期仅为 156 μg/m³，2018 年出现 O_3 轻度污染 35 d，中度污染 17 d，重度污染 2 d，而 2017 年仅有 O_3 轻度污染 29 d，中度污染 13 d，重度污染 0 d，O_3 污染日明显增多。

255 m 气象塔监测的 O_3 廓线显示，在近地面随着高度的增加 O_3 质量浓度有明显的增加，地面日均 O_3 质量浓度 83 μg/m³，120 m 高度为 95 μg/m³，200 m 高度为 136 μg/m³，200 m 高度 O_3 是地面的 1.6 倍。这样的垂直分布与弱高压天气下沉气流会导致近地面 O_3 污染有关，第 6 章的 6.4 节具体解读了 2018 年 8 月 8—13 日华北地区发生的一次典型的 O_3 污染事件。

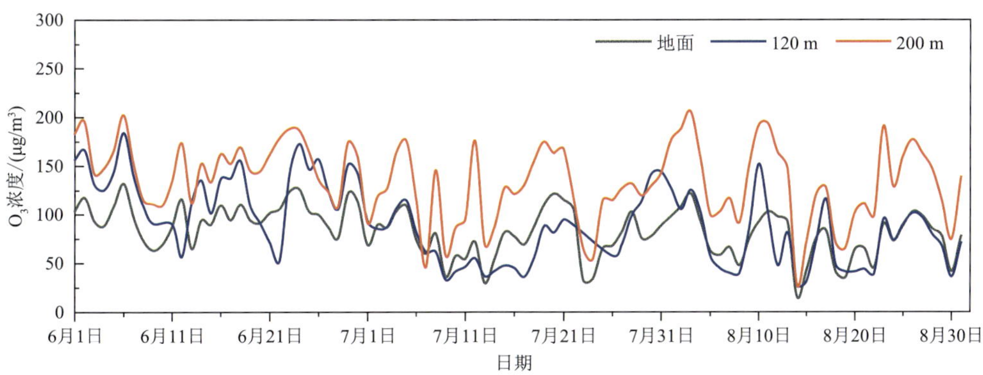

图 3.24　2018 年 6—8 月观测期间天津气象塔不同高度 O_3 质量浓度逐日变化规律

由于近地面 O_3 浓度主要受光化学反应和 NO_x、VOCs 等前体物质浓度影响，因此 O_3 质量浓度日变化有明显的单峰型特征，日出后随着光化学反应强度增强和夜间残留层内 O_3 向下垂直混合作用的影响，近地面 O_3 质量浓度迅速上升，并在中午达到一天中的峰值，午后随着光化学反应的减弱及地面排放的 NO 对 O_3 的滴定作用增强，O_3 质量浓度逐步下降，夜间在没有区域输送情况下，各高度 O_3 浓度通常较低且保持相对稳定。夏季不同高度 O_3 浓度的峰值和谷值出现时刻略有差异，地面 O_3 浓度的峰值和谷值分别出现在 13:00 和次日 05:00；120 m O_3 浓度的峰值和谷值分别出现在 15:00 和次日 06:00；200 m O_3 浓度的峰值和谷值分别出现在 16:00 和次日 07:00（图 3.25a）。即随着高度的上升，O_3 浓度的峰值和谷值出现时间逐渐滞后 1 h，这可能就是地面新生成的 O_3 向上部传输所需的时间。

夏季午间，由于充分的混合作用，120 m 和地面 O_3 质量浓度基本一致，但在夜间，由于近地面 NO 更多，对 O_3 的滴定消减更快，一般地面 O_3 质量浓度比 120 m 少 20%～40%，该数值在早晨日出前达到最大为 37%。220 m O_3 质量浓度明显高于地面 O_3 浓度，一方面是由于 NO 对 O_3 的滴定作用大大减弱，另一方面受下沉气流叠加影响。从图 3.25b 可知，$O_{3\text{-}220\ m}$/$O_{3\text{-地面}}$ 比值（220 m 和地面 O_3 质量浓度的比值）在夜间较高，在日出前达到顶峰，日出后比值迅速下降，日落后重新上升，表明夜间 220 m O_3 浓度的下降速度低于地面，造成残留。在日出后随着混合层的发展，地面 O_3 浓度增长速度快于 220 m，导致 $O_{3\text{-}220\,m}/O_{3\text{-地面}}$ 逐渐降低。12:00—16:00 $O_{3\text{-}220\,m}/O_{3\text{-地面}}$ 较为稳定，这是由于垂直混合较为稳定，地面和 220 m O_3 浓度的增幅基本相同。2018 年 7—8 月 $O_{3\text{-}220\,m}/O_{3\text{-地面}}$ 较 6 月明显增加，特别进入 8 月以来，日落后 $O_{3\text{-}220\,m}/O_{3\text{-地面}}$ 显著高于 6—7 月，这可能是由于弱高压天气下沉气流对 220 m O_3 有所补充。

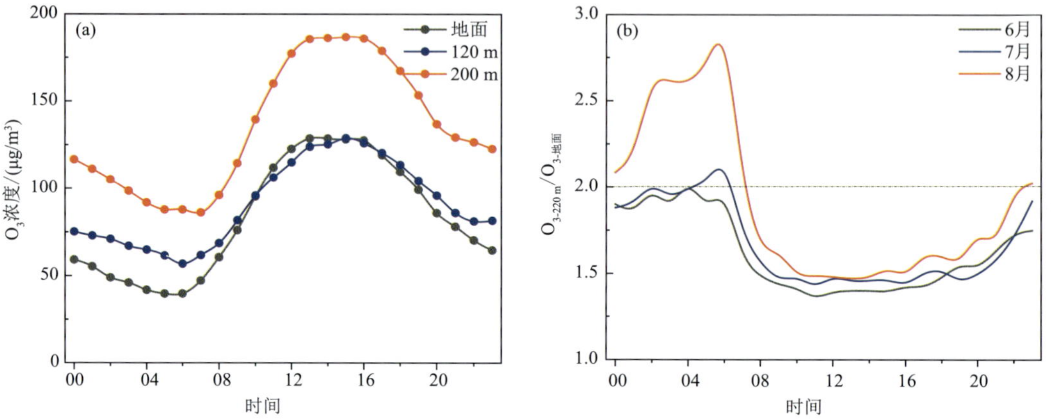

图 3.25　天津夏季观测期间不同高度 O_3 质量浓度日变化规律(a)和不同月份 $O_{3\text{-}220\,m}/O_{3\text{-地面}}$ 比值的日变化(b)

冬季 O_3 浓度垂直分布日变化情况如图 3.26 所示。冬季 O_3 质量浓度通常较低，其垂直差异相对于夏季更加明显，在大气边界层内 O_3 浓度通常随高度上升而增加。冬季地面、120 m和 200 m 高度的 MDA8 O_3 浓度分别为 10 μg/m³、19 μg/m³ 和 25 μg/m³。受地面排放源影响，地面的 O_3 质量浓度日变化最为显著，随着高度的升高，地面排放源影响逐渐减小，日变化趋于平缓。冬季湍流运动相对较强的午间时段，不同高度 O_3 质量浓度相对接近，120 m 和 200 m 高度与地面 O_3 浓度的比值分别为 1.36 和 1.48。午后，高层 O_3 质量浓度下降速度明显慢于低层，夜间也维持相对较高的浓度，造成了夜间 O_3 浓度垂直差异增大，这是由于夜间湍流运动减弱，地面排放的 NO 等还原物质较难向上输送，对高层的 O_3 消耗量远小于低

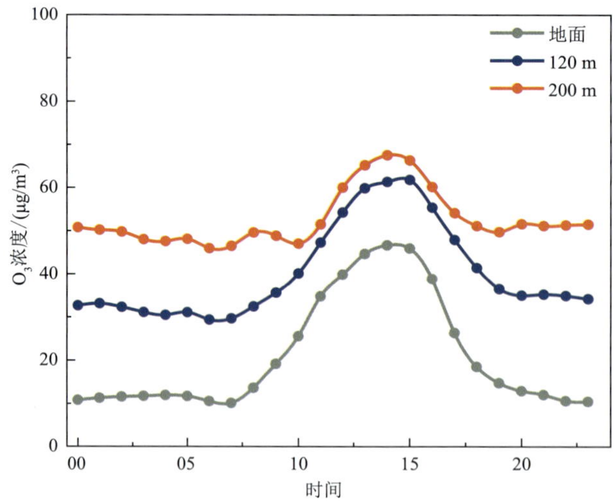

图 3.26　天津冬季不同高度 O_3 质量浓度日变化规律

层。相较于夏季，冬季夜间 $O_{3\text{-}220\ m}/O_{3\text{-地面}}$ 比值明显偏高，夏季的大气垂直扩散条件普遍优于冬季，因此各高度 O_3 质量浓度差异低于冬季，日间地面与 120 m 高度的 O_3 质量浓度接近，在 09:00—14:00，地面 O_3 质量浓度甚至高于 120 m，夜间浓度差异虽增加，但仍明显低于冬季同时段中的差异。由此可见，大气垂直扩散条件对 O_3 质量浓度的垂直差异具有显著的影响。

3.5 本章小结

本章分析了京津冀区域和天津市近年来的 O_3 污染水平，重点分析了天津市 O_3 及其前体物的时空分布特征，以及夏季 O_3 垂直分布特征等，以期掌握和了解天津市 O_3 污染现状，为 O_3 预报和治理提供基础。

(1)京津冀地区是全国 O_3 污染的重点区域，随着 O_3 前体物减排措施的持续推进，京津冀 O_3 年均评价浓度在 2018 年达到峰值后在 2019—2021 年逐年下降，但仍处于超标水平，目前 O_3 高值区位于京津冀南部。京津冀区域 O_3 背景浓度的评估结果表明，区域内存在北部山区、南部平原和渤海沿岸等 3 个相对稳定的次区域，O_3 以本地生成占主导，区域传输也不容忽视。

(2)2014—2021 年，天津市 O_3 浓度呈先上升后下降的态势，在 2018 年达到浓度峰值(201 $\mu g/m^3$)后逐渐下降，2021 年 O_3 年评价浓度为 160 $\mu g/m^3$，接近达标。天津市 O_3 高值区大体保持稳定，分布在中心城区、东丽—滨海新区南部，以及蓟州北部山区。2017—2019 年 O_3 平均超标率在 20%～30%，2017—2019 年 O_3 污染事件为 9～13 次，平均持续时间在 5 d 左右。2020—2021 年 O_3 污染事件的强度和持续时间均呈现减弱趋势，但依然保持较高的发生频率。

(3)2014—2021 年，天津市 NO_2 年均浓度整体呈下降态势。历年天津市 NO_2 浓度的空间分布略有差异，但整体表现为中部和东南部高，而北部偏低的分布。2017—2021 年间，TVOC 的年均浓度为 16.4～21.7 ppbv，2018 年达到峰值，此后呈下降趋势，秋季 TVOC 的浓度高于春季和夏季。烷烃是 VOCs 中含量最多的物种，占 TVOC 的 59%～65%，其次是烯烃、芳香烃和乙炔。浓度排名前 10 位的 VOCs 物种在不同年份略有所差异，但整体上包括乙烷、丙烷、乙炔、乙烯、甲苯。

(4)基于塔基观测的冬夏季 O_3 浓度通常随高度上升而增加，其中夏季 O_3 在 120 m 以下混合较好，随着高度的上升，O_3 浓度的峰值和谷值出现时间逐渐滞后 1 h，夏季夜间 220 m O_3 浓度的下降速度低于地面，造成残留。冬季 O_3 质量浓度较低，其垂直差异相对于夏季更为明显，受冬季夜间湍流减弱的影响，$O_{3\text{-}220\ m}/O_{3\text{-地面}}$ 比值明显高于夏季。

第 4 章　气象因素对臭氧污染形成的影响

O_3 浓度的高低与温度、相对湿度、辐射、边界层高度等气象要素密切相关，气象条件主要通过以下途径影响 O_3 浓度：①影响 O_3 及前体物的输送和扩散过程；②辐射和气温等气象要素的变化导致大气氧化性发生变化，进而影响 O_3 的光化学形成；③影响植被 VOCs 等排放的变化，间接影响 O_3 浓度。一般认为，影响 O_3 的气象因素主要有紫外辐射、气温、相对湿度、降水和风等。由于气象因素与 O_3 浓度之间的非线性关系，不同时间尺度上，气象因素对 O_3 浓度的影响存在显著差异。本章基于天津市 2015—2020 年的气象因素和污染物数据，探究不同气象要素对 O_3 浓度的影响，以期为 O_3 污染预报和防控提供科学依据。

4.1　辐射和日照的影响

辐射是 O_3 生成的驱动因子，阴雨天气和夜间等弱紫外辐射下 O_3 光化学生成量较低，一般不会形成高浓度的 O_3 污染。如图 4.1 所示，MDA8 O_3 浓度与白天紫外辐射和短波辐射呈正相关，由于光化学反应主要发生在紫外波段，因此相比于短波辐射，MDA8 O_3 浓度与紫外辐射的相关性更加明显。当紫外辐射处于 10～30 W/m^2 的范围内，MDA8 O_3 浓度随紫外辐射的增强几乎呈直线上升趋势，而当紫外辐射大于 30 W/m^2 时，MDA8 O_3 浓度增长放缓。天津市春季和夏季日平均紫外辐射大于 30 W/m^2 的比例分别为 44% 和 26%，春夏季当紫外辐射大于 30 W/m^2，前体物的浓度水平可能是决定 O_3 浓度更重要的因素。

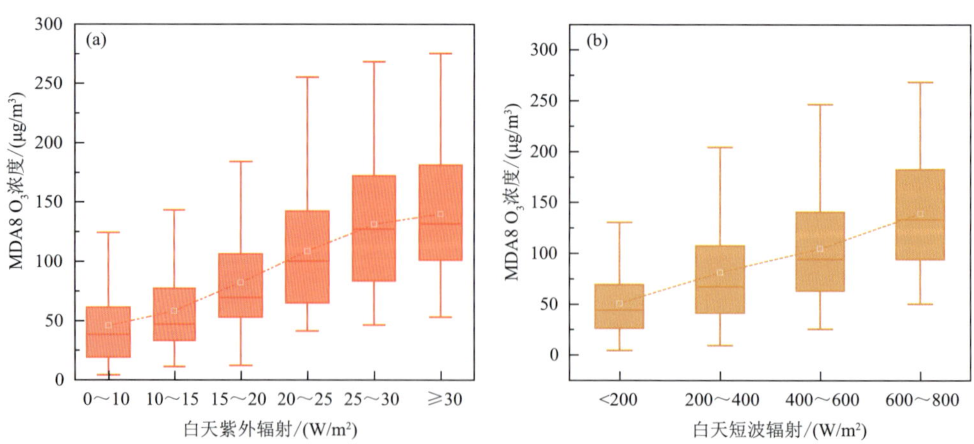

图 4.1　天津 MDA8 O_3 浓度与紫外辐射(a)和短波辐射(b)的关系

春季和夏季紫外辐射自 06:00 开始明显增强，春季紫外辐射在 12:00 达到最强，而 O_3 峰值则在 16:00 达到最强，较紫外辐射整体滞后 4 h(图 4.2)。夏季紫外辐射同样在 12:00 达到最强，O_3 峰值在 15:00 达到最强，较紫外辐射整体滞后 3 h，这可能是由于夏季 O_3 前体物特别是 BVOCs 浓度较高，光化学反应时间缩短，因此达峰时间较春季早 1 h。

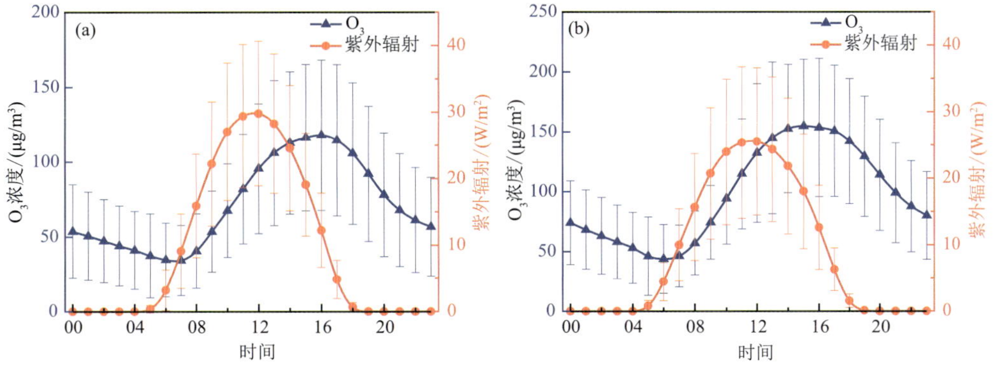

图 4.2　天津春季(a)和夏季(b)O_3 浓度与紫外辐射的日变化

除辐射强度外，日照时长也是影响 O_3 浓度的因素之一。图 4.3 展示了 MDA8 O_3 浓度均值随日照时长的分布。可以看出，MDA8 O_3 浓度与日照时长整体上呈正相关，但是当日照时长小于 9 h 时，MDA8 O_3 平均浓度几乎不随日照时长变化，当日照时长大于 9 h 时，MDA8 O_3 平均浓度迅速上升，日照时长为 9～12 h 时的 MDA8 O_3 平均浓度较日照时数为 6～9 h 的浓度上升 55%。夏季的 MDA8 O_3 浓度与日照时长的相关性最好，即夏季日照时间越长，越有利于 O_3 的生成和积累。综合紫外辐射和日照时长来看(图 4.4)，夏季白天紫外辐射越强烈、日照时间越长，MDA8 O_3 浓度越高，当白天紫外辐射强度大于 25 W/m^2，日照时长大于 9 h，MDA8 O_3 浓度超标率达 63.7%。因此，夏季 O_3 污染更多出现在天空长时间晴朗且辐射强烈的天气。

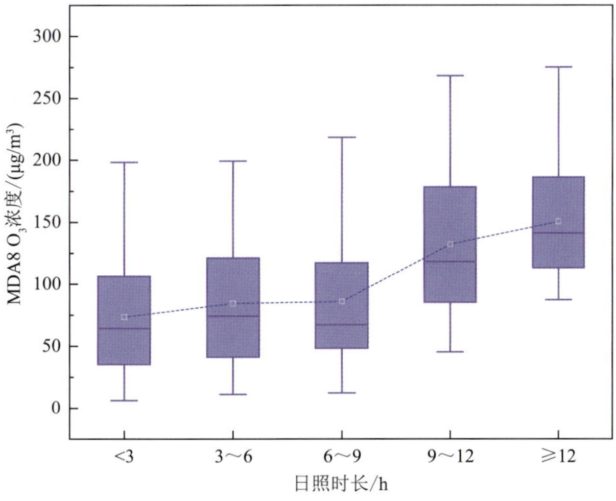

图 4.3　天津 MDA8 O_3 浓度与日照时长的关系

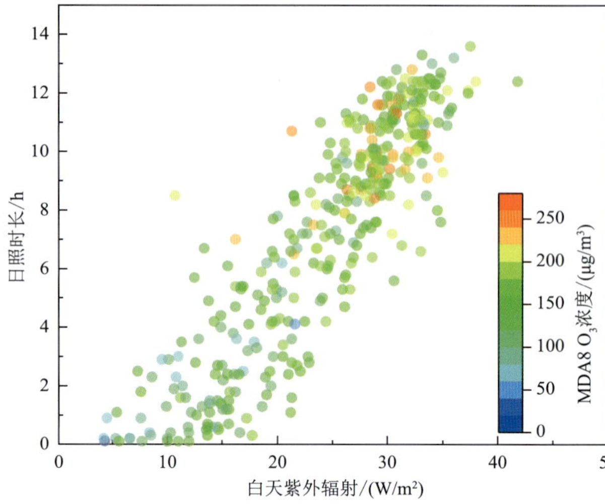

图 4.4 天津夏季 MDA8 O_3 浓度随紫外辐射和日照时长的分布

4.2 气温和空气湿度的影响

近地面 O_3 污染与气温变化密切相关，且这种相关性是非线性的，气温调节 O_3 的机制包括影响 O_3 前体物的排放、寿命和反应速率。如图 4.5 所示，MDA8 O_3 浓度随日均气温和日最高气温的分布较为集中，且随着日均气温和日最高气温的上升呈指数型增长。从不同季节来看(图 4.6)，春季和秋季，MDA8 O_3 浓度随着日均气温和日最高气温的上升呈指数型增长，温度较低时 MDA8 O_3 浓度较低。而在夏季，MDA8 O_3 浓度随着日均气温和日最高气温的上升呈明显的线性增长趋势。日最高气温为 28～35 ℃时 MDA8 O_3 浓度均值超标的日数和超标率均有明显升高(图 4.7)。

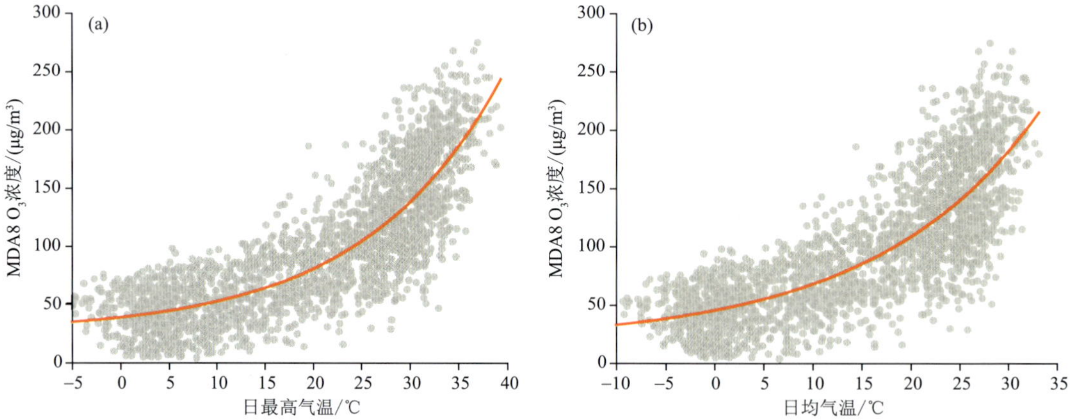

图 4.5 天津 MDA8 O_3 浓度随日最高气温(a)和日均气温(b)的关系

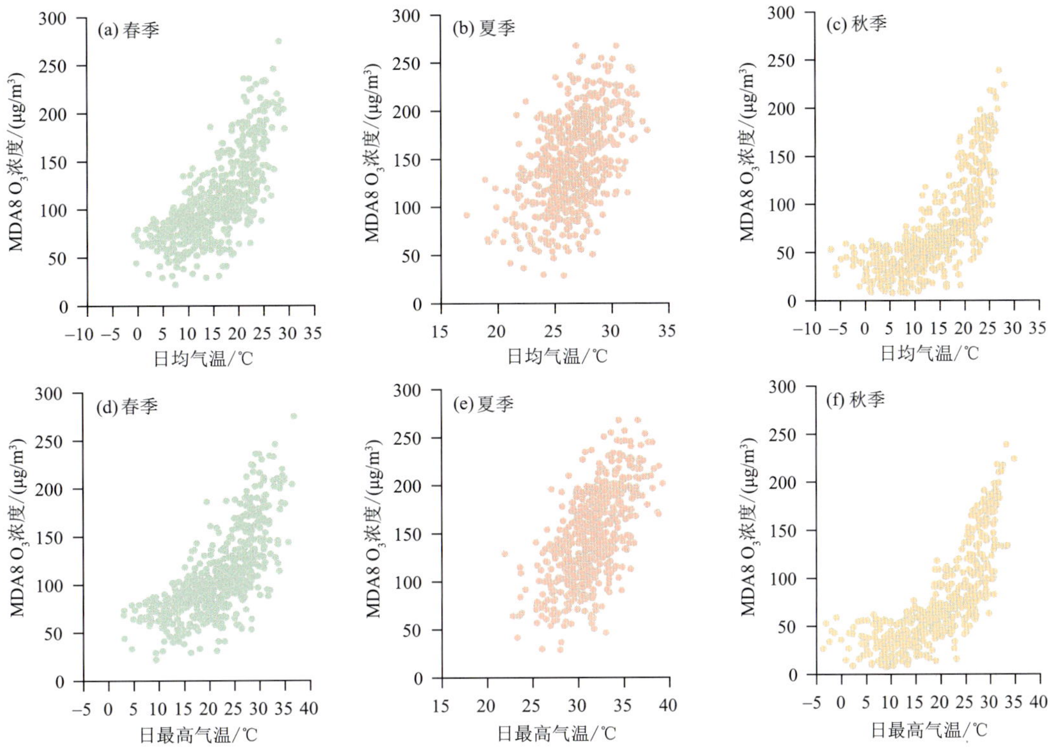

图 4.6　天津不同季节 MDA8 O_3 浓度与日均气温和日最高气温的关系

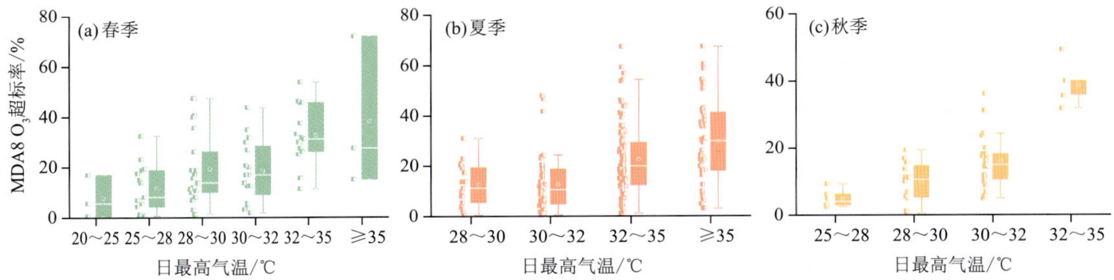

图 4.7　天津春、夏、秋三季 MDA8 O_3 超标率随日最高气温的分布

相对湿度(RH)通过影响云和降水的形成、气溶胶辐射以及湿沉降等机制影响 O_3 生成。如图 4.8 所示，整体上 MDA8 O_3 浓度随 RH 的上升呈先上升后下降的趋势，均值在 RH 为 60%～70%时最高，中位数在 RH 为 70%～80%时最高，RH>80%后 MDA8 O_3 浓度迅速下降。高 RH 一般对应着降水、雾等天气，同时较高的 RH 下紫外辐射往往并不强烈，因而高 RH 不利于 O_3 的生成和积累，降水则直接影响紫外辐射和温度，导致 O_3 浓度下降。从不同季节来看(图 4.9)，春季 MDA8 O_3 浓度随着 RH 的升高呈下降趋势，MDA8 O_3 浓度在 RH 为 40%～70%的区间内最高，RH 达到 70%以上时 MDA8 O_3 浓度下降幅度较为明显；夏季 MDA8 O_3 浓度只有在 RH>80%后才出现明显下降；秋季 MDA8 O_3 浓度随着 RH 的上升而增大，在 RH 为 60%～80%的区间内较高，在 RH>80%后出现明显下降。

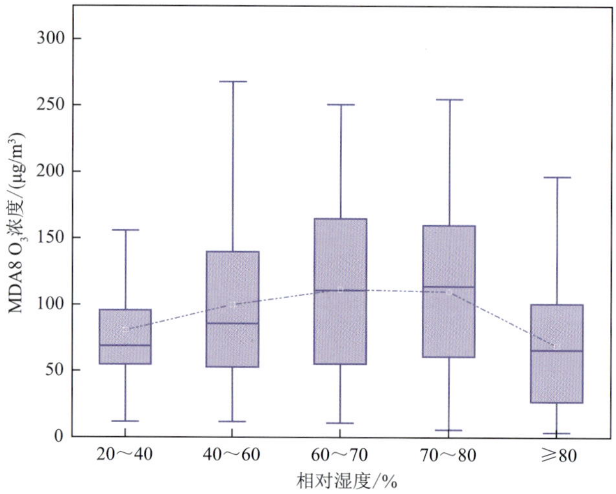

图 4.8　天津 MDA8 O_3 浓度与相对湿度的关系

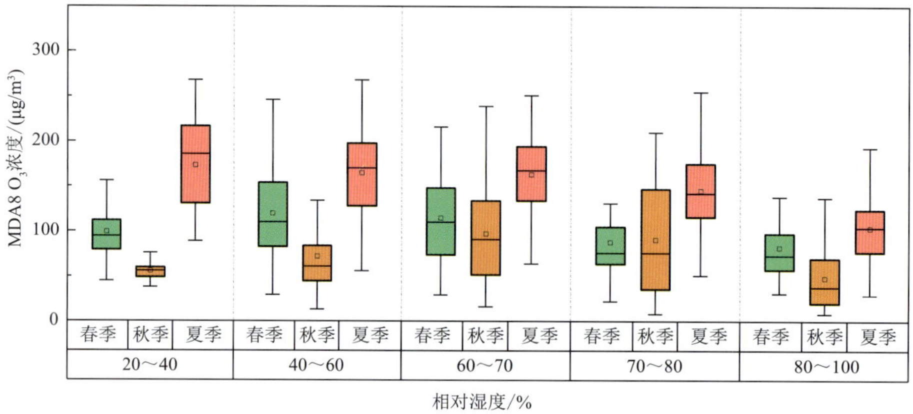

图 4.9　天津不同季节 MDA8 O_3 浓度与相对湿度的关系

如上所述，不同季节 O_3 随气温和 RH 的变化不尽相同，利用随机森林算法输出影响 O_3 浓度的气象因素的特征重要度显示（图 4.10），从多年平均的排序来看，影响 O_3 浓度变化最重要的因素是气温。不同季节影响 O_3 生成的自变量的特征重要度有所差异：春季影响 O_3 浓度变化最重要的因素是气温，O_3 小时浓度超标时（小时值大于 200 μg/m³）所对应的气温范围较宽，气温为 25～28 ℃、28～30 ℃、30～32 ℃和大于 32 ℃时，O_3 超标率分别为 9%、20%、29%和 47%，因此对于春季，重点关注 32 ℃以上的高温天气。秋季与春季较为类似，影响 O_3 浓度变化最重要的因素是气温，气温为 25～28 ℃、28～30 ℃、30～32 ℃和大于 32 ℃时，O_3 超标率分别为 2%、12%、42%和 57%，因此对于秋季，重点关注 30 ℃以上的高温天气。

夏季气温、气温露点差、RH 对 O_3 污染的重要程度均超过 10%，说明夏季 O_3 浓度取决于多因素的综合影响，而非主导因子气温。气温露点差和 RH 都与空气湿度有关，其中气温露点差越大，表示空气越干燥，因此夏季 O_3 浓度的预测要同时考虑气温和大气干燥度两个因素。如图 4.11 所示，夏季午间（10:00—18:00）当 RH 为 40%～50%时，最易产生 O_3 超标的情况，气温大于 31 ℃时 O_3 超标率为 50%。而当 RH 在低于 40%或大于 50%的情况下，O_3

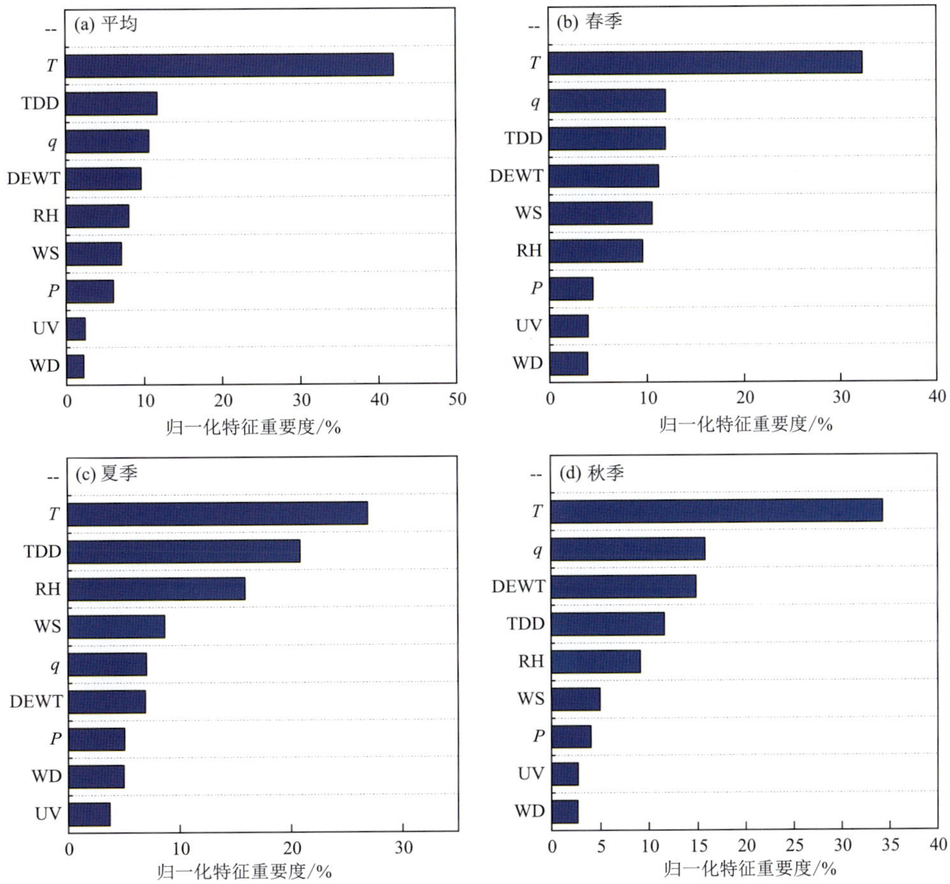

图 4.10　天津各季节影响臭氧浓度因素的特征重要度

（RH：相对湿度；TDD：温度露点差；TEM：气温；DEWT：露点；q：比湿；WS：风速；WD：风向；UV：紫外辐射；P：气压）

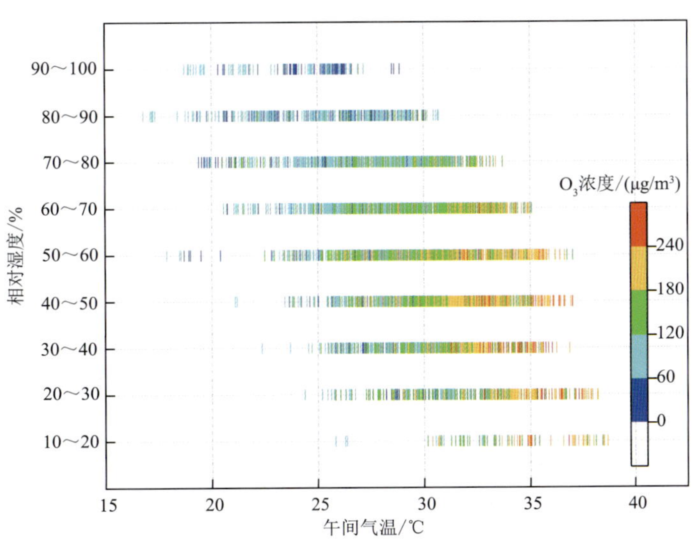

图 4.11　天津夏季午间 O_3 浓度随气温和相对湿度的分布

超标率大于50%时所对应的气温阈值均有所提高，当RH为30%～40%、20%～30%和50%～60%时，所对应的气温阈值分别为32 ℃、33 ℃和34 ℃，当RH进一步升高达到60%以上，且气温大于33 ℃时，O_3超标率最大仅为26%。RH对于O_3生成的调控作用体现在两方面：一是RH过高时，环境大气中的颗粒物发生吸湿增长，消光作用强烈，会导致辐射削弱和地面冷却；反之，当RH过低时，颗粒物间的多次散射作用减弱，进而导致光化学反应被削弱，因此在更高的气温下才会发生O_3超标。

基于历史观测发现，O_3浓度峰值出现在6月中旬，此时气温处于上升期，同时大气较为干燥，6月中、上、下旬的午间RH多年平均值分别为41%±19%、47%±16%和51%±17%，气温多年平均值分别为(28±4) ℃、(29±4) ℃和(30±4) ℃。7月和8月的午间RH多年平均值分别为62%±14%和62%±16%，对应气温的多年平均值为(30±3) ℃和(29±3) ℃。天津市6月下旬—8月虽然气温处于较高水平，但空气湿度较大，对O_3生成起抑制作用。因此在夏季的不同月份，要综合考虑气温和空气湿度对O_3生成的促进和抑制作用。

如上述分析可知，调控天津市O_3浓度最重要的气象因子是气温，2017—2019年夏季日最高气温平均值较其他年份高，高温日数均达到10 d以上，2017—2018年接近20 d(表4.1)，这与2017—2019年夏季O_3污染较为严重高度一致。2021年夏季平均日最高气温和高温日数均明显下降，平均相对湿度达到73%，远高于近6年同期水平。气温的降低和空气湿度的升高大大缓解2021年夏季的O_3污染。近年来O_3浓度的下降不仅依赖于NO_2和VOCs的大幅下降，还得益于气象条件的帮助。

表4.1　2015—2021年天津夏季气温、相对湿度和高温日数的年际变化

年份	平均气温/℃	最高气温/℃	高温日数(>35 ℃)*/d	相对湿度(RH)/%
2015	26.2±3.9	31.2±2.6	8.0	65±18
2016	26.4±3.8	31.1±2.6	6.1	71±20
2017	26.5±4.6	31.6±4.1	19.1	67±20
2018	27.5±4.0	32.1±3.5	19.8	71±20
2019	26.5±4.0	31.4±3.2	12.4	66±20
2020	26.4±3.7	31.2±2.9	9.8	70±20
2021	25.8±3.6	30.2±2.6	4.1	73±20
30年平均	25.6	30.2	6.2	73

注：*13个国家站的平均值。

4.3　风的影响

风对O_3浓度及其分布的影响较为复杂，一方面途经污染区域的气团能带来O_3前体物(如VOCs和NO_x等)，提高O_3生成潜势，强对流天气下还可能带来边界层高处的高浓度O_3气团，通过夹卷等方式导致近地面O_3浓度升高，这往往发生在早晨等大气光化学反应较弱的时刻，是造成O_3浓度爆发性增高的原因之一，另一方面在来自清洁地区的气团控制下，有利于局地污染物扩散，或快速取代局地污染气团，切断O_3光化学反应的前体物来源，从而降低

近地面 O_3 浓度。在城市尺度上，风可将上游城市形成的 O_3 直接传输至下游城市，亦或将 O_3 前体物 NO_2、VOCs 传输至下游，在下游城市发生光化学反应形成 O_3。

天津地区毗邻渤海，风向对 O_3 浓度有显著影响，平均状态下，当出现南风和东南风、风速为 2～5 m/s 时，O_3 浓度最高(图 4.12)。由于北半球边界层高度内风向随高度向左偏转，O_3 也呈现地面浓度低于高空的格局，当地面为南风和东南风时，925 hPa 往往是西南或者偏南气流，山东、河北等地可能存在 O_3 或者 NO_x 污染源，在偏南风的作用下影响了天津的 O_3 浓度变化，同时西南风和偏南风也多伴随暖平流的发生，有利于地面增温，地面 O_3 浓度增加。相比南风和东南风，西北风条件光化学反应明显抑制，其质量浓度显著低于南风和东南风情况。风向不仅会影响 O_3 浓度的高低，对其日变化特征，尤其是沿海地区的 O_3 浓度日变化特征也有一定的影响。天津高 O_3 浓度的时段集中在 4—9 月，这期间受东南方向的海陆风环流影响较大。如图 4.13 所示，在东南风影响下，市区峰值出现时间没有改变，仍为 15:00；沿海地区 O_3 浓度积累受到抑制，日 O_3 浓度峰值由 14:00 提前到 13:00。这主要和东南风的降温作用有关，东南风使沿海地区日最高温出现时间提前，可能导致 O_3 浓度峰值前移。

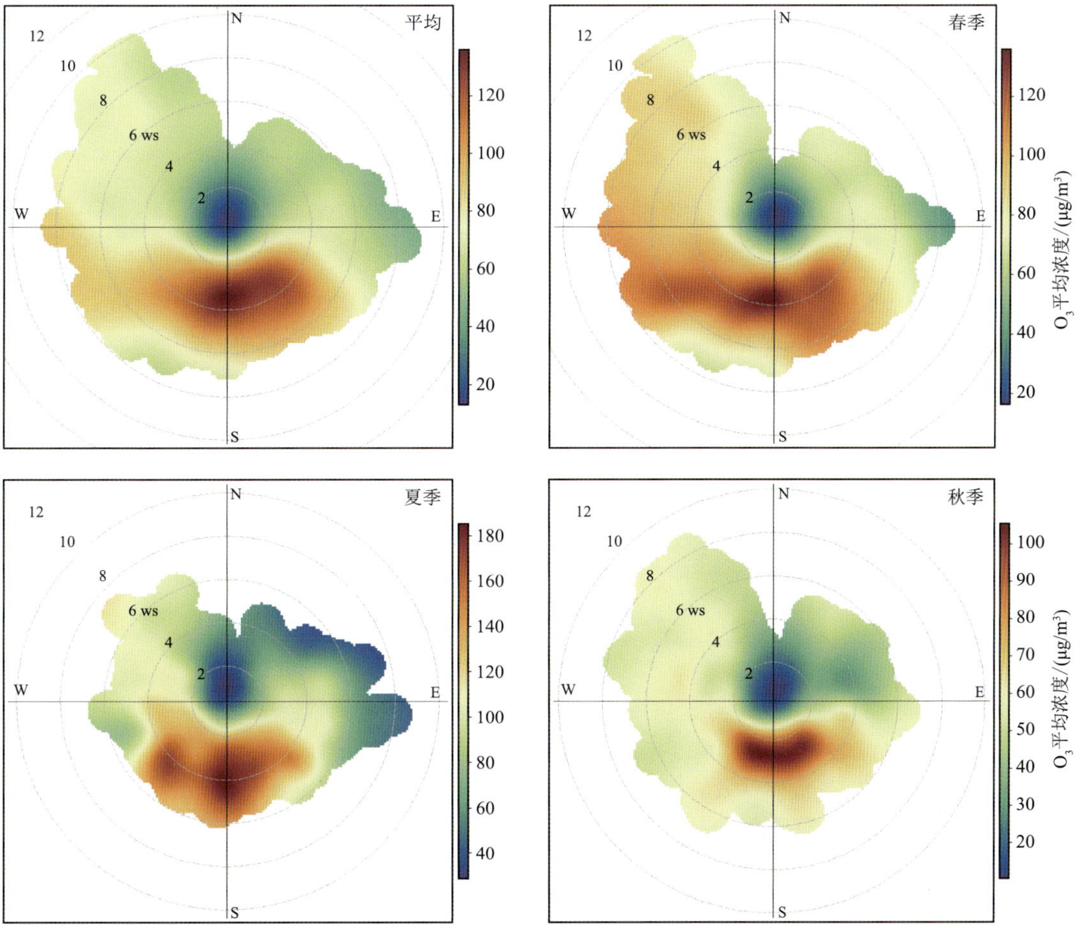

图 4.12　天津 O_3 浓度风玫瑰图，填色表示在不同风向和风速下相应参数的平均值，径向灰色同心圆表示风速等级，数字表示具体风速值，单位：m/s

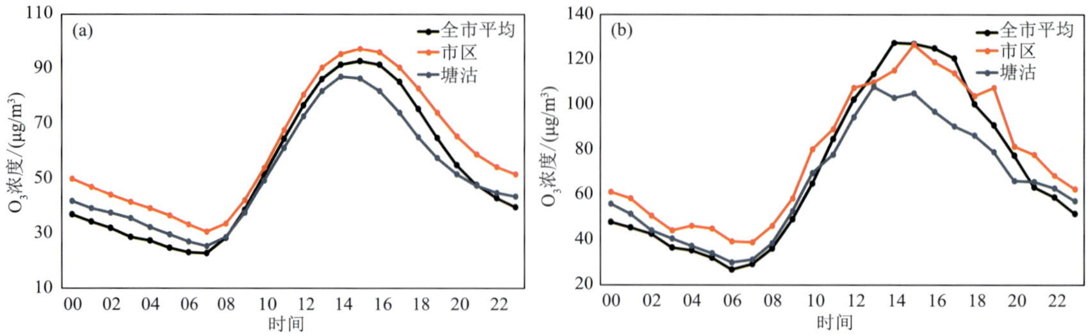

图 4.13　天津地区 O_3 浓度日变化曲线(a)和东南风影响下 O_3 浓度日变化曲线(b)

不同季节 O_3 浓度随风速和风向的分布整体相似但略有差异。基于后向轨迹的归类结果,天津市春季边界层内北风发生频率为 49%(包括西北风、东北风和正北风),南风发生频率为 20%,局地气流发生频率为 31%。相对应地,主导风向为南风时 MDA8 O_3 浓度的均值和中位值均处于最高水平(图 4.14),其次为局地气流,而北风主导下时 MDA8 O_3 浓度均较低,北风过境时大气温度往往较低,不利于 O_3 生成。结合风速来看,春季 O_3 浓度在风速 2～4 m/s 的南风主导下最高,其次在 2～6 m/s 东南风和 4～6 m/s 西南风主导下较高(图 4.12)。

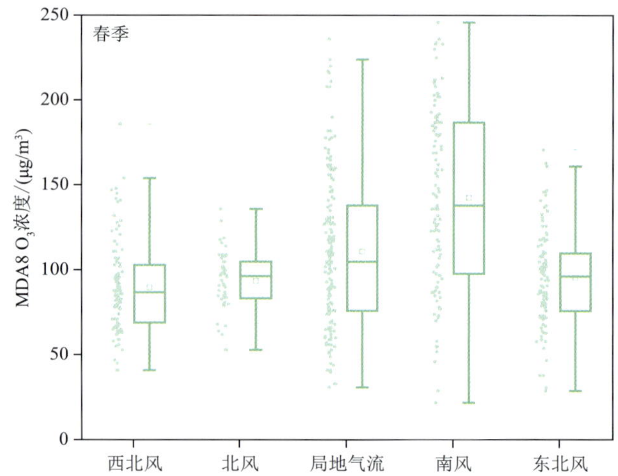

图 4.14　天津春季白天(14:00)气流后向轨迹聚类及对应的 MDA8 O_3 浓度

天津市夏季边界层内北风发生频率较低,仅为 21%,东南风发生频率为 6%,南风发生频率为 35%,局地气流发生频率为 39%。相对应地,局地气流和主导风向为南风时 MDA8 O_3 浓度的均值和中位值均处于高水平(图 4.15),此外应注意 O_3 在西北风主导下也会出现超标情况,可能与西北部城市的 O_3 输送有关。从地面风速来看,2～6 m/s 的南风主导下 O_3 浓度较高。

天津市秋季 O_3 随风场的分布与春夏季有明显的不同,边界层内局地气流发生频率高达 56%,北风发生频率为 43%。局地气流对应下的 MDA8 O_3 浓度的均值和中位值高于北风(图 4.16),北风主导下 O_3 未发生超标。地面 O_3 高值主要分布在 2～4 m/s 的风速区间内。

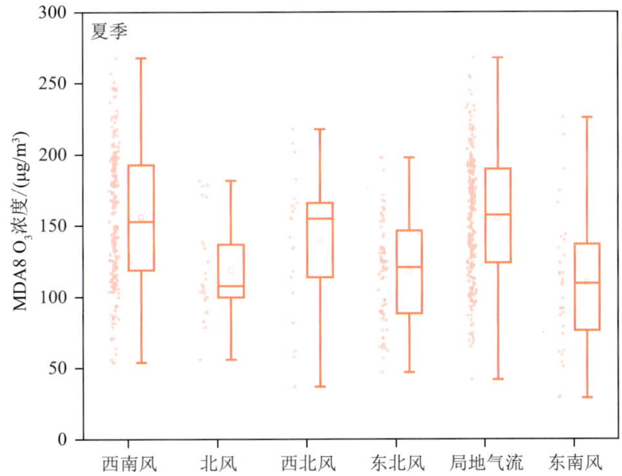

图 4.15　天津夏季白天(14:00)气流后向轨迹聚类及对应的 MDA8 O_3 浓度

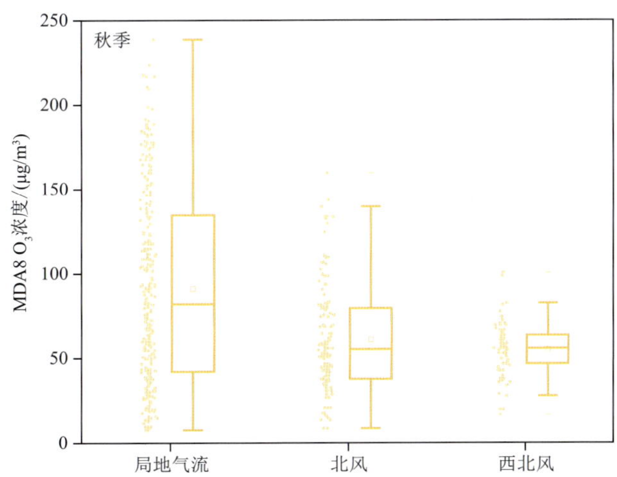

图 4.16　天津秋季白天(14:00)气流后向轨迹聚类及对应的 MDA8 O_3 浓度

4.4　混合层高度、湍流及层结稳定性的影响

4.4.1　混合层高度的影响

大气混合层伸展的高度是混合层高度。混合层高度是研究地表向大气排放污染物状况的重要参数。混合层高度下降会导致大气容量降低，使污染物难以扩散，混合层高度越高，越有利于污染物垂直方向的扩散。因此，边界层高度是影响颗粒物重污染的主要气象因子。O_3 作为典型的二次污染物，其前体物也会因边界层高度下降而在近地面累积。因此，通常认为边界层高度与 O_3 的关系亦如和颗粒物一致，呈现出随边界层高度下降而升高的趋势。然而，如图 4.17 所示，MDA8 O_3 浓度与白天混合层高度整体上呈正相关，MDA8 O_3 浓度随着白天混合层高度的抬升而升高，夏秋季这种正相关性更为明显。白天混合层高度的发展与辐射增强、地

面气温升高有关，日最高气温大于 25 ℃时所对应的混合层高度约是 25 ℃以下的 2 倍，紫外辐射大于 20 W/m^2(年平均水平)是所对应的混合层高度约是 20 W/m^{2}以下的 1.9 倍，因此这种正相关性间接体现了辐射和气温对 O_3 的影响。

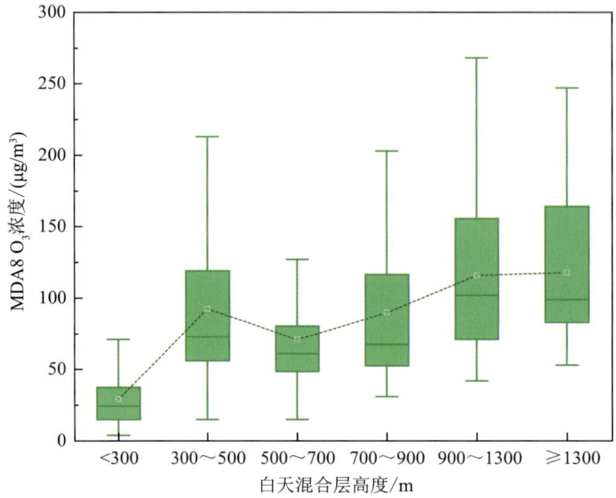

图 4.17 天津 MDA8 O_3 浓度与白天混合层高度的关系

按不同季节白天混合层高度的频率分布，取 50%作为对比分界线。混合层高度分界线上下所对应的 MDA8 O_3 均值如图 4.18 所示，白天混合层高度较高时 MDA8 O_3 浓度普遍偏高，其中春季和夏季白天混合层高度大于 900 m 时 MDA8 O_3 浓度(116 μg/m^3 和 162 μg/m^3)较白天混合层高度低于 900 m 时分别高 17%和 26%，秋季白天混合层高度大于 650 m 时 MDA8 O_3 浓度(94 μg/m^3)较白天混合层高度低于 650 m 时高 68%。不同季节 O_3 超标率与白天混合层高度没有明显相关性，以夏季为例，当白天混合层高度处于 500～700 m、700～800 m、800～900 m、900～1000 m 和 900～1000 m 以上时，O_3 超标率平均值分别为 14%、19%、18%、18%和 24%。

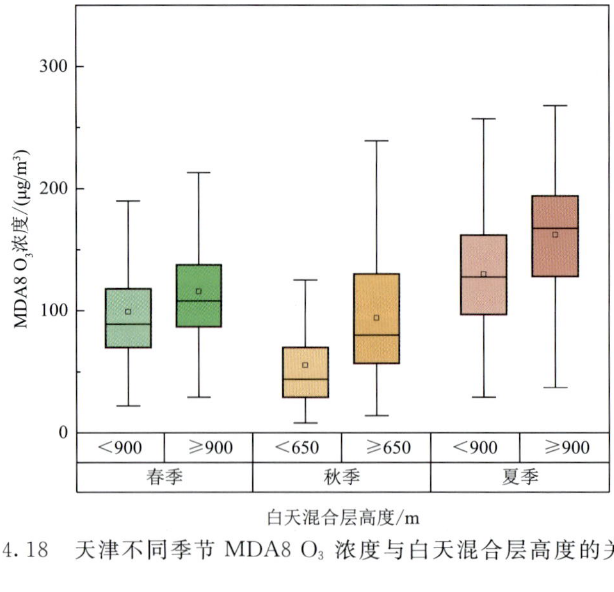

图 4.18 天津不同季节 MDA8 O_3 浓度与白天混合层高度的关系

4.4.2 湍流及层结稳定性对臭氧的影响

边界层内湍流的强弱直接表征大气污染物的垂直扩散能力，湍流较弱时近地面的大气污染不易在垂直方向混合，反之亦然。湍流动能（TKE）是湍流强度的量度，与动量、热量、水汽的湍流输送有密切的关系（Barthlott et al.，2013）。

2017—2019 年冬（11—次年 2 月）、夏季（6—8 月）在天津市气象塔利用三维超声风速仪开展立体观测，研究湍流和大气稳定层结对 O_3 的影响。在 TKE 变化较明显的白天时段内（08:00—20:00），地面 O_3 质量浓度受 TKE 影响明显，两者相关系数在夏季和冬季分别为 0.46 和 0.53。TKE 对 O_3 质量浓度垂直差异（200 m 与地面浓度差值）的影响更为明显，其相关系数在夏季和冬季分别达到了 0.73 和 0.70。夏季的白天时段内，当 TKE 为 0～0.5 m^2/s^2 时，湍流受到抑制，对高层 O_3 的向下传输和地面还原物质的向上输送能力弱；当 TKE 为 0.5～1.0 m^2/s^2 时，湍流较弱，O_3 质量浓度垂直差异较大，地面 O_3 浓度日变化相对不明显；当 TKE 为 1.0～3.0 m^2/s^2 时，湍流较强，垂直扩散条件有利于高层 O_3 的向下传输和地面还原物质的向上输送，O_3 质量浓度垂直差异相对较小，地面 O_3 浓度日变化相对较明显；当 TKE 大于 3.0 m^2/s^2 时，湍流强盛，通常伴有对流天气过程出现且近地面风速大，O_3 的水平和垂直扩散较快。2018 年夏季观测期间，当 TKE 在以上 4 个区间时，地面 O_3 质量浓度分别为（57.0±42.6）$\mu g/m^3$，（72.9±70.6）$\mu g/m^3$，（115.9±80.4）$\mu g/m^3$ 和（88.1±50.7）$\mu g/m^3$。可见湍流混合作用对近地面 O_3 浓度起着重要的影响作用，同时，这也是近年来大气垂直扩散能力改善后，华北平原 O_3 浓度持续升高的原因之一，在后期夏季 O_3 防控中需要特别关注。

近地面大气热力层结对污染的影响作用同样明显。夏季观测期间，逆温出现概率为 21.0%，在大气稳定度为 E 和 F 时，平均逆温强度分别为（0.60±0.53）℃/(100 m) 和（1.86±1.02）℃/(100 m)。大气稳定度为 A～F 时出现的概率分别为 13.3%，13.4%，15.0%，48.6%，6.5% 和 3.2%。表 4.2 所示，随着大气稳定度的增加，气温递减率和 TKE 有明显的下降，同时地面 O_3 浓度和 ΔO_3（200 m 与地面 O_3 质量浓度差）明显降低，当大气稳定度等级为 A 和 B 时，O_3 平均质量浓度为（112.7±20.9）$\mu g/m^3$，出现 O_3 污染天气概率为 37%；当大气稳定度等级为 C 和 D 时，O_3 平均质量浓度为（83.6±20.9）$\mu g/m^3$，出现 O_3 污染天气概率为 12%；当大气稳定度等级为 E 和 F 时，O_3 平均质量浓度为（61.7±28.9）$\mu g/m^3$，未出现 O_3 污染天气。

表 4.2 夏季不同大气稳定度等级下气温递减率、TKE 和 O_3 浓度

大气稳定度等级	逆温强度/(℃/(100 m))	气温递减率/(℃/(100 m))	TKE/(m^2/s^2)	O_3/($\mu g/m^3$)	ΔO_3/($\mu g/m^3$)
A	—	1.48±0.39	1.75±0.76	102.7±51.2	23.7±11.1
B	—	1.24±0.29	1.74±1.03	122.8±60.6	23.3±18.9
C	—	1.18±0.22	1.21±0.78	89.7±40.9	32.6±28.9
D	—	0.78±0.37	0.79±0.64	77.4±41.1	30.8±28.9
E	0.60±0.53	0.35±0.69	0.76±0.85	65.8±30.6	46.4±19.0
F	1.86±1.02	0.35±0.24	0.76±0.36	57.6±28.4	46.5±18.5

4.5 本章小结

本章基于天津市 2015—2020 年的气象因子和污染物数据，探究不同气象要素对 O_3 浓度的影响，主要结论如下：

(1) O_3 浓度与气温、辐射、日照时长呈正相关，随相对湿度(RH)的上升呈先上升后下降的趋势。当紫外辐射处于 10～30 W/m^2 的范围内，日照时长大于 9 h，O_3 浓度呈迅速上升趋势，O_3 浓度均值在 RH 为 60%～70%时最高，RH>80%后 O_3 浓度迅速下降。春季和秋季影响 O_3 浓度变化最重要的因素是气温，其中春季重点关注 32 ℃以上的高温天气，秋季重点关注 30 ℃以上的高温天气。夏季 O_3 污染更多出现在天空长时间晴朗且辐射强烈的天气，午间(10:00—18:00)当 RH 为 40%～50%时，气温大于 31 ℃时 O_3 超标率为 50%。当 RH 为 30%～40%、20%～30%和 50%～60%时，O_3 超标率大于 50%所对应的气温阈值分别为 32 ℃、33 ℃和 34 ℃。风向对天津市 O_3 浓度有显著影响，平均状态下，当出现南风和东南风、风速为 2～5 m/s 时，O_3 浓度最高。

(2) O_3 浓度随着混合层高度的抬升而升高，夏秋季正相关性较为明显。春季和夏季白天混合层高度大于 900 m 时，O_3 浓度较其低于 900 m 时分别高 17%和 26%，秋季白天混合层高度大于 650 m 时，O_3 浓度较其低于 650 m 时高 68%。湍流混合作用对近地面 O_3 浓度起着重要的影响作用。夏季白天当 TKE 为 1.0～3.0 m^2/s^2 时，湍流较强，垂直扩散条件有利于高层 O_3 的向下传输和地面还原物质的向上输送，O_3 质量浓度垂直差异相对较小，地面 O_3 浓度日变化相对较明显；当 TKE 大于 3.0 m^2/s^2 时，湍流强盛，通常伴有对流天气过程出现且近地面风速大，O_3 的水平和垂直扩散较快。

第 5 章　臭氧与其他大气污染物的关系

作为典型的二次污染物，对流层内 O_3 主要来源于以 VOCs 和 NO_x 为前体物的光化学反应，这一系列反应除受到前体物浓度和组成分布影响外，还与其他大气污染物关系密切，如 O_3 浓度在一定程度上可反映大气氧化能力，活跃的光化学反应能够促进二次 $PM_{2.5}$ 生成，而 $PM_{2.5}$ 可通过改变大气辐射条件和颗粒物表面非均相化学反应两种途径来影响 O_3 浓度变化，二者可通过多种途径相互作用，形成区域性复合污染。此外，作为一种重要的光化学反应产物，过氧乙酰硝酸酯（PAN）只能通过光化学反应产生，是更有说服力的光化学反应指示剂，PAN 和 O_3 具有光化学同源性，其时空分布与 O_3 浓度密切相关，但由于源和汇的差异，二者分布存在明显的季节和昼夜差异。本章重点介绍这几种天津地区开展的污染物观测与研究情况，探讨其对 O_3 分布的影响，以期为 O_3 与其他污染物协同治理提供支撑。

5.1　前体物对臭氧生成的影响

VOCs 作为对流层 O_3 的重要前体物，其光化学反应活性和臭氧生成潜力研究受到广泛重视，研究表明芳香烃和烯烃的臭氧生成潜势量显著高于烷烃、卤代烃和含氧有机化合物。VOCs 的臭氧生成潜力取决于含碳数浓度、动力学活性和机理活性，通常采用 VOCs 与·OH 的反应速率作为 VOCs 的动力学活性，采用 VOCs 被氧化为过氧自由基后与 NO 的反应速率来表征其机制活性，本研究采用最大增量活性因子（maximum incremental reactivity, MIR）来表征 VOCs 的臭氧生成潜势，臭氧生成潜势的计算方法（杨笑笑 等，2016）如下：

$$OFP_i = MIR_i \times [VOCs]_i \tag{5.1}$$

式中，OFP_i 为组分 i 的最大臭氧生成潜势量，单位为 $\mu g/m^3$；MIR_i 为组分 i 的最大增量反应活性，引用自 Carter（1989）的研究，$[VOCs]_i$ 为各组分 i 的质量浓度，单位为 $\mu g/m^3$。

2018 年夏季在天津津南区开展 VOCs 在线观测，采样点位于南开大学津南校区，该校区位于天津市津南区海河教育园内。津南区系天津市环城四区之一，地处市区东南方向，位于天津市区和滨海新区中间，南开大学津南校区主要为科教和居住用地，四周有工业园和高速公路分布。本次观测时间为 2018 年 7 月 1—31 日，期间津南区平均气温为（28.8±3.3）℃，相对湿度为（71±12）%，风速为（1.8±0.8）m/s，主导风向为东—东南风，发生频率为 67%，月降水量为 149.5 mm，其中 7 月的 8 日、13 日、17 日和 24 日有中雨及以上量级（24 h 降水量≥10 mm）降水发生。津南区常年（1981—2010 年）7 月平均气温为（26.5±1.0）℃，相对湿度为（76±5）%，风速为 2.5 m/s，月降水量为 141.6 mm，最多风向为东南风（发生频率 13%）。与常年平均值相比，观测期间气温偏高，相对湿度偏低，风速偏低，高温低湿小风的气象条件有利于 O_3 生成。采用荷兰 SYNSPEC 公司生产的 SyntechSpectras GC955 在线监测系统分析 54 种 VOCs，其中 27 种烷烃、10 种烯烃、1 种炔烃和 16 种芳香烃，时间分辨率为 1 h。检测器采用光离子化检测器（PID）和火焰离子化检测器（FID），使用双检测器以确保分析的高灵敏度和高选择性，各 VOCs 的检测限见文献（解鑫 等，2009）。观测期间每周进行一次校正，标气由美国光谱特种气体公司（Spectra Gases Inc.）提供，含有 54 种组分，标气浓度为 1×10^{-6} 体积分数，经 DIM200 稀释至 10×10^{-9} 体积分数用以仪器校准，N_2 作为平衡气。剔除观测期间因标定、断电和维护等造成的缺测值和异常值后，可用数据时长为 729 h，资料有效率为 98.0%。

天津地区夏季多高温和降水天气，高温和强辐射天气有利于 O_3 生成，2018 年 7 月全市共有 15 d O_3 达到轻度或中度污染程度，其中 7 月的 4 日、5 日、21 日和 22 日为中度污染。观测期间 VOCs 总浓度为（32.33±23.77）$\mu g/m^3$，其中烷烃质量浓度最高，为（19.09±16.21）$\mu g/m^3$，芳香烃次之，质量浓度为（5.92±5.10）$\mu g/m^3$，烯烃与之相当，为（5.90±6.98）$\mu g/m^3$，炔烃最低，仅有乙炔，为（1.42±3.64）$\mu g/m^3$，各类 VOCs 的标准偏差较大，表明 VOCs 浓度波动很大。

源排放特征、化学转化和区域传输等因素都会影响 VOCs 的分布与组成，如图 5.1 所示，VOCs 质量浓度的日变化特征呈单峰分布，受夜间消耗降低、边界层结构不利于扩散等因素影响，VOCs 夜间逐步积累，最高值发生在 05:00，随着太阳辐射强度增大，大气光化学反应增强，大量 VOCs 参与光化学反应，同时边界层结构和大气扩散条件有利于 VOCs 扩散，VOCs 浓度至 14:00 降至最低，烷烃、烯炔烃和芳香烃都遵循类似的日变化特征。选取质量浓度最高的 3 种烷烃和烯烃，以及研究较多的苯系物（BTEX）作为典型 VOCs，图 5.2 给出了其日变化特征，丙烷和异戊烷的日变化特征相似，呈现近似单峰分布，峰值发生在 05:00 前后，16:00 出现谷值，2-甲基戊烷常用作溶剂、有机合成中间体和化学试剂，其峰值出现在 13:00，可能与采样点处于大学校园内，存在实验室溶剂挥发等因素有关。丙烯和苯系物具有较高的 MIR，其日变化特征主要受大气光化学反应影响，在太阳辐射强烈的白昼，尤其是午后，快速消耗，在夜间迅速积累。异戊二烯主要来自于植物排放，白昼随温度升高和光照增强，排放速率加快，在 12:00 其质量浓度达到峰值，其后受大气光化学反应的消耗，浓度逐渐降低。乙烯的日变化特征很不规律，需要结合采样点周边排放源等因素做进一步分析。

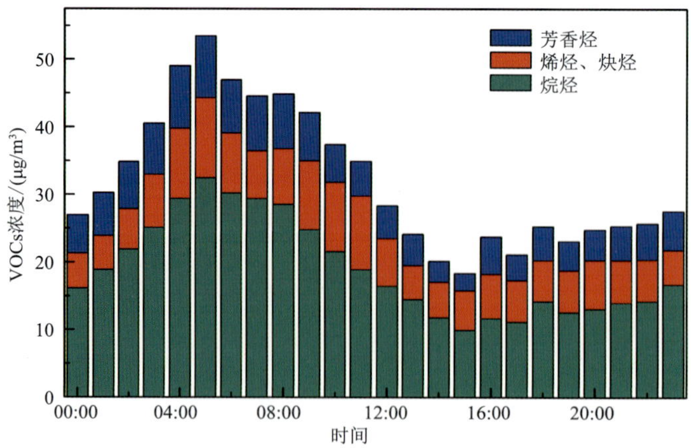

图 5.1　观测期间烷烃、烯烃、炔烃和芳香烃的日变化分布

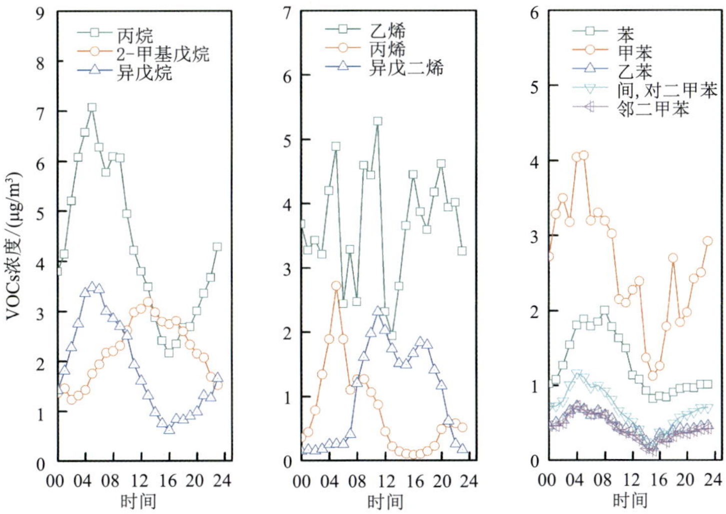

图 5.2　典型 VOCs 质量浓度的日变化分布

观测期间平均 OFP 为 107.81 μg/m³，VOCs 平均 MIR 为 3.3 μg/m³，略高于乙苯的 MIR(3.04 μg/m³)，与上海某石化周边居民区(盛涛 等，2018)接近，说明本地区 VOCs 具有较强的化学反应活性，这可能与该站点地处天津中心城区和滨海新区之间，周边分布有多家石油化工企业和工业园有关。图 5.3 给出了观测期间 VOCs 质量浓度及其 OFP 前 10 位的物种，前 10 位 VOCs 占 VOCs 总质量浓度的 68.54%，丙烷、乙烯和甲苯分列 VOCs 质量浓度的前 3 位；前 10 位 VOCs 的 OFP 占总 OFP 的 78.75%，乙烯、异戊二烯和甲苯分列 OFP 贡献率的前 3 位，其中乙烯对 O_3 生成潜势的贡献率超过了 30%，这与其较高的质量浓度和高 MIR 有关。乙烯质量浓度占 TVOC 的 11.3%，并且其 MIR(9.0)远高于 VOCs 平均 MIR(3.33)。

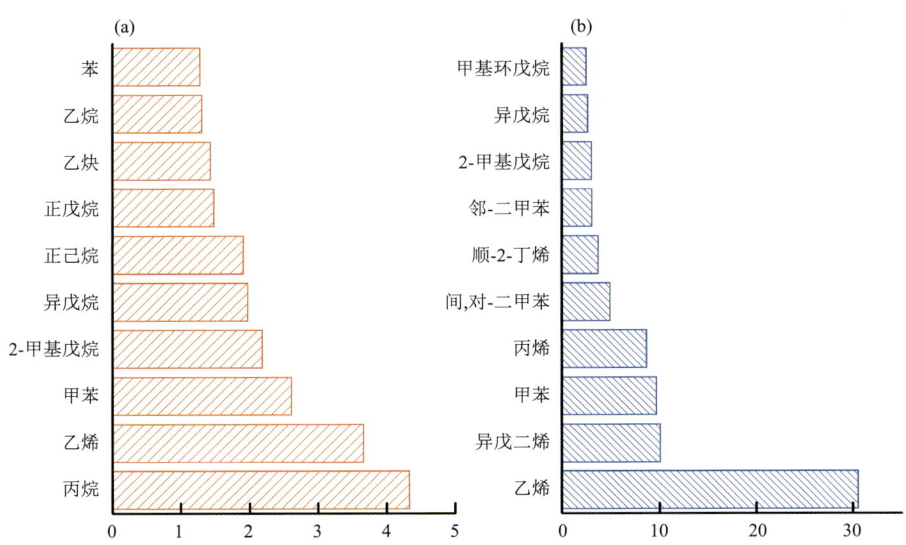

图 5.3　观测期间 VOCs 质量浓度及其 OFP 前 10 位的物种

观测期间烷烃、烯烃、炔烃和芳香烃的 OFP 依次为 22.44、60.16、1.36 和 23.86 μg/m³，烯烃对 OFP 的贡献最大，为 55.80%，芳香烃与烷烃的贡献相当，考虑到芳香烃质量浓度仅为烷烃的 30%左右，其 OFP 贡献主要与其高 MIR 有关。不同类别 VOCs 的 OFP 日变化分布情况见图 5.4 所示，与 VOCs 质量浓度的日变化特征类似，OFP 呈近似的单峰分布，白昼随着太阳辐射强度增大，大气光化学反应增强，大量 VOCs 参与光化学反应，其 OFP 逐渐消耗，至 14:00 降至最低，与 VOCs 日变化分布特征的差异主要在于烯烃和烷烃的 OFP 所占比例不同，这主要由两类 VOCs 的 MIR 差异导致。

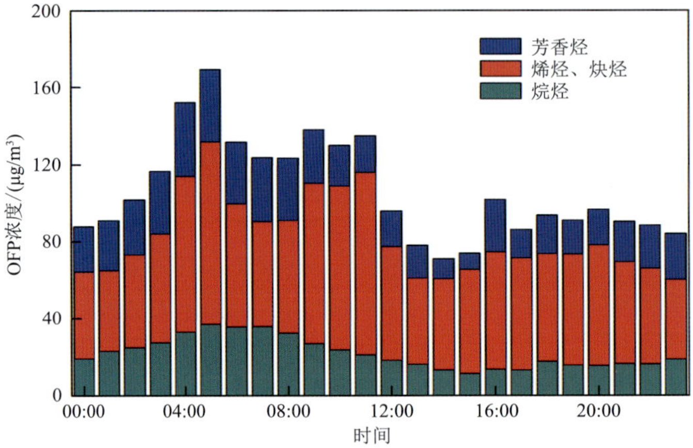

图 5.4 不同类别 VOCs 臭氧生成潜势的日变化分布

对流层大气中 O_3 的光化学反应生成量，取决于 NO_x 和 VOCs 对·OH 的争夺。城市典型大气条件下 VOCs/NO_x 体积分数比值为 5.5，当 OH 自由基与 NO_x 和 VOCs 的反应速率相等时，O_3 浓度最高，这一比值低于 5.5 时，NO_x 与 OH 自由基的反应快于 VOCs，O_3 生成对 VOCs 较为敏感，反之则 O_3 生成对 NO_x 较为敏感，该方法可用于快速判断大气中 O_3 浓度与 NO_x 和 VOCs 的关系。图 5.5 给出了 2018 年夏季天津市津南区加密观测期间 VOCs 和 NO_x

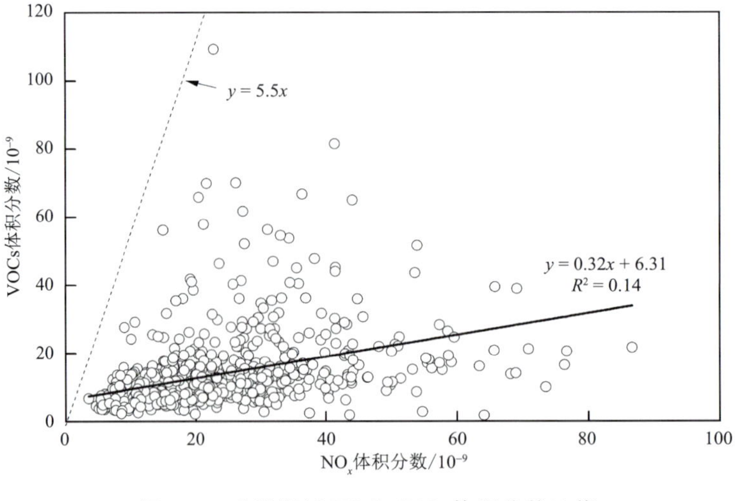

图 5.5 观测期间 VOCs/NO_x 体积分数比值

体积分数的散点图，可见所有的观测样本 VOCs/NO_x 体积分数比值均低于 5.5，表明观测期间 O_3 生成对 VOCs 较为敏感，本研究与杨笑笑等(2016)在南京夏季市区的观测结果一致，岳婷婷等(2009)2006 年在天津武清的观测分析显示，与城区不同，该地区 O_3 对 NO_x 更为敏感，这可能与当时武清尚处于开发阶段，大气污染区域性不强有关。

大气中各类 VOCs 具有不同的光化学活性，甲苯/苯、乙苯/间，对-二甲苯和乙烷/乙炔等特定物种对浓度比值的变化主要取决于其大气光化学过程，可用于衡量气团中大气化学反应进度和光化学年龄(Nelson et al.，1983)。选取某些特定 VOCs 的浓度比值作为光化学指数，可以通过比例关系消除大气物理传输的影响。乙苯($k_{\cdot OH}=7\times e^{-12}\ cm^3/(molecule\cdot s)$)和间，对-二甲苯($k_{\cdot OH}=21\times e^{-12}\ cm^3/(molecule\cdot s)$)的浓度比值($E/m,p\text{-}X$)常作为特定的物种对(解鑫 等，2009)，来考察大气光化学进程。图 5.6 给出了观测期间乙苯和间，对-二甲苯质量浓度的散点图及其拟合关系，两者显著相关($R^2=0.91$)表明其具有相似的来源，乙苯和间，对-二甲苯从同一污染源排放到大气中，因为间，对-二甲苯比较活泼，随着它们在大气中逐渐消耗，$E/m,p\text{-}X$ 越来越高，进而表明气团经历的化学进程较长。从图 5.7a 中可以看出，观测期内发生了 3 次 O_3 逐渐增高的污染过程(过程 1、过程 2 和过程 3)，$E/m,p\text{-}X$ 与 O_3 具有近似的日变化特征，图 5.7b 进一步显示了 3 次污染过程中 $E/m,p\text{-}X$ 与 O_3 质量浓度具有较好的正相关性，O_3 浓度越高，气团经历的化学进程越长，$E/m,p\text{-}X$ 越高，3 次 O_3 污染过程均伴随 VOCs 的老化过程。E/E(乙烷和乙炔的体积分数之比)常用来评价气团光化学年龄长短(陈长虹 等，2017)。隧道实测结果显示，新鲜机动车尾气污染气团中 E/E 比值为 0.47 ± 0.26，因乙炔更加活泼，在大气化学反应中消耗更快，随着光化学进程发展，该值逐渐增大。观测期间 E/E 平均值为 0.80，与上海夏季观测结果相当，表明存在大气变性老化现象，这与 $E/m,p\text{-}X$ 的分析结果一致。

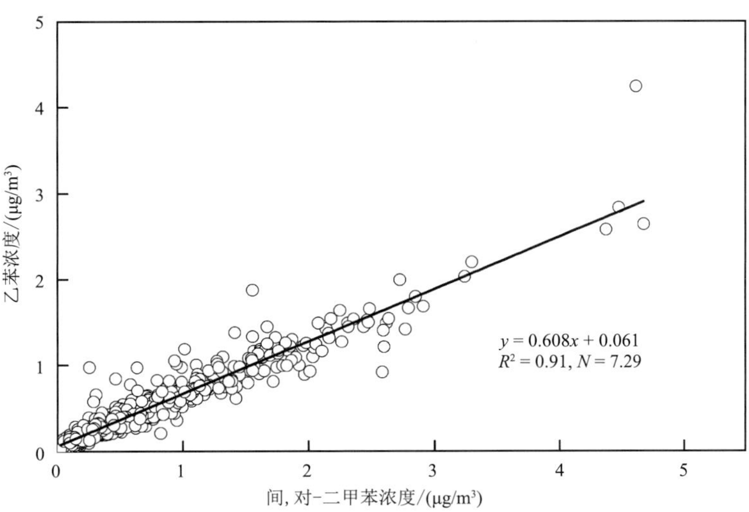

图 5.6　观测期间乙苯和间，对-二甲苯质量浓度的散点图

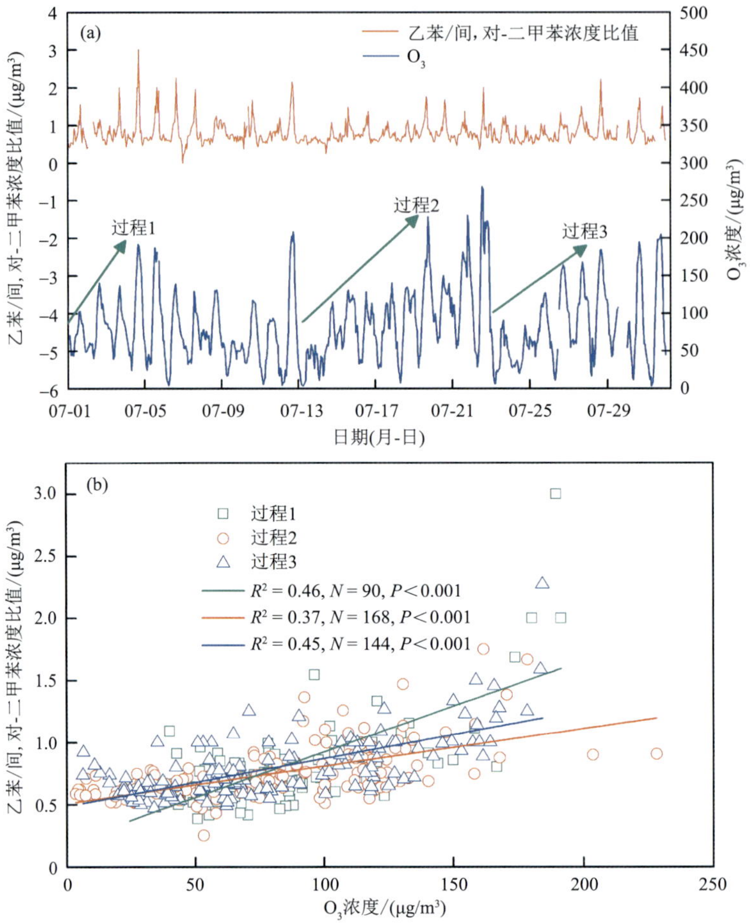

图 5.7 观测期间乙苯/间,对-二甲苯与臭氧的时间序列(a)及其相关性(b)

5.2 气溶胶对臭氧浓度的影响

气溶胶通过散射和吸收太阳辐射从而改变光解速率以及气溶胶表面非均相化学反应两种途径来影响臭氧浓度变化。近年来我国中东部地区细颗粒物呈快速下降趋势,触发的气溶胶辐射效应对臭氧浓度的上升有一定影响。本节利用大气化学模式 WRF-Chem 定量模拟气溶胶直接辐射效应对紫外(UV)辐射通量、地面臭氧浓度以及气象因素的影响,为细颗粒物和臭氧协同控制提供理论支撑。

5.2.1 气溶胶直接辐射效应对臭氧浓度的影响

基于大气化学模式 WRF-Chem 设计敏感性实验,分别模拟 2015 年和 2021 年不考虑和考虑气溶胶直接辐射效应条件下京津冀区域气象条件和臭氧浓度的变化。利用 2015 年和 2021 年京津冀区域共 175 站的气温和相对湿度数据,以及同期京津冀区域 13 个城市的 $PM_{2.5}$ 质量浓度和臭氧质量浓度数据用于模式验证。采用天津市 2021 年辐射、气温、降水和空气质量逐小时观测数据分析气溶胶辐射效应对臭氧的影响机制。使用的排放源清单为 MEIC1.3 版本

(http://meicmodel.org)(Tong et al.,2020;Zheng et al.,2021),2019—2020 年排放源清单为 MEIC 团队最新发布成果。排放源清单为工业、农业、交通、生活和电力行业 BC、OC、SO_2、NO_x、CO、$PM_{2.5}$、PM_{10}、NH_3 和 VOCs 逐月排放量,分辨率 0.25°×0.25°。模式设置方面,采用 WRF-Chem3.9.1 版本(郭文凯 等,2021),该模式考虑大气污染的化学过程、平流输送、湍流扩散和干湿沉降过程,在全球空气质量预报和模拟中有广泛的运用。气相化学过程采用 CBMZ 机制,气溶胶过程采用 MOSAIC 模型,主要物理过程设置如下:积云对流方案采用 GRELL-3D,微物理过程采用 WSM5,长波辐射方案和短波辐射方案均采用 RRTMG,考虑气溶胶直接辐射反馈,边界层方案使用 YSU 方案,模式水平分辨率 15 km,水平网格 121×121,中心经纬度为 39°N,117°E,垂直方向分为 41 层,气象初始场和背景场均使用美国国家环境预报中心(National Centers for Environmental Prediction, NCEP)的全球再分析资料(Final Operational Global Analysis,FNL),模拟采用 24 h 滚动计算,每 24 h 重新使用一次 NCEP 的 FNL 气象初始场,污染初始场则为上一次的模拟值。模式敏感性试验设置四种情景,具体如下(表 5.1)。

表 5.1　模式敏感性试验方案设计

情景	模式设置	研究目标
Case1	排放源为清华 MEIC2020 排放清单,通过源反演使得其适应 2021 年模拟,模拟时间 2021 年 1 月—2021 年 12 月,考虑气溶胶直接辐射效应	2021 年气溶胶辐射效应及其对臭氧的影响
Case2	排放源为清华 MEIC2020 排放清单,通过源反演使得其适应 2021 年模拟,模拟时间 2021 年 1 月—2021 年 12 月,不考虑气溶胶直接辐射效应	
Case3	排放源为清华 MEIC2015 排放清单,模拟时间 2015 年 1 月—2015 年 12 月,考虑气溶胶直接辐射效应	2015 年气溶胶辐射效应及其对臭氧的影响
Case4	排放源为清华 MEIC2015 排放清单,模拟时间 2015 年 1 月—2015 年 12 月,不考虑气溶胶直接辐射效应	

为保证研究结果有效性,对 2015 年和 2021 年模式模拟结果进行检验评估(表 5.2),大气化学模式得到的京津冀区域 $PM_{2.5}$ 浓度日均值与观测值的相关系数 0.72,O_3 则为 0.86,较好地反映了空气质量变化趋势。2015 年 O_3 模拟值偏高 7.66 μg/m³,$PM_{2.5}$ 偏低 10.19 μg/m³,模拟效果略差,2021 年由于排放清单更为精确,模拟效果明显提升,O_3 浓度偏低 1.54 μg/m³,$PM_{2.5}$ 浓度偏高 2.59 μg/m³,整体而言,大气化学模式能够较好地反映京津冀区域 2015 年和 2021 年空气质量变化情况,可用于研究区域气溶胶辐射效应及其对 O_3 的影响。

表 5.2　2015 年和 2021 年大气化学模式模拟结果检验

地区	2015 年						2021 年					
	温度/℃		$PM_{2.5}$/(μg/m³)		O_3/(μg/m³)		温度/℃		$PM_{2.5}$/(μg/m³)		O_3/(μg/m³)	
	模拟	观测	模拟	观测	模拟	观测	模拟	观测	模拟	观测	模拟	观测
保定	13.78	14.20	72.07	105.98	97.68	96.25	14.27	13.30	48.07	44.31	94.92	97.87
北京	13.08	13.20	60.89	78.91	99.37	94.89	13.70	12.10	39.90	34.02	102.80	88.09
沧州	14.23	14.70	69.85	69.53	101.01	92.16	14.28	13.90	43.98	40.71	94.93	100.15
承德	8.81	9.30	40.35	41.00	98.00	98.64	8.48	8.30	28.77	30.63	89.52	82.59

续表

地区	2015年						2021年					
	温度/℃		$PM_{2.5}$/(μg/m³)		O_3/(μg/m³)		温度/℃		$PM_{2.5}$/(μg/m³)		O_3/(μg/m³)	
	模拟	观测	模拟	观测	模拟	观测	模拟	观测	模拟	观测	模拟	观测
邯郸	15.36	15.40	82.45	90.77	98.56	75.87	16.09	15.10	50.62	47.72	97.71	104.29
衡水	14.78	14.90	72.61	97.94	101.13	103.92	15.08	14.30	47.31	43.13	95.47	102.41
廊坊	13.15	14.10	71.33	85.88	98.34	84.04	13.46	13.30	44.30	38.07	101.48	96.91
秦皇岛	12.7	12.70	48.12	48.05	66.00	60.00	11.70	11.70	36.13	36.12	95.00	95.00
石家庄	14.44	15.00	83.19	86.67	93.56	77.19	15.18	14.70	54.07	47.23	94.10	101.17
唐山	12.53	13.40	73.98	83.62	88.31	90.90	12.51	12.40	43.25	44.38	84.80	92.37
天津	13.23	13.70	75.89	72.00	87.70	76.00	13.25	13.50	43.82	41.44	94.01	92.99
邢台	15.11	15.10	79.32	100.40	100.28	75.29	15.71	14.80	49.78	44.76	97.45	103.67
张家口	8.14	8.20	31.39	33.09	90.53	95.72	9.52	7.60	22.39	26.13	92.31	96.96
京津冀	13.03	13.38	66.26	76.45	93.88	86.22	13.32	12.69	42.49	39.90	94.96	96.50

2021年京津冀区域 $PM_{2.5}$浓度40 μg/m³，较2015年下降48%，臭氧浓度97 μg/m³(以臭氧日最大8 h浓度滑动均值计算年均值)，较2015年增加12%。从区域分布而言，京津冀中南部地区(石家庄、廊坊、保定、衡水、邢台和邯郸)$PM_{2.5}$浓度降幅在53%，臭氧浓度增加20%，京津冀中东部地区(北京、天津、沧州和唐山)$PM_{2.5}$浓度降幅在47%，臭氧浓度增加5.5%，京津冀中北部地区(承德、张家口、秦皇岛)$PM_{2.5}$浓度降幅在52%，臭氧浓度增加28%。$PM_{2.5}$浓度显著下降，臭氧浓度增加，区域大气复合污染特征越发明显。

影响臭氧的气象要素主要有太阳辐射、气温、风速、相对湿度和降水，其中太阳辐射和气温最为关键，基于Case1和Case2分析2021年气溶胶直接辐射效应对太阳辐射(图5.8)、和气温(图5.9)的影响。气溶胶直接辐射效应导致到达地面的太阳辐射降低7.6%，气温下降了0.15 ℃，京津冀中南部地区气溶胶直接辐射效应更强，地面太阳辐射下降8.3%，气温下降0.17 ℃，京津冀中东部地区则分别下降7.9%和0.14 ℃，京津冀中北部地区为5.7%和0.11 ℃。

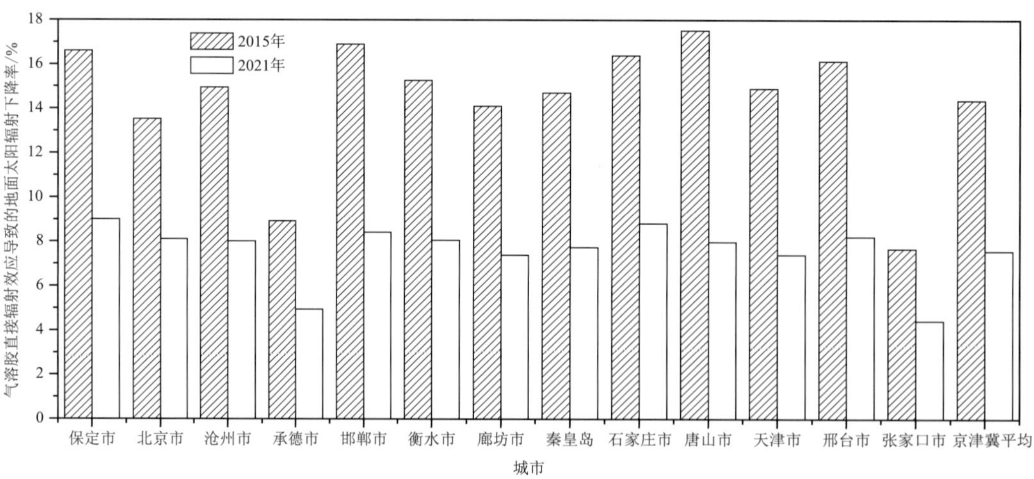

图5.8 2015年、2021年京津冀区域气溶胶直接辐射效应导致的太阳辐射下降率

在影响气温和辐射的基础上，气溶胶直接辐射效应导致京津冀区域混合层厚度下降 3.2%，相对湿度增加了 0.9%。Case3 和 Case4 估算了 2015 年京津冀区域气溶胶直接辐射效应的影响，由于大气中存在高浓度的气溶胶，该地区气溶胶直接辐射效应使得地面太阳辐射下降了 14.4%，气温下降 0.23 ℃，混合层厚度下降 6.5%，相对湿度增加了 1.5%。图 5.8 和图 5.9 显示了 2015 年和 2021 年气溶胶直接辐射效应，两者差值为近年大气污染防治使得大气中 $PM_{2.5}$ 质量浓度下降对臭氧污染气象条件影响。分析表明，京津冀区域 2015、2021 年期间 $PM_{2.5}$ 质量浓度由 70 μg/m³ 左右下降至 40 μg/m³，气溶胶直接辐射效应明显减弱，使得区域内地面太阳辐射上升了 6.8%，气温升高 0.08 ℃，混合层厚度上升 3.3%，相对湿度减少 0.6%，对臭氧污染气象条件产生显著影响。

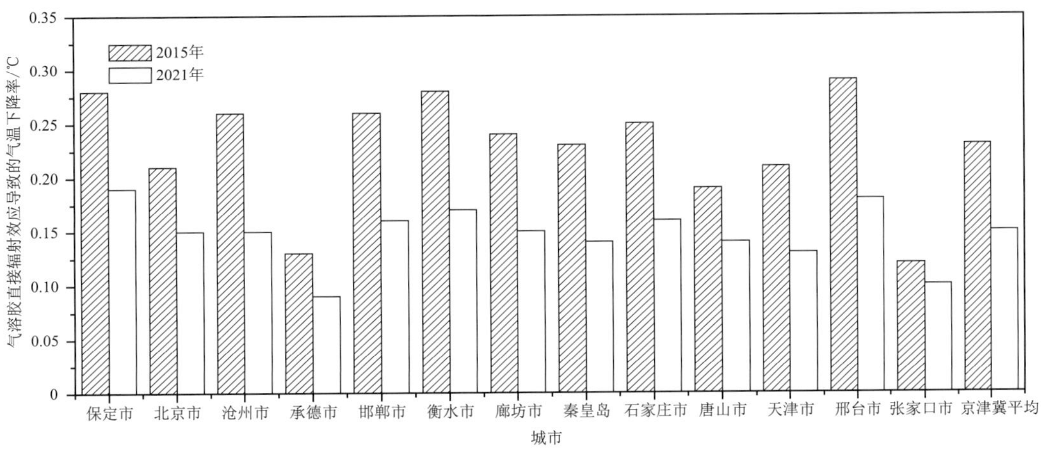

图 5.9　2015 年、2021 年京津冀区域气溶胶直接辐射效应导致的气温下降率

通过 Case1 和 Case2 的对比分析(图 5.10)，2021 年京津冀区域气溶胶直接辐射效应导致臭氧浓度下降了 0.81%，而 2015 年的强度是 1.61%，两者差值为近年 $PM_{2.5}$ 污染改善对臭氧的影响，约增加了臭氧浓度的 0.8%。从区域分布分析，气溶胶直接辐射效应对臭氧的影响在京津冀地区分布呈现南高北低的格局，且分布不均(与 $PM_{2.5}$ 分布高度相关，相关系数 0.77)，

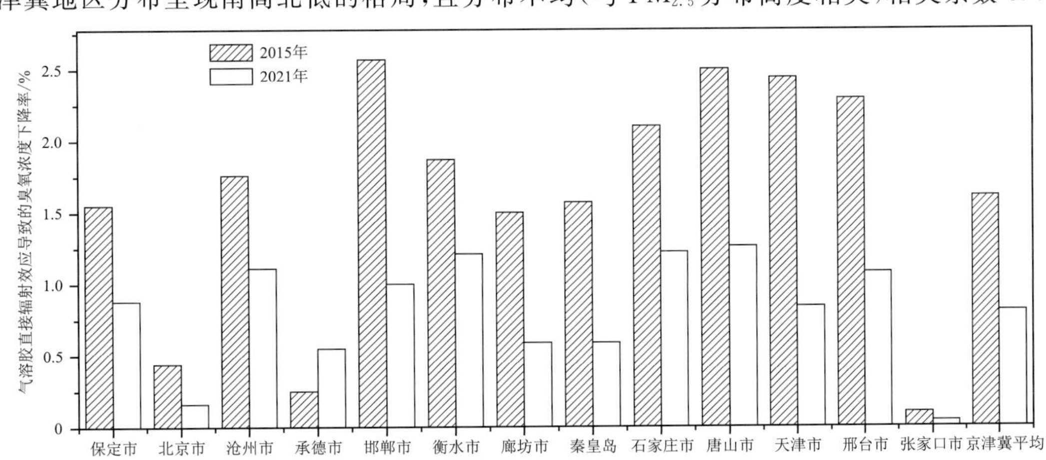

图 5.10　2015 年、2021 年京津冀区域气溶胶直接辐射效应导致的臭氧浓度下降率

2021 年气溶胶直接辐射效应导致京津冀中南部地区臭氧下降 1.0%，其中唐山和石家庄降幅超过 1.2%，中东部地区臭氧下降 0.84%，北部地区臭氧下降 0.39%，张家口影响不到 0.05%。对比 2015 年和 2021 年数据，分析近年 $PM_{2.5}$ 防治对区域臭氧的影响，区域中南部地区由于 $PM_{2.5}$ 浓度降低导致臭氧浓度增加了 0.98%，中东部地区为 0.94%，北部地区为 0.25%。图 5.11 给出基于 2015 和 2021 年各城市 $PM_{2.5}$ 浓度和气溶胶直接辐射效应导致的臭氧浓度下降幅度，尽管对应 $PM_{2.5}$ 浓度有显著差异，但两年的拟合线有较好的一致性，当 $PM_{2.5}$ 质量浓度小于 20 μg/m³ 时，气溶胶直接辐射效应对臭氧浓度影响较低（如张家口小于 0.1%），$PM_{2.5}$ 质量浓度介于 20～100 μg/m³，气溶胶直接辐射效应对臭氧浓度的影响线性关系较好，$PM_{2.5}$ 质量浓度每增加 10 μg/m³，臭氧浓度降低 0.35%。

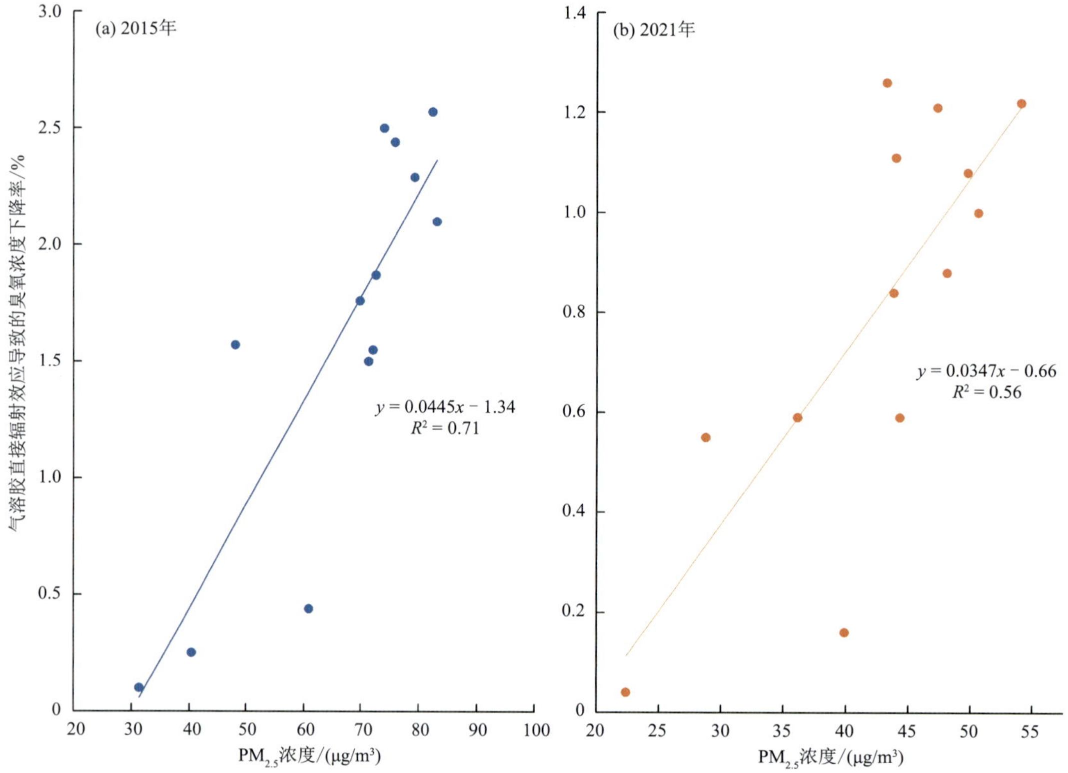

图 5.11 京津冀区域不同城市 $PM_{2.5}$ 质量浓度对应气溶胶直接辐射效应导致的臭氧浓度下降率

如图 5.12 所示，$PM_{2.5}$ 质量浓度越高，其直接辐射效应越强，重污染天气下导致 $PM_{2.5}$ 浓度增幅可以达到 7%。一般情况下，气溶胶直接辐射效应导致臭氧浓度下降，在低浓度臭氧段尤其明显，当臭氧浓度低于 100 μg/m³，降幅在 3.7%以上，随着臭氧浓度增大，降幅收窄，当臭氧浓度大于 200 μg/m³ 时，气溶胶直接辐射效应导致臭氧浓度轻微上升。这与高浓度臭氧对应的晴好天气下大气垂直扩散条件较好，$PM_{2.5}$ 质量浓度偏低，较弱的气溶胶直接辐射效应对臭氧的影响较小有关。如图 5.13 所示，京津冀区域冬季、春季和秋季臭氧浓度均存在气溶胶直接辐射效应导致的不同程度下降。对比 2015 年和 2021 年气溶胶直接辐射效应对臭氧浓度影响，可以清晰显示，近年 $PM_{2.5}$ 减排导致了平均臭氧浓度的提升，但其主要影响春季和秋季，分别提升 1.28%和 3.20%，对夏季的影响约等于 0。在臭氧超标日影响方面，2015 年气溶胶直接辐射效应导致臭氧超标日相比不考虑气溶胶辐射效应减少了 3%，2021 年气溶胶直接辐射效应导致臭氧超标日变化相比不考虑气溶胶辐射效应无显著差异，两者差值基本可认为为近年减排导致的臭氧超标日变化。

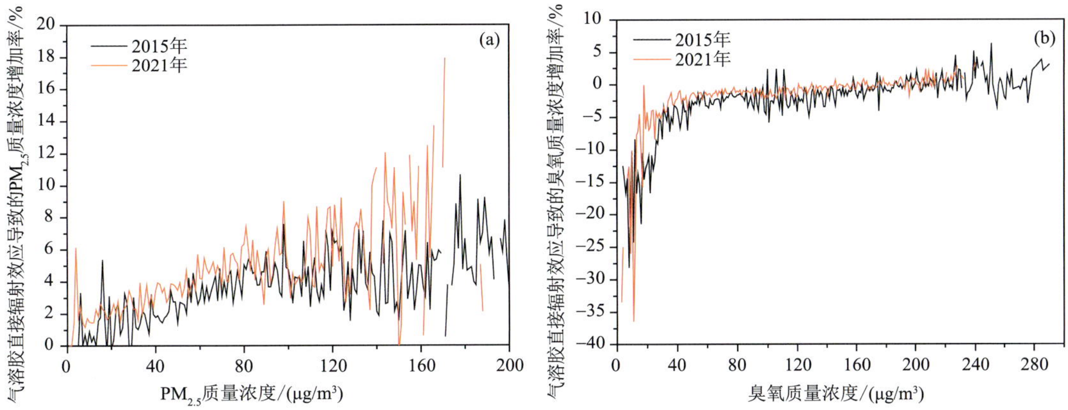

图 5.12　不同 $PM_{2.5}$ 质量浓度下气溶胶直接辐射效应对 $PM_{2.5}$(a)和臭氧(b)影响

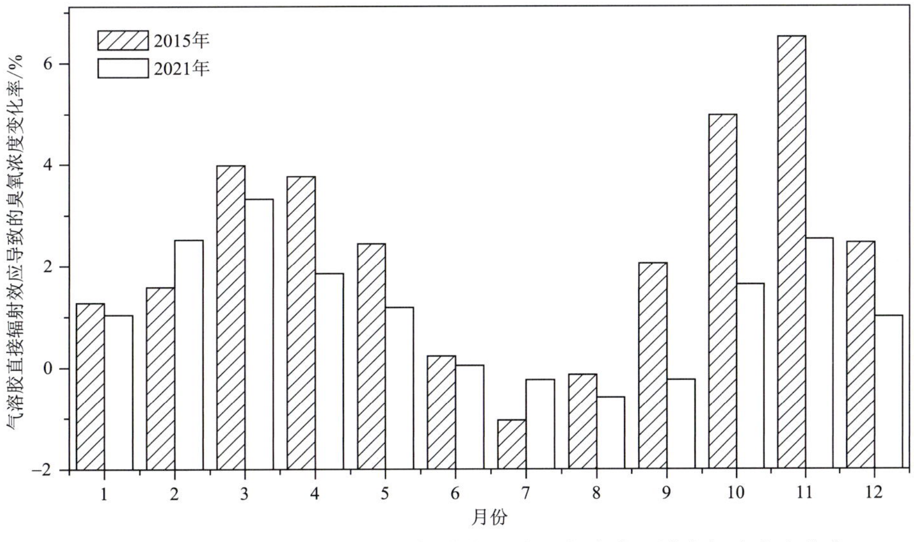

图 5.13　不同季节气溶胶直接辐射效应导致的京津冀区域臭氧浓度变化率

5.2.2　气溶胶对臭氧污染的影响机制

大气气溶胶不但能通过散射和吸收太阳辐射来影响地气系统的辐射收支，作为云的凝结核改变云的辐射特性间接影响全球气候变化，而且对对流层内的大气化学过程也很重要。研究结果表明，气溶胶可以影响对流层内的紫外线辐射强度、光解作用和光化学氧化剂。本研究利用 2005 年 11 月 1—7 日天津市环境监测中心提供的 CO、NO、NO_2、NO_x、O_3、PM_{10}浓度观测资料、天津市气象局提供的 UV 通量观测数据以及大气动力-化学耦合模式，研究气溶胶浓度对 UV 辐射通量及地面 O_3 浓度的影响机制，并选择个例对天津地区 O_3、NO_x、$PM_{2.5}$浓度时空分布进行数值模拟，并根据模拟结果提出基于气象条件的大气污染控制建议。

图 5.14 是 2005 年 11 月 1—7 日天津市地面 O_3 浓度(实线)、紫外线强度 UV(虚线)小时

均值变化曲线(O_3 观测数据由天津市环境监测中心提供,UV 观测数据由天津市气象局提供)。地面 O_3 浓度存在非常明显的日变化规律,例如在 11 月 1 日、2 日、6 日和 7 日,O_3 日极大值非常高,浓度值在 27～30 ppbv 之间变化;而在 11 月 3—5 日期间,O_3 日极大值非常低,浓度变化范围为 3～20 ppbv。受光化学反应的影响,O_3 浓度变化在观测期间仍然表现为中午浓度高、夜间浓度低的日变化规律,这一特征在 O_3 浓度高值期间更为明显。白天(07:00—17:00)的 UV 观测结果和 O_3 浓度变化趋势一致,UV 一般在 12:00 达到最大值,而 O_3 浓度基本在 13:00 达到最大值,约滞后于 UV 极值 1 h。

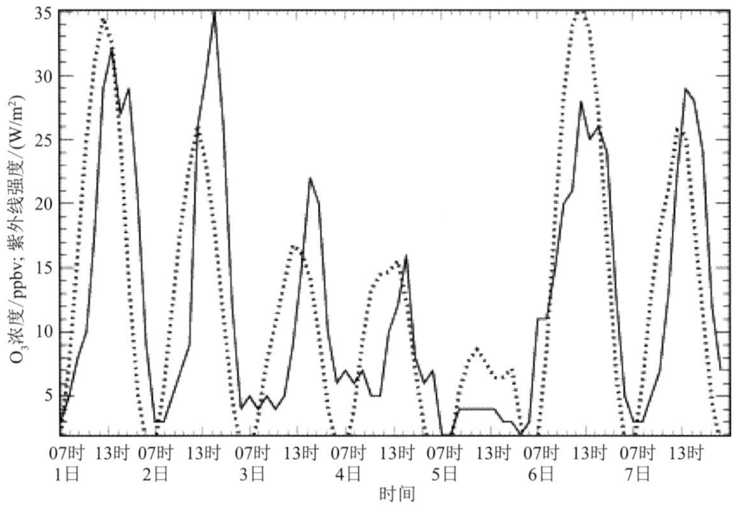

图 5.14 2005 年 11 月 1—7 日 O_3 浓度与紫外线强度变化

图 5.15 显示了 O_3 浓度和 UV 观测值的散点分布图,图 5.15a 是将 O_3 浓度和 UV 观测值逐时对应,二者相关性很好,相关系数达到 0.71;但是将 O_3 浓度与前一时刻的 UV 观测值对应后(例如将 13:00 观测的 O_3 与 12:00 观测的 UV 相对应,图 5.15b),二者的相关程度明显提高,相关系数达到 0.81。这是 O_3 的生成要滞后于 OH 自由基和 UV,根据 Tie 等(2007)在墨西哥的研究成果,O_3 浓度最大值滞后于 OH 自由基最大浓度 1～2 h。图 5.15 中另一个有意义的现象是在 O_3 高浓度时段,UV 通量值也大,O_3 低浓度时段,UV 值也相应变小。这一现象表明 O_3 低浓度时段 O_3 浓度降低是因为 UV 通量减小、光化学反应变弱所致。UV 通

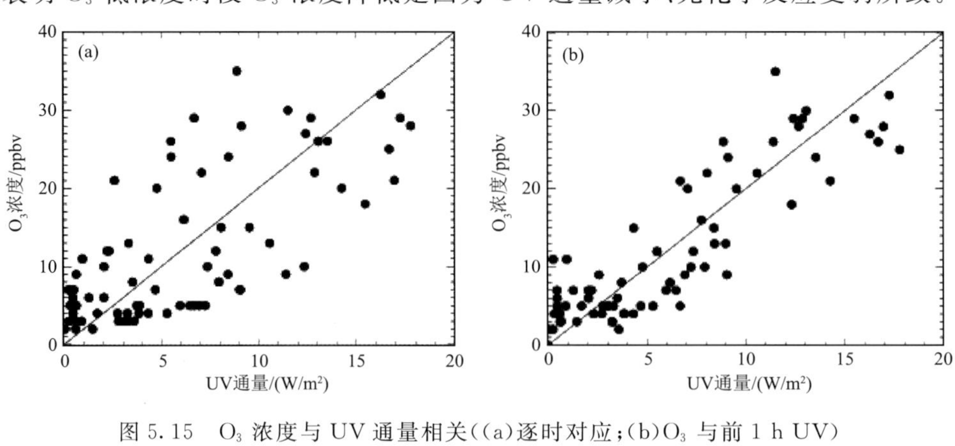

图 5.15 O_3 浓度与 UV 通量相关((a)逐时对应;(b)O_3 与前 1 h UV)

量的减少在理论上存在两个原因：第一，云层对太阳辐射的散射作用使 UV 通量减少，Geng 等(2007)的研究表明，云量通过减少 UV 通量可以使 O_3 浓度降低 60%，但是云量对 O_3 浓度的影响随地区、云状和当时化学条件有关；第二，气溶胶根据组成成分不同可以吸收、散射太阳辐射最终造成 UV 通量减少，UV 通量减少可以使光化学反应速度和强度变弱。Martin 等(2003)的研究结果曾经表明气溶胶层的存在可以减少 O_3 的生成。

为了分析观测时段 UV 通量减少是由哪种原因造成(云效应和气溶胶效应)，需要进一步分析观测时段内的气象条件。11 月 1—7 日期间 500 hPa 中纬度环流平直，冷空气活动不显著，华北地区中低空为弱暖脊，河套及西部地区受高压控制，京津地区处于华北地形槽中，大气层结稳定，空中云量不多，地面风以西南偏西风为主，风速很小，平均风速不足 1 m/s。为了进一步分析天津地区云参数等气象条件，利用 WRF 数值天气预报模式计算了一些无法实际观测的云中水汽含量、云量等气象参数。有关模式的详细介绍参照 http://www.wrf-model.org/index.php. wrf 模式计算天津市区上空 0～20 km 云中水汽含量，结果表明，天津市在 11 月 1—7 日这一时段内，绝大部分时间是晴天，只有很小一段时间有云(4 日 02:00 左右)，观测时段无云这一事实说明，11 月 3—5 日期间 UV 通量减少不是云层散射造成，即气溶胶的存在是造成 UV 通量减小的主要原因。图 5.16 是观测时段中午 UV 通量(上午 10:00—下午 04:00)和气溶胶浓度(PM_{10} 观测值)的变化曲线，气溶胶浓度和 UV 通量的反相关关系非常明显：例如 11 月 2—5 日气溶胶浓度很高(500～800 $\mu g/m^3$)，但相应时段的 UV 通量观测值非常低(5～7 W/m^2)；与之相对比，11 月 6 日气溶胶浓度很低(100 $\mu g/m^3$)，而 UV 通量很高(15 W/m^2)。

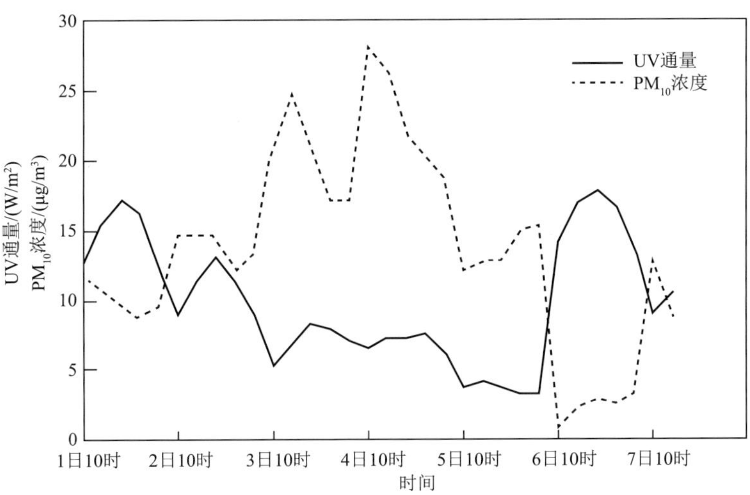

图 5.16　2005 年 11 月 1—7 日 UV 通量和 PM_{10} 浓度变化曲线

为更好理解 O_3、气溶胶、UV 通量的不同特征，分别计算 O_3 高浓度阶段(11 月 1 日、2 日、6 日、7 日)和 O_3 低浓度阶段(11 月 3—5 日)O_3、气溶胶、UV 通量的平均值，将 O_3 高浓度时段内 O_3 浓度、气溶胶浓度(PM_{10})、UV 通量分别与 O_3 低浓度观测时段内对应观测值作对比(图 5.17)，在 O_3 高浓度阶段内 O_3 最大观测值约为 30 ppbv，UV 通量最大观测值是 15 W/m^2；气溶胶浓度约为 0.2 mg/m^3；与之相对应，在 O_3 低浓度时段，最高 O_3 浓度约为 10 ppbv，UV 约为 5 W/m^2，颗粒物浓度达 400～500 $\mu g/m^3$。两个时段相对应的 O_3、气溶胶、UV 通量比值分别为 3.0、0.45 和 0.3。根据以上对观测数据的分析可以得到如下结论：天津市 11 月 3—5 日

UV 通量的减少主要是因为气溶胶对太阳辐射的散射和吸收造成，UV 通量的减少使当地 O_3 浓度减少 70%。

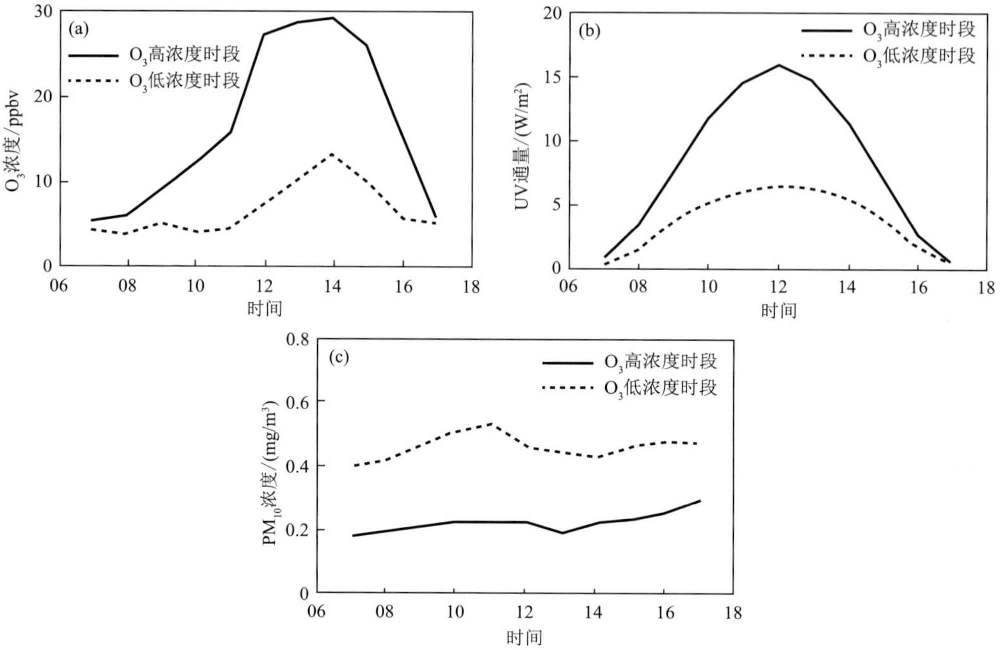

图 5.17　O_3 高、低浓度时段 O_3 浓度(a)、UV 通量(b)、气溶胶浓度(PM_{10})(c)对比

为进一步证实上述观测数据得到的结论，本节利用大气化学模式数值试验计算结果进一步分析气溶胶对地面 O_3 浓度影响机制。大气化学模式中气体污染物浓度根据以下条件设定：CH_4 和 H_2O 分别根据其大气背景浓度分别被设为 1.7 ppmv① 和 22,000 ppmv，CO 和 NO_x 根据天津市 11 月 1—7 日实际观测值设定(图 5.18)，因为天津市没有 VOCs 的观测，因此模式输入时是按照另外一个大城市上海的观测值设为 85 ppbv。在研究过程中主要是将气溶胶浓度初始常设为不同浓度来研究其对地面 O_3 浓度影响机制，O_3 低浓度段的气溶胶浓度值大约为 O_3 高浓度段的 2.2 倍，因此将 O_3 低浓度段气溶胶光学厚度(AOD)设为 2.0，O_3 高浓度段 AOD 设为 0.8。

图 5.19 是大气化学模式数值试验结果和实际观测值的对比，图中黑色实线代表 O_3 高浓度段大气化学模式计算的 O_3 浓度，13:00 的 O_3 最大值约为 30 ppbv，此时对应的 AOD 值为 0.8，红色虚线代表 O_3 低浓度段大气化学模式计算的 O_3 浓度，在 13:00 的 O_3 最大浓度只有 13 ppbv，此时对应的 AOD 值为 2.0，O_3 在高浓度段、低浓度段实际观测值在图中分别以黑色、红色圆圈代替。

图 5.20 是各种气体污染物浓度初值一致，只改变气溶胶浓度初始场的大气化学模式计算结果，其中 AOD 初始浓度值分别为 0,0.4,0.8,1.5,2.0,3.5 和 5.0，敏感性数值试验结果表明 O_3 浓度和气溶胶浓度之间存在非常明显的反相关关系，O_3 浓度随 AOD 升高明显下降，而且二者之间是非线性的关系。在气溶胶高浓度阶段，O_3 浓度随气溶胶的降低增加不是特别显

① ppmv=10^{-6}(体积分数)，余同。

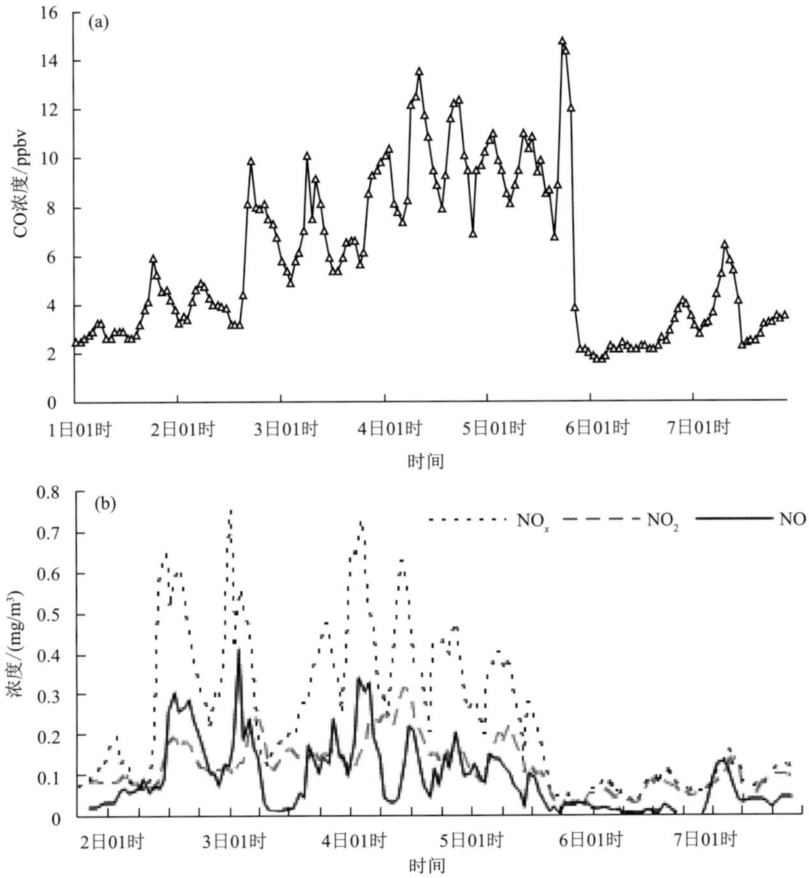

图 5.18　11 月 1—7 日 CO(a)、NO、NO_2 和 NO_x(b)浓度实际观测值

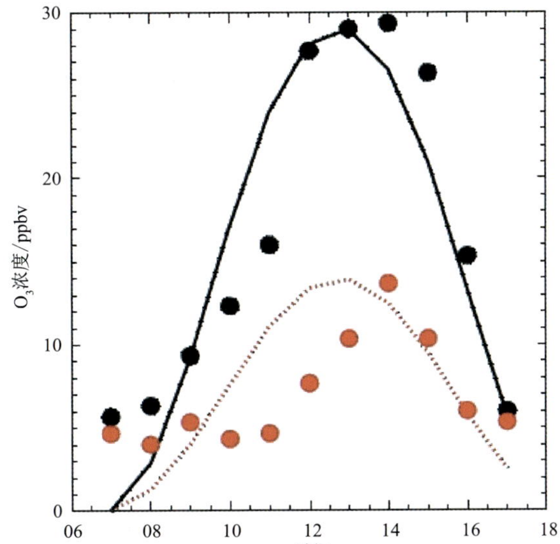

图 5.19　模式计算 O_3 浓度值与实际观测值对比

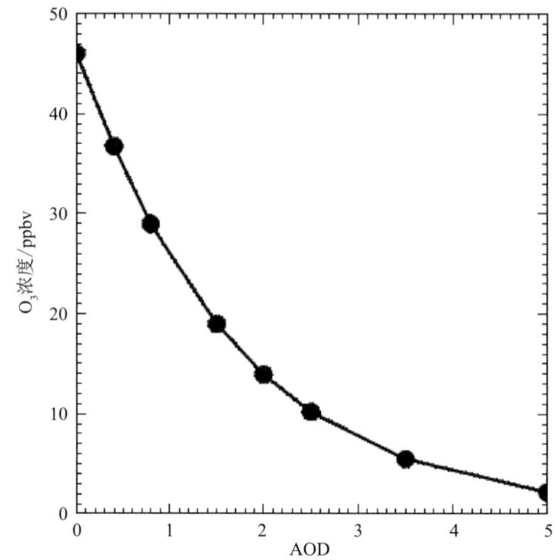

图 5.20 不同 AOD 初始浓度下 O_3 浓度模式计算结果

著，但一旦气溶胶浓度降到一定范围后，气溶胶浓度稍微降低就会导致 O_3 浓度剧增。例如：当 AOD 数值小于 2.0 时，O_3 浓度变化率与气溶胶浓度变化率的比值为－16，而在 AOD 数值位于 2～5 之间时，二者的比率只有－4。这一结论表明如果对气溶胶进行控制必将导致 O_3 浓度剧增，这一现象在气溶胶浓度下降到一定程度时更为显著。

5.3 臭氧与 PAN 的关系

过氧酰基硝酸酯(peroxyacyl nitrates，PANs)是一类重要的挥发性有机物(VOCs)，在大气化学反应过程中扮演着重要角色。PANs 主要包含过氧乙酰硝酸酯(peroxyacetyl nitrate，PAN)和过氧丙酰硝酸酯(peroxypropionyl nitrate，PPN)两个物种，其中 PAN 是光化学烟雾的重要特征污染物，最早在洛杉矶光化学烟雾事件中被发现(Stephens et al.，1956)。PAN 除了作为光化学污染物外，同时还是大气中 NO_x 重要的汇(Liu et al.，2010)，在城市等污染地区，NO_x 通过一系列反应生成 PAN，当 PAN 随大气被输送到相对清洁地区，遇热又会分解释放出 NO_2，该方式是清洁地区氮氧化合物的重要来源，进而影响这些地区的光化学反应过程。O_3 和 PAN 均是重要的大气光化学反应产物，但是地面 O_3 变化趋势还会受到平流层输送的影响，而 PAN 只能通过光化学反应产生，因此 PAN 是更有说服力的光化学反应指示产物(McFadyen et al.，2005)。京津冀区域内有关 PAN 的研究主要集中在北京和河北等地，天津作为我国北方最重要的工业城市和港口，化工行业和交通运输业加快发展，开展 PAN 观测，厘清 PAN 与 O_3 之间的关系有助于研究大气光化学污染特征，为天津乃至京津冀区域的大气光化学污染研究和治理提供技术支撑。

5.3.1 夏季臭氧与 PAN 的关系

选取 2017 年 7 月 1 日—8 月 31 日为夏季典型观测时段，图 5.21 给出了夏季天津城区大气中 PAN 和 O_3 体积浓度的逐时分布状况和 24 h 滑动平均值，图 5.22 给出了观测期间 PAN 和 O_3 体积浓度的统计。观测期间 PAN 的体积浓度平均值为 $(0.73\pm0.56)\times10^{-9}$，最大小时浓度为 3.49×10^{-9}，发生在 7 月 27 日 17:00。可见 PAN 体积浓度存在较为明显的日变化特征，每日峰值差异较大，观测期间小时值样本的标准差 (0.56×10^{-9}) 接近于平均值 (0.73×10^{-9})，浓度波动较大可能与气象条件复杂多变有关。PAN 频度呈现偏态分布，两个峰值分别为 $(0.3\sim0.4)\times10^{-9}$ 和 $(0.6\sim0.7)\times10^{-9}$，约 90% 的样本低于 1.30×10^{-9}。本研究获得的 PAN 浓度平均值和最高值均低于黄志等(2016)在北京夏季的长期观测值，可能与采样高度有关。本研究采样点位于铁塔 220 m 处，高于城市冠层，不易受城市下垫面影响，PAN 的前体物浓度一般低于地面，且这一高度下风速较大，大气扩散条件优于地面，PAN 浓度较之地面更易受到气流输送的影响。

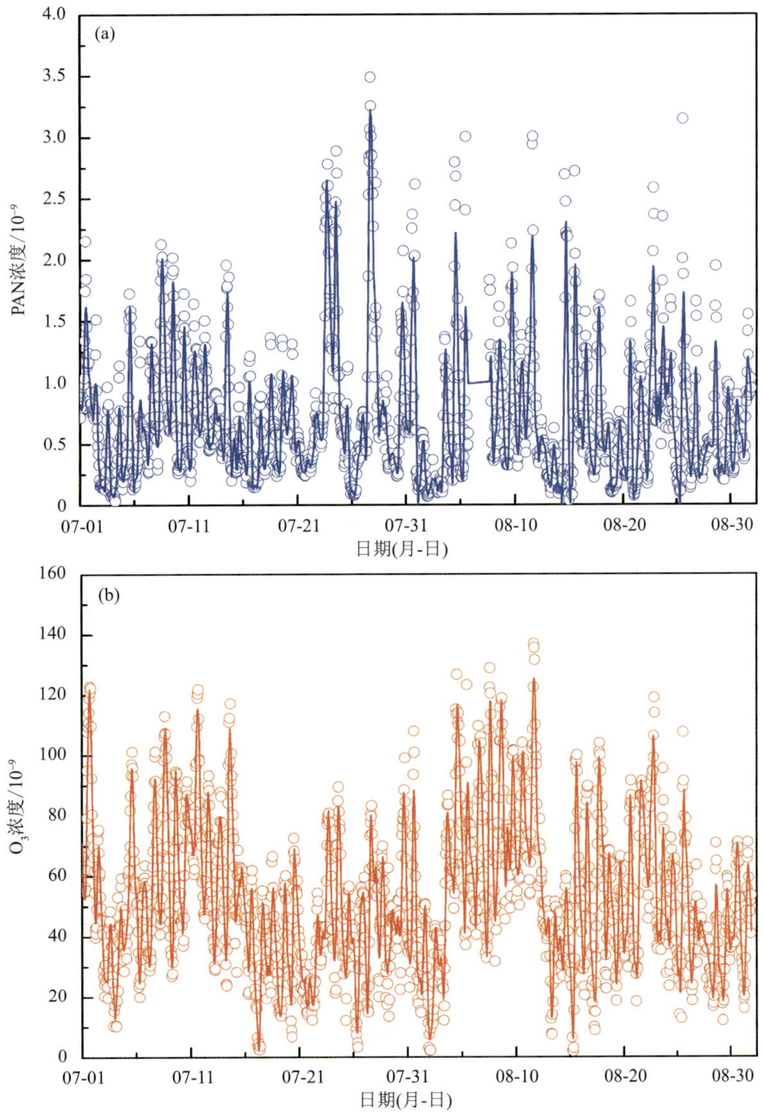

图 5.21　PAN(a)和 O_3(b)体积浓度的逐时分布状况和 24 h 滑动平均值

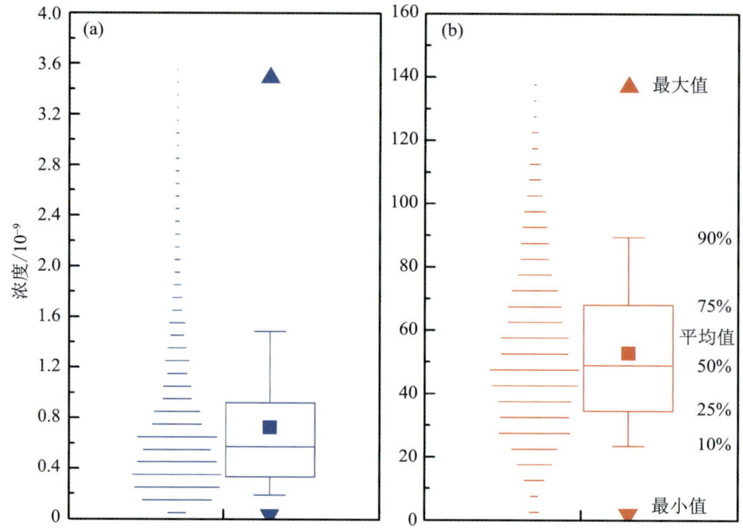

图 5.22 PAN(a)和 O_3(b)体积浓度的统计特征

观测期间 O_3 的体积浓度平均值为(53±25) ×10^{-9}，最大小时浓度为 137×10^{-9}，发生在 8 月 11 日 16:00。有研究表明，边界层内 O_3 体积浓度存在明显的垂直分布特征，通常表现为高层 O_3 浓度高于低层或地面浓度，这表明 O_3 除光化学反应生成外，还存在平流层含高浓度 O_3 大气的向下输送等源，边界层内对流性天气可引起 O_3 的垂直输送和地面浓度的抬升，地面排放的 NO 难以输送到高层大气中，导致高层 O_3 的 NO 滴定反应较弱，也是导致高层 O_3 浓度高于低层或地面的原因之一。采用天津市环境监测中心前进道站(距离本站直线距离 2.0 km)的监测数据，计算得到同期该站地面 O_3 质量浓度平均值为 80 μg/m^3，约折合 40×10^{-9}，低于本研究在铁塔 220 m 处的观测值。本站在 2007 年 8 月的观测结果显示，白天受边界层内较强的湍流影响，低层大气中 O_3 分布较为均匀，夜间受平流层输送和前体物浓度差异等因素的影响，不同高度下 O_3 浓度差异较大，该观测期内 220 m 处 O_3 体积浓度为 60×10^{-9}，大约为 40 m 处浓度的 1.5 倍，也佐证了 O_3 浓度随高度增加而增大的垂直分布特征。O_3 体积浓度的频度分布大体上呈正态分布，最大值出现在(40～50)×10^{-9} 区间，约 90%的观测值在 90×10^{-9} 以下，即达到环境空气质量二级标准。

作为典型的大气光化学反应产物，PAN 与 O_3 的浓度分布与太阳辐射强度密切相关。图 5.23 给出了 PAN 和 O_3 体积浓度的日变化分布，可见三者均具有典型的日变化特征。太阳辐射日间呈单峰正态分布，在 12:00 达到峰值，19:00—次日 05:00 基本为零，光化学产物 PAN 与 O_3 的浓度峰值时间晚于辐射，其峰值分别为 14:00 和 15:00，与气温日变化峰值接近，这种延迟与前体物的消耗和光化学反应过程有关，PAN 与 O_3 浓度的谷值分别为 06:00 和 07:00，夜间光化学反应无法发生，O_3 和 PAN 主要通过 NO 滴定和热分解消耗，华北地区夏季对流性天气可引起地面 O_3 浓度的快速抬升，也是夜间 O_3 维持较高浓度的重要机制(贾诗卉 等，2015)。

PAN 与对流层 O_3 都是 NO_x 和 VOCs 的光化学反应产物，其浓度具有一定的相关性。对观测期间 PAN 和 O_3 全部样本作散点图，决定系数 R^2 为 0.40，PAN 和 O_3 的回归曲线斜率为 0.014，低于北京 2006—2013 年夏季连续监测值，这可能与观测高度有关，O_3 浓度随采样高度增加而增高，PAN 浓度可能并不具备类似的垂直分布特征。PAN 和 O_3 浓度高低可用以衡量

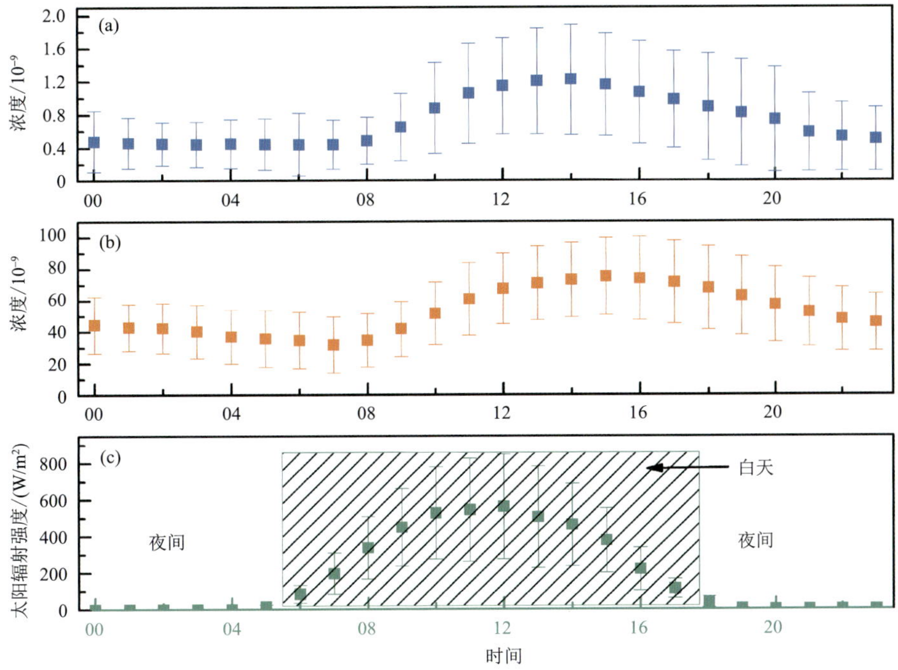

图 5.23　PAN(a)、O_3(b)日浓度和太阳辐射强度(c)变化

大气氧化性强弱，大气氧化性增强可能加剧气溶胶污染。通过 PAN 浓度日均值与观测同期天津主要大气污染物全市平均值的相关性分析，发现 PAN 浓度与 $PM_{2.5}$ 和 PM_{10} 质量浓度存在显著正相关，决定系数 R^2 分别为 0.31 和 0.23，均通过 0.01 检验，这可能与高浓度气溶胶中有机碳(OC)含量较高有关。PAN 与 CO($R^2=0.13$，$P<0.01$)和 NO_2($R^2=0.06$，$P=0.03$)的相关性较弱，与 SO_2 相关性不显著($P=0.34$)，塔层 PAN 与气态污染物地面全市平均浓度相关性较低，其原因在于各种污染物形成机制不同，也与采样高度及其所代表的范围大小有关。

按照太阳辐射强度区分白昼和夜间，以 06:00—17:59 作为白昼，18:00—次日 05:59 作为夜间。白昼 PAN 和 O_3 体积浓度平均值分别为 0.89×10^{-9} 和 57×10^{-9}，夜间则分别为 0.57×10^{-9} 和 48×10^{-9}，夜间 O_3 的降幅明显小于 PAN，这与夜间边界层存在 O_3 向下输送有关。图 5.24a 给出了白昼和夜间 PAN 和 O_3 体积浓度的散点图及其拟合曲线，两者均通过显著性检验，夜间 PAN 和 O_3 体积浓度决定系数($R^2=0.21$)显著低于白昼($R^2=0.52$)，与夜间两者的清除机制有关，PAN 主要通过热分解消耗，O_3 主要由 NO 滴定完成其消耗，不同的清除机制造成了两者浓度变化的不同步。采用 PAN 和 O_3 的日最高浓度的比值可用于表征两者间的关系，观测期间 PAN 与 O_3 的比值平均为 0.019 ± 0.008，60% 的比值在 0.02 以下，图 5.24b 给出了 PAN 和 O_3 的日最高浓度及其拟合曲线，决定系数 R^2 为 0.41，由于 PAN 和 O_3 的每日最高浓度均发生在午后，峰值时间相同或接近，这表明光化学反应是 PAN 和 O_3 的主要来源。观测期间 PAN 和 O_3 的日最高浓度的比值低于 Hartsell 等(1994)总结的城市地区平均值(0.07)，也低于 2010 年上海世博会期间的观测结果，表明天津地区边界层低层大气中 PAN 污染尚不严重。图 5.24 的阴影部分为显著偏离拟合曲线的观测样本，主要特征在于偏高的 PAN 和较低的 O_3，去除高浓度 PAN 样本($>2.0\times10^{-9}$)后，白昼和夜间 PAN 和 O_3 体积浓度相关性均有所增加(R^2 为 0.57 和 0.28),表明造成 PAN 浓度升高的主要原因并非光化学反应,可能在于 PAN 的远距离输送。

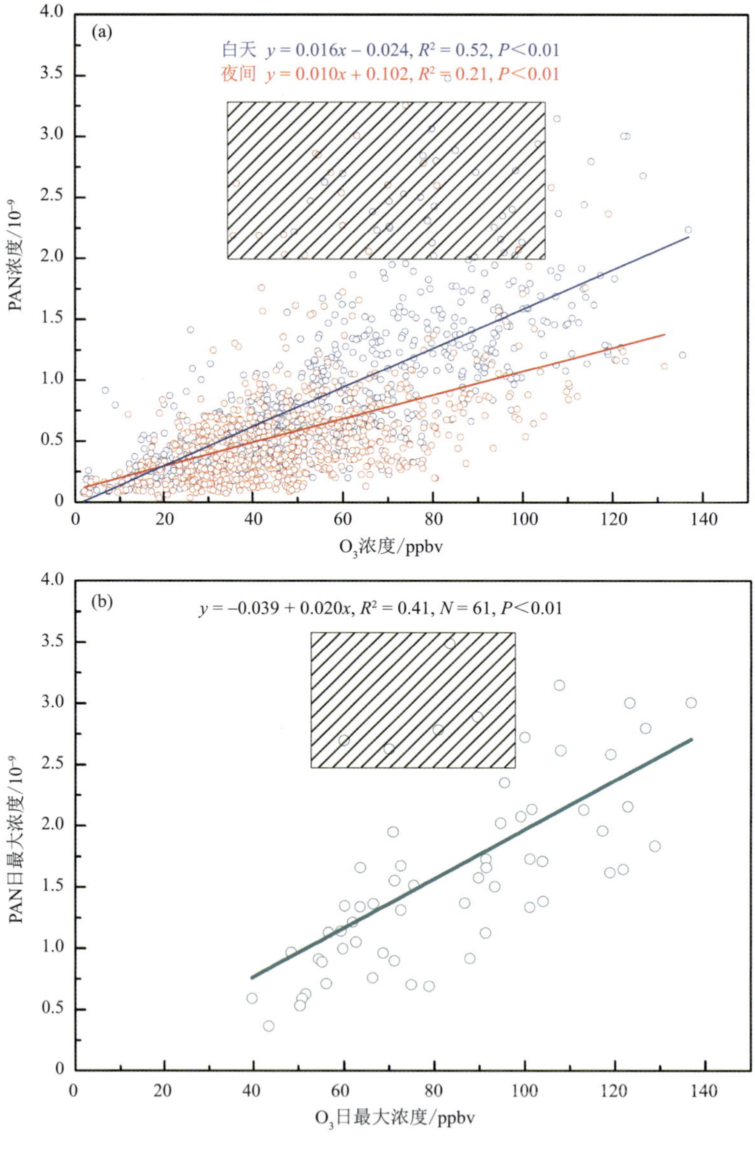

图 5.24　PAN 与 O_3 浓度关系(阴影部分为显著偏离拟合曲线的样本)

5.3.2　冬季臭氧与 PAN 的关系

选取 2017 年 11 月 15 日—12 月 5 日作为冬季观测时段。观测期间 PAN 体积浓度平均值为$(0.57\pm0.54)\times10^{-9}$,最大小时浓度为 2.63×10^{-9},发生在 12 月 2 日 16:00,冬季均值低于夏季观测值。对观测期间 PAN、O_3 和 NO_2 分为白天和夜间样本做散点图,见图 5.25 所示。以 07:00—16:59 作为白昼,17:00—次日 06:59 作为夜间,白昼 PAN、O_3 和 NO_2 体积分数平均值分别为 0.61×10^{-9}、15.53×10^{-9} 和 23.76×10^{-9},夜间则分别为 0.55×10^{-9}、$9.20\times$

10^{-9}和 30.15×10^{-9}。白昼 PAN 体积分数低于 2017 年夏季白昼观测结果（0.89×10^{-9}），夜间 PAN 体积分数与之（0.57×10^{-9}）接近，这与冬季大气光化学反应强度弱于夏季有关。NO_2 体积分数白昼低于夜间，可能与夜间缺乏光照，NO_2 消耗速率降低，同时混合层厚度降低，NO_2 浓度积累有关。与夏季观测结果不同，冬季 PAN 与 O_3 间不存在明显的相关性，可能与冬季光化学反应并非 PAN 的主要来源有关，有研究表明这归因于 NO 对 O_3 的强烈干扰，NO 与 O_3 存在双曲线关系。

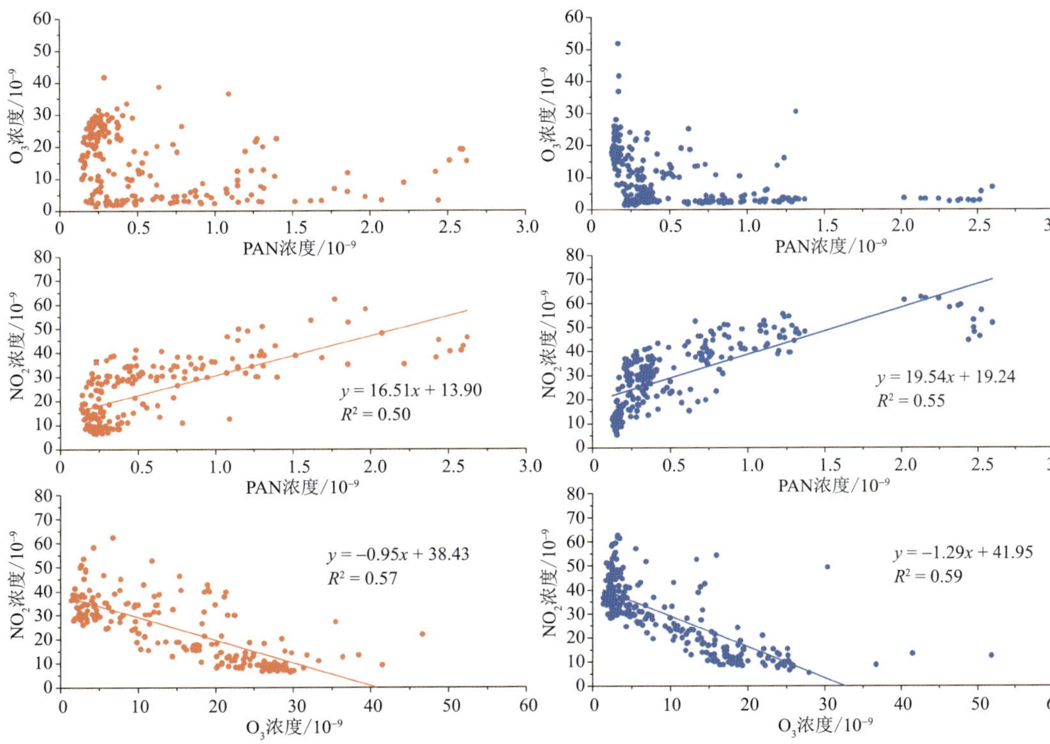

图 5.25　PAN、O_3 和 NO_2 浓度的相互关系

气象因素，如气温、辐射、风速和风向等都会影响 PAN 和主要污染物的浓度分布，观测期间无降水发生，平均气温为（1.5±2.8）℃，气温范围－5.5～6.9 ℃，平均相对湿度为（33±17）%，相对湿度范围为 13%～88%，平均风速为（6.39±3.20）m/s，最大风速为 16.71 m/s，整体显示出处于低温、干燥、大风的特征，这一气象条件下不利于 PAN 的热分解。图 5.26 给出了 PAN、O_3 体积分数以及 PAN/O_3 对气温的散点分布，可见－2 ℃以下 PAN 浓度维持在较低水平，随着气温升高，PAN 浓度略有增大，表明气温提升对于 PAN 光化学生成的促进作用大于其热分解，O_3 与气温则没有明显的相关性，可能与观测期间气温较低有关，PAN/O_3 常用来表征大气光化学反应的强度，整体而言，随着气温升高，光化学反应增强，尽管这一效应并不明显。图 5.27 给出了不同风速下 PAN、O_3 体积分数以及 PAN/O_3 的散点分布，可见随着风速增加，PAN 和 O_3 呈现相反的趋势，大风天气不利于 PAN 的聚集，但有助于 O_3 的输送，因而导致 PAN/O_3 随风速增大而快速降低，NO_2、CO、SO_2、$PM_{2.5}$ 和 PM_{10} 污染物随风速增大其浓度均有不同程度的下降，冬季 PAN 也有类似的现象，即大气扩散可能是影响 PAN 浓度的重要因素，这需要结合风向做进一步分析。

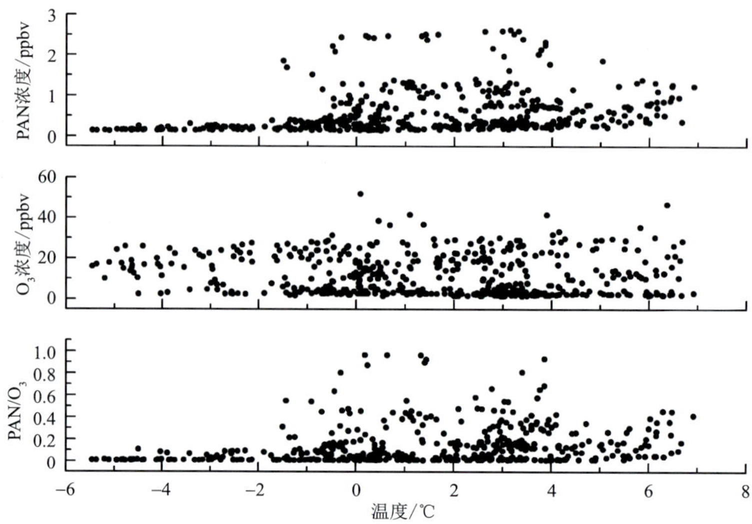

图 5.26 PAN、O_3 浓度随温度的变化关系

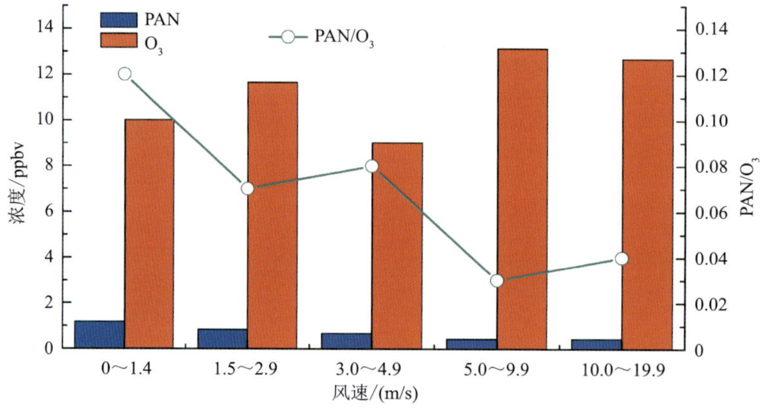

图 5.27 不同风速下 PAN 和 O_3 浓度及其比值的变化

以观测期间一次典型的 PAN 污染天气过程为例，分析气象条件对 PAN 分布的影响。2017 年 12 月 1 日白天，随着高压系统减弱东移，天津地区逐渐转为地面高压后部控制，地面风场转为西南风，边界层高度降低，静稳天气逐渐建立，空气质量达到轻度污染水平。12 月 2 日凌晨开始，高空环流逐渐转平，随着上游低压系统发展，整个京津冀区域转为低压均压场控制，区域维持静稳天气。天津地区地面风场转为西南风，并出现风场辐合，空气质量迅速转差，2 日 08 时达到重度污染，当日 10—15 时，受山东北部地区地面风速增加，与天津地区地面风速差加大影响，导致地面风速辐合增强，污染物快速积累聚集，空气质量指数(AQI)从 226 上升至 272，期间重污染一直持续至 3 日 10 时。在排放源保持相对稳定的前提下，气象因素是造成污染物浓度改变和重污染过程演变的主要因素。图 5.28 给出了本次过程 PAN 浓度以及 200 m 的风和混合层厚度演变趋势。本次污染过程 PAN 体积分数出现了 2 次峰值，第 1 次发生在 12 月 2 日 16 时，峰值浓度为 2.63 ppbv，其后浓度有所降低，3 日 05 时达到第 2 次峰值，为 2.52 ppbv，这两次峰值时间对应的风和混合层厚度表现出截然不同的特征，第 1 次峰值期间以较大的偏南风为主，混合层厚度也逐渐增大，推测这次 PAN 浓度上升与偏南风的输

送有关，第2次峰值时风速大幅度降低，混合层厚度也明显降低，呈现出典型的静稳天气特征，大气扩散条件极其不佳是造成PAN又一个峰值的主要原因。观测期间每日均存在明显的逆温现象，最大逆温达到2.22 ℃/(250 m)，即最大逆温强度为0.9 ℃/m，发生在12月2日14时，2日上午和3日早晨的高湿促进了重污染过程中颗粒物的聚集和生长，并进而通过气溶胶吸湿增长增大大气消光能力，从而降低能见度和太阳辐射，同时地面辐射降温又引发了近地层内显著的强逆温，并导致RH由地面到高空逐渐增大，两者强烈的正反馈逐步推高了$PM_{2.5}$污染浓度。造成PAN高浓度的主要原因除了光化学反应强烈造成的PAN高生成外，远距离输送和静稳天气形成的积累也是其重要原因，后两者在光化学反应较弱的冬季显得更为重要。观测期间PAN的浓度变化特征与$PM_{2.5}$类似，而与O_3存在较大差异，显示冬季光化学反应在PAN的浓度变化可能不占主要地位，远距离输送和静稳天气形成的积累更加值得重视，风场和混合层厚度的变化揭示了这一点。

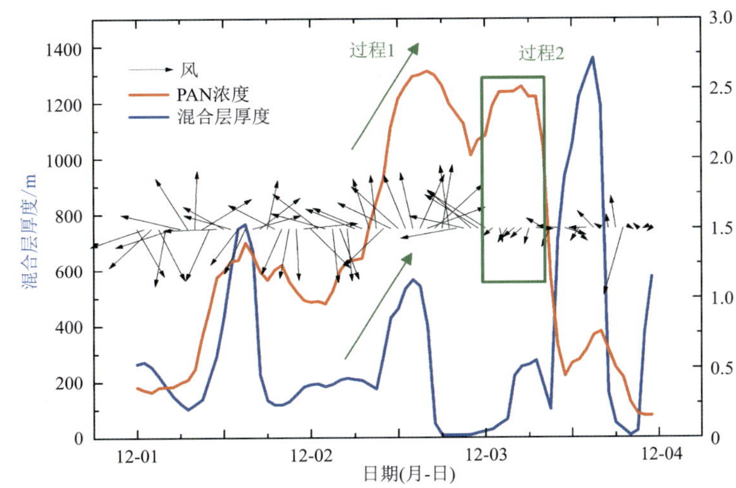

图5.28　2017年12月1—4日天津典型重污染过程中风、混合层厚度和PAN浓度的分布

5.4　本章小结

VOCs和NO_x是O_3的重要前体物，参与大气光化学反应，$PM_{2.5}$可通过改变大气辐射条件和颗粒物表面非均相化学反应两种途径来影响O_3浓度变化，PAN是重要的光化学反应产物之一，与O_3的生成传输等关系密切，本章研究了天津地区以上几种大气污染物与O_3的关系，是对O_3成因与影响因素的重要补充。

(1)基于2018年夏季天津市津南区54种VOCs浓度的在线观测数据，结合O_3生成潜势(OFP)和光化学指示剂法(PI)，研究结果表明：丙烷、乙烯和甲苯分列VOCs质量浓度的前3位，烯烃对OFP的贡献最大，为55.80%，乙烯、异戊二烯和甲苯分列OFP贡献率的前3位，不同来向和性质的气团下TVOC及其OFP不同。VOCs/NO_x体积分数比值估算表明观测期间O_3生成对VOCs较为敏感。乙苯/间，对二甲苯和乙烷/乙炔等特定物种对浓度比值的变化表明3次O_3污染过程均伴随VOCs的老化过程。

(2)2021年京津冀地区气溶胶直接辐射效应导致该地区到达地面太阳辐射降低7.6%，进

而降低区域 O_3 浓度 0.81%。与 2015 年相比，由于近些年 $PM_{2.5}$ 质量大幅度降低，到达地面的太阳辐射增加，导致区域 O_3 平均浓度增加 0.8%，超标天数增加 3%。气溶胶直接辐射效应对春季和秋季 O_3 浓度的影响高于其他季节。在 2005 年 11 月一次污染过程中，气溶胶对太阳辐射的散射和吸收造成 UV 通量的减少，使 O_3 浓度减少 70%。O_3 对 AOD 的敏感性数值试验表明 O_3 浓度随 AOD 升高明显下降，且呈非线性关系。当 AOD 处于较低范围时，AOD 的降低会导致 O_3 浓度快速增加。

(3)PAN 和 O_3 的相关性可以揭示不同季节其来源和分布规律。天津城区夏季 PAN 体积浓度平均值为 $(0.73\pm0.56)\times10^{-9}$，二者日变化特征相似，白昼 PAN 和 O_3 浓度高于夜间，且 PAN 和 O_3 浓度相关系数（$R^2=0.52$）显著高于夜间（$R^2=0.21$），偏南风下 PAN 和 O_3 浓度最高，偏东风下最低，边界层内输送对夏季 PAN 和 O_3 的浓度分布起到了重要作用。冬季 PAN 的体积浓度平均值为 $(0.57\pm0.54)\times10^{-9}$，PAN 与 O_3 间不存在明显的相关性，但与 $PM_{2.5}$ 质量浓度相关性较好，PAN 污染峰值与 $PM_{2.5}$ 重污染过程对应，表明除光化学反应外，区域输送影响和静稳天气下的污染物积累也是影响冬季 PAN 浓度的重要因素。

第 6 章　典型臭氧污染过程特征及成因

暖季是 O_3 污染的高发季，O_3 污染的发生、演变和结束与前体物和气象因素的变化密切相关，不同 O_3 污染过程发生的边界层条件和前体物浓度水平存在差异。为深入了解天津市 O_3 污染过程的发生和发展特征，本章基于天津市 2006—2021 年 O_3 及其前体物的加强观测实验，探讨 O_3 污染过程发生时 O_3 及其前体物在近地面以及高空的垂直分布特征及其对 O_3 生成的影响；城区与郊区 O_3 及其前体物的差异及其对 O_3 生成产生的不同影响；O_3 对前体物的敏感性分析。厘清典型 O_3 污染过程的综合成因将有助于为政府精细化的 O_3 污染管控提供基础。

6.1　夏季臭氧污染特征及成因的城郊差异

由于排放源、气象条件、下垫面等方面的差异，同一时段，O_3 及前体物在城区和郊区可能存在明显的差异。由于城市热岛效应，通常城区气温要高于郊区。在前体物方面，城区因交通流量大而导致 NO_x 浓度较高，而郊区生物源排放的 BVOCs 较多，进而对 O_3 生成产生不同的影响。2009 年 7 月 10 日—9 月 30 日对天津市地面 O_3 及其前体物开展观测，分析天津市城市和农村 O_3 光化学反应间的差异。

6.1.1　观测基本信息

2009 年 7 月 10 日—9 月 30 日，在武清气象站和气象塔气象站进行地面 O_3、NO、NO_2 和 CO 浓度的测量。气象塔站代表城市监测站点，其信息详见第 2 章。农村站点位于武清气象站（39°23′N，117°01′E），该站位于武清的西北方向，距北京东南方向约 80 km，距天津西北方向约 30 km。武清观测站附近没有较大的排放源，交通流量低于气象塔站。

地面 O_3、NO、NO_2 和 CO 浓度使用美国 Thermo 生产的仪器测量，时间分辨率为 1 h，浓度单位为体积混合比（ppbv）。采用基于紫外吸收原理的臭氧分析仪（EC9810B）测量环境 O_3 浓度，采用 EC9841B 氮氧化物分析仪测量 NO 和 NO_2，使用 EC9830B 一氧化碳分析仪观测 CO。VOCs 观测时间为 2009 年 8 月 6—13 日，采样时间为每日 07：30—09：30、11：00—13：00、14：00—16：00、17：00—19：00 和 21：00—23：00。采样和成分分析参考 USEPA-TO14 和 USEPA-TO15 方法。采用抽真空硅烷化不锈钢罐采集大气样品，采样时长为 2 h，采样量为 3.2 L，采样后使用 Entech7100（USA Entech 公司）三步冷阱浓缩系统浓缩进样，采用 Angilent 公司的 GC/MSD 气相色谱仪进行分析检测。气象资料采用自动气象站观测，风为离地面 10 m 的观测数据，气温、气压和相对湿度为 1.5 m 高度的观测数据。

采样期间，地面平均气压为 1008.6 hPa。市区站点的主导风向为 WSW 风，平均风速为 1.4 m/s，平均相对湿度为 72%，平均气温为 26.5 ℃，最高气温为 36.9 ℃，发生在 8 月 12 日（图 6.1）。武清站的主导风向为 SSW 风，平均风速为 1.9 m/s，平均相对湿度为 76%，平均气温为 25 ℃，最高气温为 35.3 ℃，发生在 8 月 13 日（图 6.1）。

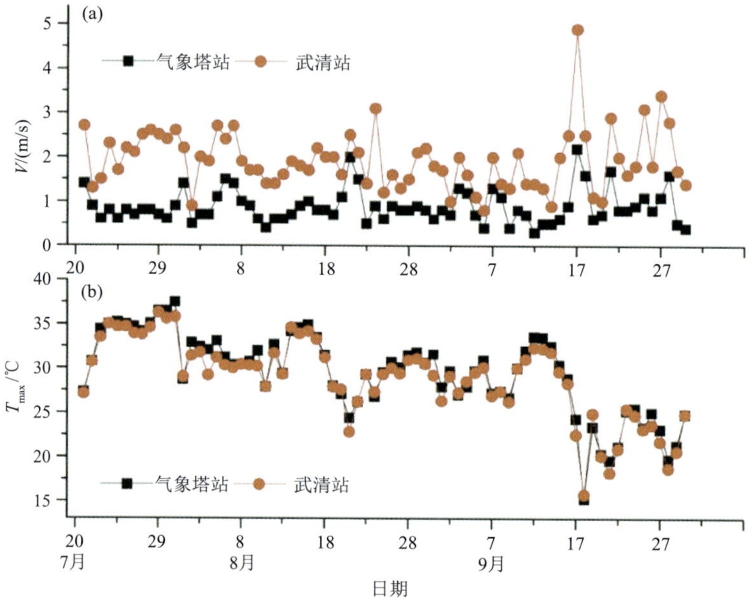

图 6.1 气象塔站及武清站 2009 年 7—9 月的风速(a)及日最高气温(T_{max})(b)时间序列

6.1.2 臭氧、NO_x 和 CO 的城郊对比

气象塔站和武清站观测期间 O_3 日最大值的时间变化序列如图 6.2 所示，日变化如图 6.3 所示。由于 7 月的高温和强辐射，观测期间无论气象塔站还是武清站，O_3 浓度均在 7 月最高。日变化显示 O_3 浓度在下午最高，反映了光化学的贡献。清晨 O_3 水平最低可能是由于交通高峰时段 NO 对 O_3 的滴定作用（$NO+O_3=NO_2+O_2$）。

整个观测期间，8 月 12—13 日 O_3 浓度最高。武清站 8 月 12 日 O_3 日最大浓度为 137.6 ppbv，小时浓度超过 100 ppbv 的现象持续 7 h；8 月 13 日 O_3 最大浓度为 193.7 ppbv，小时平均浓度超过 100 ppbv 的现象持续了 8 h。气象塔站 8 月 12 日 O_3 日最高浓度为 101.6 ppbv，小时平均浓度超过 100 ppbv 的现象持续 1 h；8 月 13 日 O_3 日最高浓度为 130.4 ppbv，小时平均浓度超过 100 ppbv 的现象持续 6 h。这次严重的 O_3 污染事件主要是由气象因素引起。8 月 12 日日照时长 11.1 h，平均风速 0.9 m/s。最高气温 36.9 ℃，8 月 13 日日照时长为 10 h，最高气温为 35.1 ℃。高温、较长的日照时间使光化学反应增强，从而产生高浓度的 O_3。

气象塔站日最大 O_3 浓度值出现在中午，武清站出现在 14:00。气象塔站和武清站之间整体上有 2 h 的滞后（图 6.3）。为了分析不同地点 O_3 变化的差异，我们分析 O_3 的变化趋势。O_3 趋势表示如下。

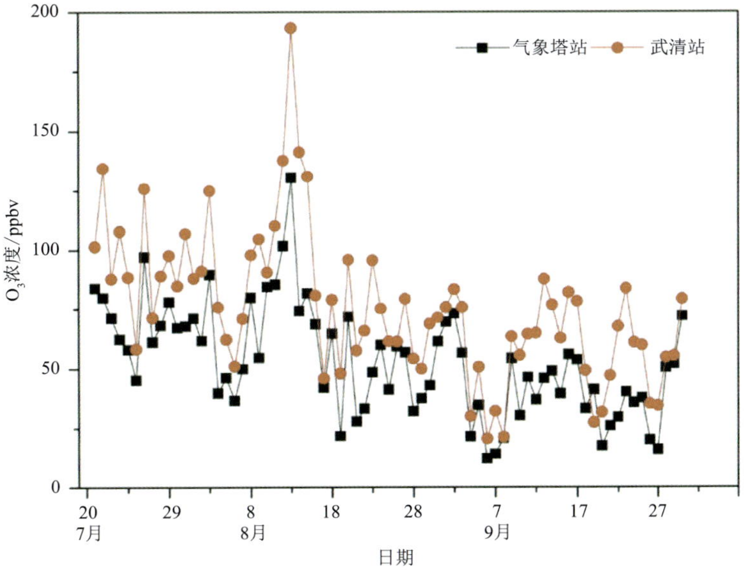

图 6.2 气象塔站及武清站 2009 年 7—9 月 O_3 浓度日最大值的时间序列

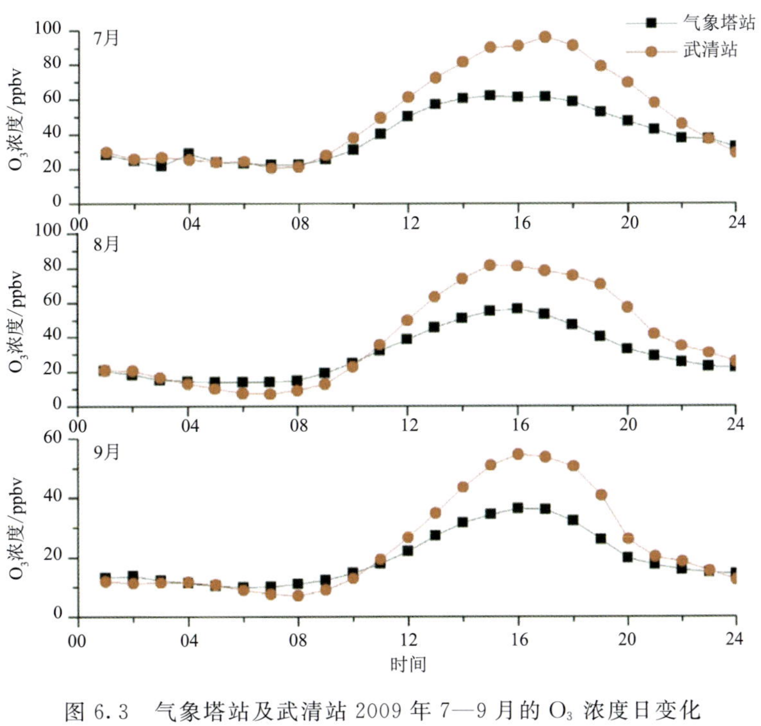

图 6.3 气象塔站及武清站 2009 年 7—9 月的 O_3 浓度日变化

$$d[O_3] = O_3[t+1] - O_3[t] \tag{6.1}$$

式中，$O_3[t]$ 代表 t 时刻 O_3 浓度，$O_3[t+1]$ 代表 $t+1$ 时刻 O_3 浓度。图 6.4 为 2009 年 8 月气象塔站和武清站的 O_3 浓度时间变化趋势。负的 O_3 变化趋势说明 O_3 的化学降解对 O_3 浓度的控制起着重要作用，而正的 O_3 变化趋势说明 O_3 的化学生成成为主导因素。结果显示夜间不存在光化学反应，O_3 的光化学反应生成量几乎为零，夜间 O_3 浓度变化趋势为负值，说明光解反应是影响夜间 O_3 浓度的关键因素。而白天光化学反应生成 O_3，其浓度变化趋势转为正值，说明 O_3 光生成过程是影响白天 O_3 浓度的关键因素。乡村站点的 O_3 浓度较高，而城市站点的 O_3 浓度较低，城乡之间的大气混合可以使城市站点的 O_3 浓度升高，而降低乡村站点的 O_3 浓度。O_3 浓度的变化符合如下趋势：夜间 O_3 趋势比白天低，不同地区负的趋势向正的趋势转变的时刻不同，城市与乡村站点之间存在大约 0.5 h 的滞后。武清站早晨的 O_3 浓度迅速升高，最大值达到 10～15 ppbv/h，16:00 开始 O_3 的变化趋势转为负值，表明此时 O_3 的产率低于降解率。

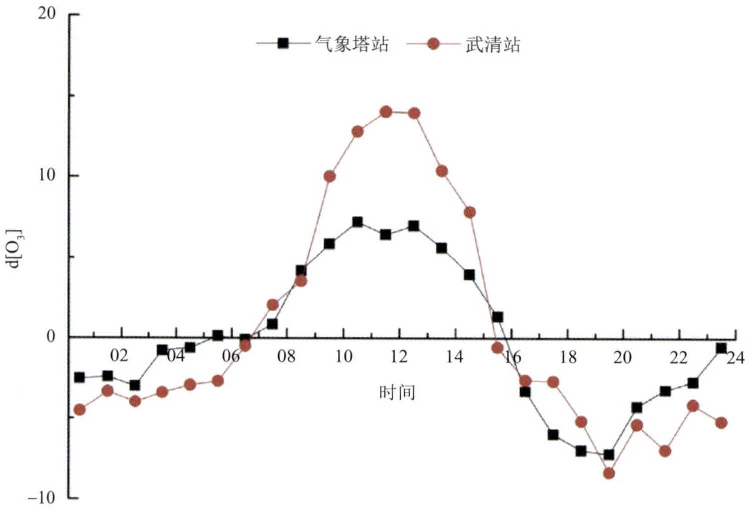

图 6.4　气象塔站和武清站 2009 年 8 月 O_3 浓度日变化趋势

表 6.1 给出了观测期间 O_3 浓度的统计分析，针对全天、日间（11:00—17:00）和夜间（23:00—次日 05:00）三个不同的时间段进行比较。2009 年 8 月，武清站的全天平均 O_3 浓度、日间平均最大浓度和日间平均 O_3 浓度均高于气象塔站，而两站夜间 O_3 平均浓度差异不大。

表 6.1　2009 年 7—9 月天津气象塔站和武清站每天不同时间的 O_3 月平均浓度　ppbv

月份	站点	全天	白天（11:00—17:00）		夜间（23:00—次日 05:00）	
		均值	均值	最大值	均值	最大值
7 月	气象塔站	39.52	58.81	70.06	26.08	39.45
	武清站	48.86	81.19	96.17	26.33	46.03
8 月	气象塔站	29.56	49.45	59.62	16.91	26.52
	武清站	39.31	71.98	87.01	16.21	30.46
9 月	气象塔站	19.24	31.25	39.13	12.1	57.1
	武清站	23.41	44.57	17.84	11.71	20.41

图 6.5 显示了 NO、NO_2 和 NO_x 的日变化。在排放和边界层过程的影响下，NO_x 日循环呈现典型的双峰。NO、NO_2 和 NO_x 的日变化幅度在 9 月最大，7 月最小，由于 9 月气温较低，反

应速率较低，去除率较低，因此 NO_x 含量较高。2009 年 7—8 月，NO_x 的去除速度比 9 月快得多。在城市站点气象塔站，NO 日均浓度为 5.25 ppbv，范围为 1.03～19.12 ppbv，NO_x 日均值为 22.29 ppbv，范围为 9.49～43.11 ppbv。在武清站，NO 日均浓度为 3.67 ppbv，范围为 0.19～12.48 ppbv，低于气象塔站，NO_x 日均值为 23.52 ppbv，范围为 9.93～42.97 ppbv，高于气象塔站。气象塔站和武清站的 NO_2/NO_x 比值平均值分别为 0.81 和 0.90，表明武清站的 NO→NO_2 转化率高于气象塔站。早高峰时段(06:00—09:00)，气象塔站的平均 NO 浓度比武清站高，气象塔站和武清站的 NO 平均值分别为 10.97 ppbv 和 8.20 ppbv。而气象塔站的 NO_2 平均浓度低于武清站，分别为 16.74 ppbv 和 18.57 ppbv。

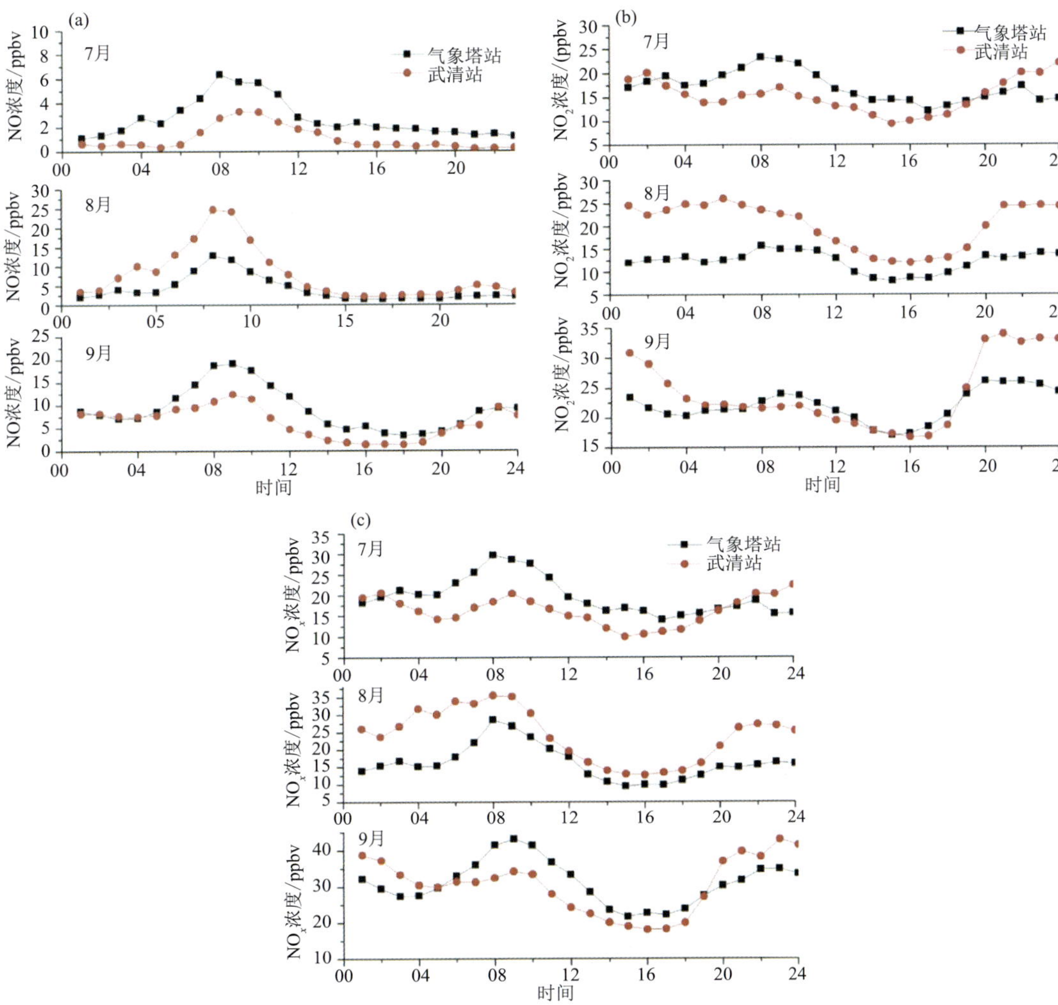

图 6.5　2009 年 7—9 月天津城市和乡村 NO(a)、NO_2(b)和 NO_x(c)浓度的日变化

CO 表现出与 NO_x 相似的时间变化规律。如图 6.6 所示，CO 的日变化也呈现出双峰，这是由排放日变化和边界层变化共同导致的。CO 和 NO_x 之间类似的日变化可能是由于它们同源，例如汽车尾气排放。虽然 CO 具有较长的生命周期，而且受其他地区输送影响，但明显的双峰表明机动车仍是天津市城区 CO 的主要来源。气象塔站的 CO 日均浓度为 2514 ppbv，范围为 2034 ～3529 ppbv，而武清站的日平均 CO 浓度为 1228 ppbv，范围为 884 ～1694 ppbv。

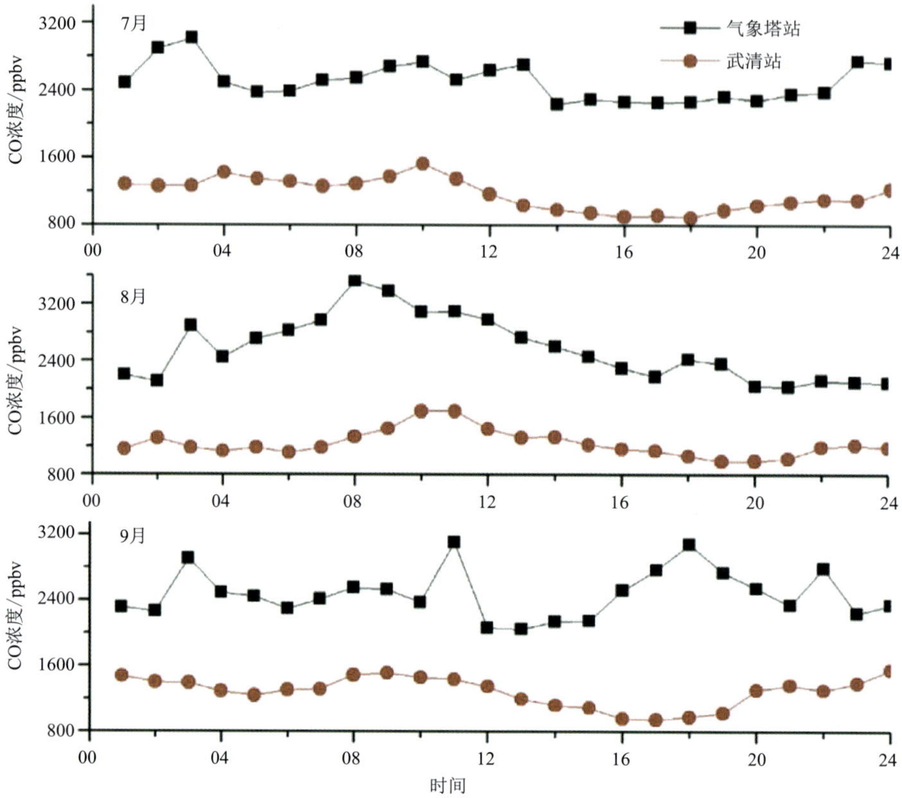

图 6.6　2009 年 7—9 月天津城市和乡村 CO 浓度的日变化

将观测时段分为工作日和周末两部分，工作日和非工作日 O_3、NO、NO_2、NO_x 和 CO 的日变化如图 6.7 所示。由于交通密集，工作日 NO 浓度高于周末，气象塔站和武清站 NO 的最大差异分别为 5.32 ppbv 和 2.75 ppbv。气象塔站和武清站 NO_x 的最大差值分别为 9.61 ppbv 和 10.05 ppbv，CO 浓度在工作日和周末之间的差异很小，两站点周末 O_3 最大值均值比工作日小。

6.1.3　VOCs 城郊对比及对臭氧的贡献

气象塔站和武清站 VOCs 的浓度没有明显的日变化，气象塔站的总 VOCs 平均浓度为 87.91 ppbv，范围为 27.2～437.3 ppbv；武清站总 VOCs 平均浓度为 197.95 ppbv，范围为 63.48～473.97 ppbv。明晰 VOCs 的来源很重要，如前所述，气象塔站周围是住宅和商业建筑，繁忙的道路贯穿其中，VOCs 主要来自于多种人为源。武清站的土地利用总体上是农业用地，可能含有较高浓度的 BVOCs。将 VOCs 的类别分为烷烃类、烯烃类、芳香烃类、含氧类和卤烃类 5 种类型。图 6.8 为 2 个测点 5 个观测时次 VOCs 的平均组成。烷烃和含氧挥发性有机物的含量在气象塔站和武清站之间的差异较小，平均值分别为 25% 和 18%。气象塔站芳香烃和烯烃的平均值高于武清站，气象塔站和武清站的芳香烃分别占总量的 35% 和 20%，气象塔站和武清站的烯烃分别占 10% 和 5%。武清站 VOCs 以卤代烃为主，气象塔站和武清站的卤代烃分别占总量的 38% 和 12%。机动车尾气、汽油蒸发排放、工业排放、燃烧排放和生物源排放可能是 VOCs 的五种主要来源。

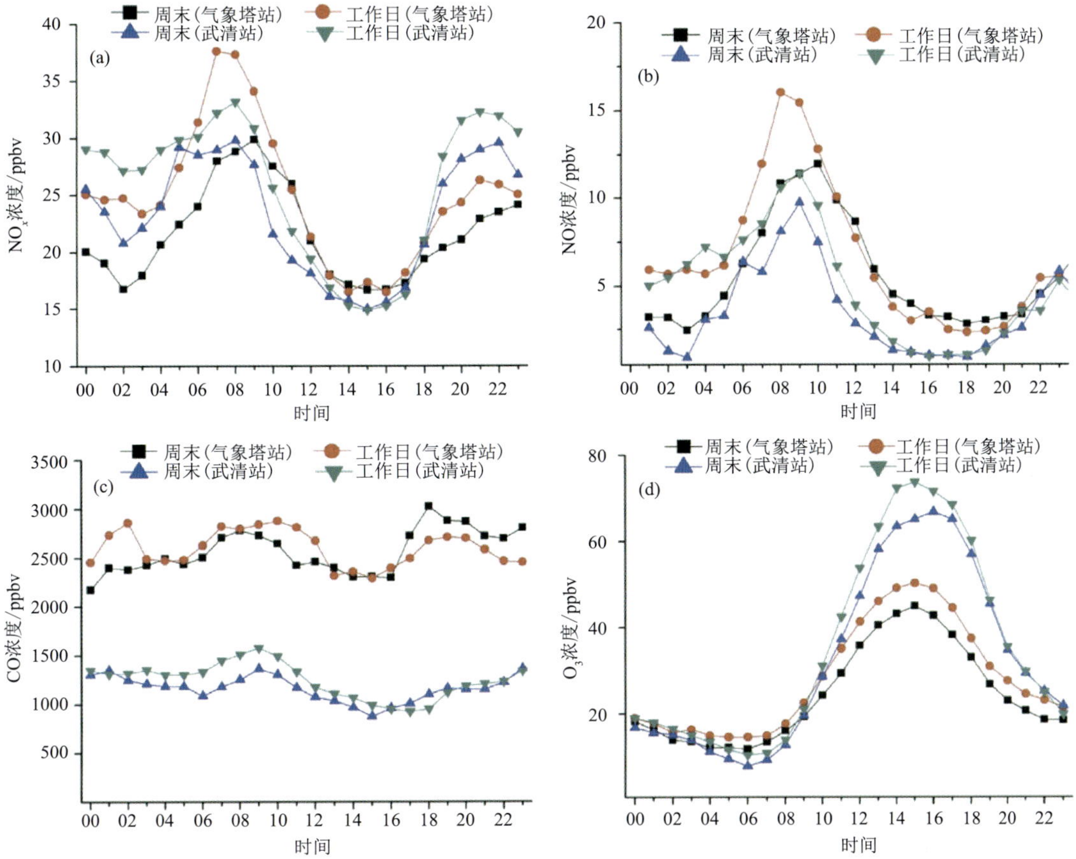

图 6.7　天津气象塔站和武清站 NO_x(a)、NO(b)、CO(c)、O_3(d)浓度在周末和工作日的日变化

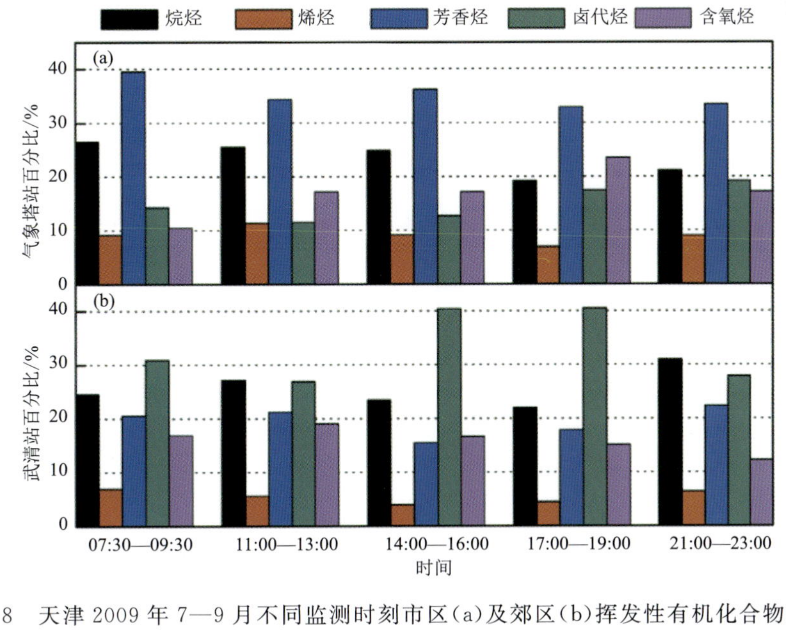

图 6.8　天津 2009 年 7—9 月不同监测时刻市区(a)及郊区(b)挥发性有机化合物的变化

O_3 与前体物之间的关系对于了解 O_3 局地生成至关重要。在制定有效的臭氧控制策略时，确定某一地区处于 NO_x 控制区还是 VOCs 控制区是很重要的研究手段。为了更好地了解不同 NO_x 和 VOCs 浓度水平对 O_3 形成的影响，基于气象塔站 O_3 前体物的外场观测，采用零维光化学箱模型 NCAR MM(National Center for Atmospheric Research Master Mechanism)开展 O_3 浓度对 NO_x 和 VOCs 的敏感性研究。图 6.9 显示了清晨和日均 VOCs/NO_x 比值的所有情况，处于 VOCs 控制区的 VOCs/NO_x 比值均小于 8。但在 21:00—23:00 时段，大部分 VOCs/NO_x 比值超过 8，处于 NO_x 控制区。在 11:00—13:00，14:00—16:00 和 17:00—19:00 期间，超过一半的 VOCs/NO_x 比值处于 VOCs 控制区。

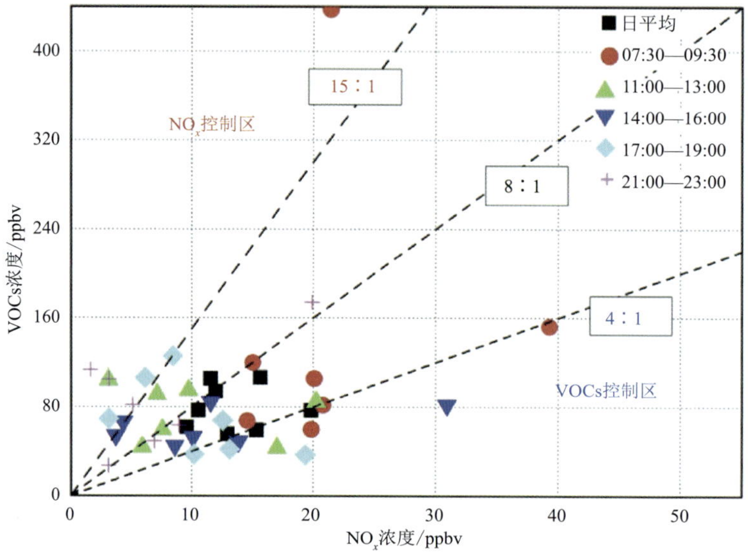

图 6.9　天津气象塔站 VOCs/NO_x 比值

通过模型模拟研究了不同 VOCs 对 O_3 形成的贡献(图 6.10)。烯烃对 O_3 生成的贡献最大，占 53.3%。其次是芳香烃，占 35.1%，烷烃占 9.2%，卤代烃和含氧烃占 2.4%。烯烃的浓度较其他 VOCs 组分低，但反应活性很强，在 O_3 的光化学反应中起着重要作用。芳香烃也对

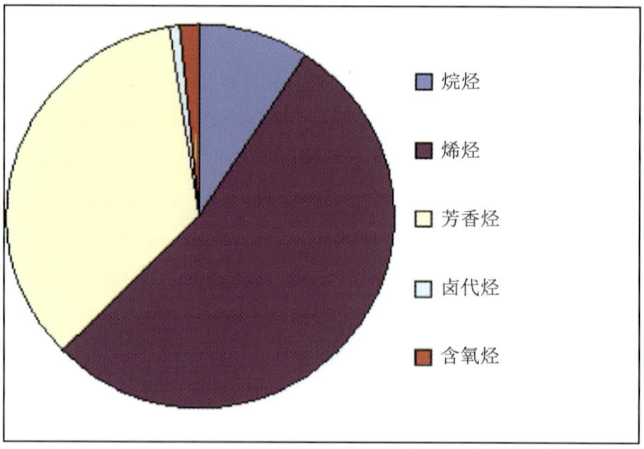

图 6.10　不同 VOCs 物种对 O_3 形成的影响

O_3 的形成有明显的贡献。二次光化学反应活性和较高的浓度使得烷烃有助于 O_3 的形成。含氧烃和卤代烃由于反应活性弱、浓度低，对 O_3 浓度的贡献很小。

6.2　夏季前体物对臭氧生成的影响

O_3 浓度与 NO_x 和 VOCs 排放的响应关系具有高度的非线性，根据 O_3 产生对 NO_x 和 VOCs 的敏感性不同，可将 O_3 生成分为 NO_x 控制区、VOCs 控制区和过渡区。为了确定影响天津城区 O_3 生成的关键化学因子，以期为制定削减和控制 O_3 的措施提供参考，2009 年 8 月 6—13 日对天津市 O_3、NO_x 及非甲烷总烃（NMHC）进行系统观测，利用零维光化学箱模型 NCAR MM 模式对天津城区 O_3 的影响因子进行敏感性分析，计算不同 NMHC 组分对 O_3 体积分数的贡献率。

6.2.1　观测基本信息

观测地点为天津市气象塔站（39°04′N，117°12′E，海拔高度为 3.3 m），该点位及其观测设备详细信息见本书第 2 章。VOCs 观测时间为 2009 年 8 月 6—13 日，采样时间为每日 07：30—09：30、11：00—13：00、14：00—16：00、17：00—19：00 和 21：00—23：00。采样和成分分析参考 USEPA-TO14 和 USEPA-TO15 方法。采用抽真空硅烷化不锈钢罐采集大气样品，采样时长为 2 h，采样量为 3.2 L，采样后使用 Entech7100（USA Entech 公司）三步冷阱浓缩系统浓缩进样，采用 Angilent 公司的 GC/MSD 气相色谱仪进行分析检测。

图 6.11 为 2009 年 8 月 6—13 日天津大气 O_3、NO_x 及 NMHC 组分体积分数随时间的变化，由图可知，φ_{O_3} 有明显的日变化特征，午后最高，夜晚最低，且 φ_{O_3} 处于高值时 φ_{NO_x} 较低。φ_{O_3} 与 φ_{NO_x} 的相关系数为 −0.46（通过 0.01 水平的显著性检验），说明 φ_{O_3} 的变化受 NO_x 影响较大，且与 φ_{NO_x} 呈明显的反相关关系。观测期间天津大气 NMHC 平均体积分数为 89.3×

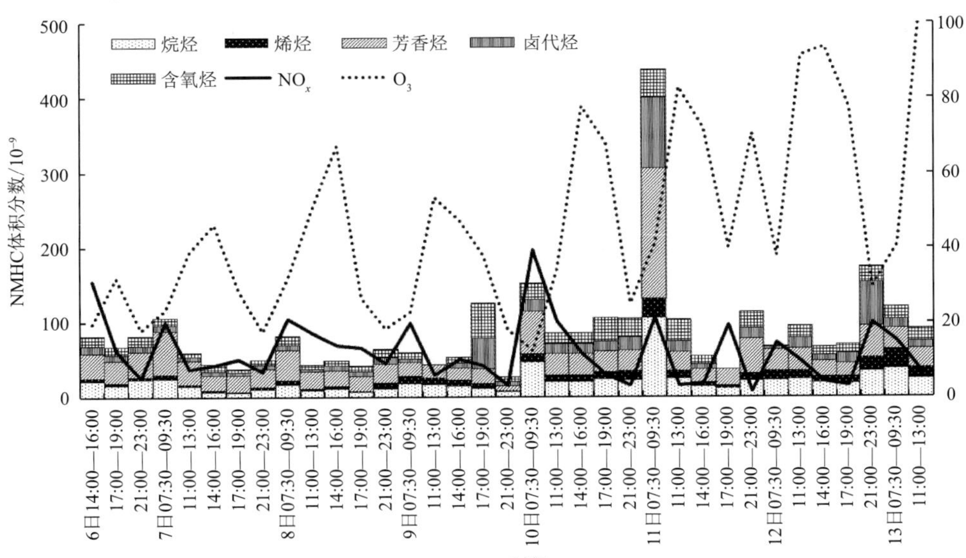

图 6.11　2009 年 8 月 6—13 日天津城区 NMHC 不同组分及 O_3、NO_x 体积分数变化

10^{-9}，最高体积分数为 437.3×10^{-9}。NMHC 各组分中芳香烃体积分数最高，平均为 32.0×10^{-9}，其次为卤代烃，烯烃的体积分数最低，仅为 8.9×10^{-9}。φ_{O_3} 与实时观测的 φ_{NMHC} 相关系数较小，无明显相关。φ_{O_3} 与当日 3 h 前烷烃、烯烃体积分数均呈正相关（相关系数均通过 0.05 水平的显著性检验），其中与 3 h 前烯烃体积分数的相关系数最高，为 0.67，可能是由于烯烃的反应活性高，经过一定的反应时间后，较高体积分数的反应活性气体使 O_3 体积分数升高。

6.2.2 臭氧浓度对前体物敏感性分析

利用 NCAR MM 模式对天津城区 O_3 的影响因子进行敏感性分析，NCAR MM 模式是可以计算复杂气相化学反应的箱式模型。模型需要输入反应物的体积分数、大气温度、辐射和边界层高度等参数。NCAR MM 模式的气相化学机理包含 5000 多个化学反应，适于进行单个观测点的敏感性试验。该模式可以模拟没有水平输送的空气团内化学成分随时间的演化，用户可根据实验需要，自行定义初始气体组分及其体积分数、源排放、稀释强度和边界层高度等输入参数。模式中光化学反应需要的光解系数通过内嵌的辐射传输（Tropospheric Ultraviolet and Visible Radiation，TUV）模式计算得到，模拟地点的经纬度、模拟时间、云和气溶胶的光学厚度及气溶胶的光学参数等参量可自行设置。

本研究中 NCAR MM 模式考虑了 N_2、O_2、NO_x 及 29 种 NMHC 组分（分别为 9 种烷烃、4 种烯烃、3 种芳香烃、9 种卤代烃和 4 种含氧烃），运行模式时各组分的体积分数均为观测值。气溶胶光学厚度资料来自气象塔站当日太阳光度计日平均观测结果，由于云的不确定性较大，本研究未考虑云的光学厚度。根据天津市气象局 WRF 数值模式的预报结果，设置边界层高度每日随时间在 0.5～1.5 km 变化，夜晚和早晨高度最低，午后高度最高。由于 NMHC 排放源资料缺乏，仅设置了异戊二烯的排放源，数据来自 INTEX-B（Intercontinental Chemical Transport Experiment-Phase B）的 VOCs 排放源清单，经计算，异戊二烯在天津地区的排放强度为 8.81×10^{-18} mol/($cm^2\cdot s$)。

观测期间 O_3 模拟值与观测值对比见图 6.12，NCAR MM 模式模拟结果基本可以再现 O_3 变化的趋势，二者线性相关系数为 0.82，通过 $\alpha=0.0001$ 水平的显著性检验。对 2.0×10^{-8}～9.0×10^{-8} 范围内的 φ_{O_3} 模拟效果较好，对 14:00—16:00 O_3 高值时段的模拟结果偏高，而对夜晚 O_3 低值时段的模拟结果偏低。这是由于 NCAR MM 模式为箱式模型，未考虑水平和垂直扩散及气象因素对污染气体的影响等因素，也未考虑云量和云高等对太阳辐射的影响，使在 14:00—16:00 太阳活动较强烈的时段未实时计算云的影响，造成该时段的模拟结果偏高。而夜晚时，由于模式设置夜晚无太阳辐射时 O_3 无法生成，因此模拟的 φ_{O_3} 接近 0；而实际大气中，虽然夜晚 NO_2 光解生成 O_3 的反应停止，但消耗 O_3 的反应也随 NO 浓度的降低而趋缓，各种前体物之间复杂的化学反应使夜间 O_3 维持在一定的水平；所以即使在没有太阳光的夜晚 O_3 体积分数也不会为 0，模式未考虑此种情况，使模拟结果与观测结果有一定偏差。

为了了解各种 O_3 前体物对 φ_{O_3} 的影响，对 2009 年夏季（8 月 6—13 日）天津市区观测的 O_3 前体物进行敏感性试验。将观测期间得到的 CO、NO_x 及 NMHC 不同组分的平均体积分数（29 种 NMHC 组分平均体积分数为 89.3×10^{-9}）输入模式，得到的 φ_{O_3} 作为控制试验结果（CTRL）。再将 O_3 前体物 NO_x 和 NMHC 观测的体积分数分别乘以 0.2，0.3，…，1.4，1.5 共 14 个控制系数，分别作为模式的输入场，运行模式后得到 φ_{O_3} 敏感性试验结果。敏感性试验和控制试验 φ_{O_3} 的差值即为该控制组分对 O_3 体积分数产生的影响。为了分析非甲烷烃及烷烃、

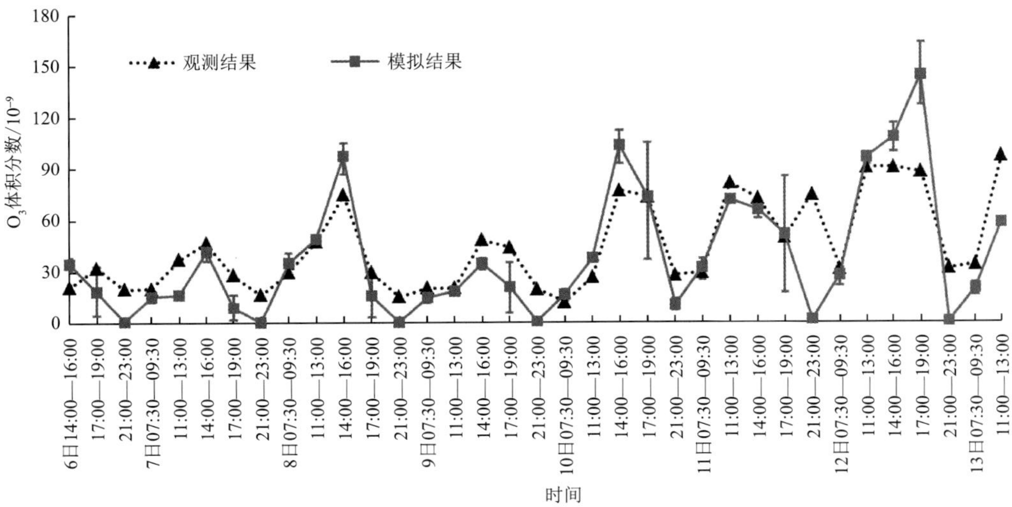

图 6.12　2009 年 8 月 6—13 日天津城区 O_3 模式模拟值与观测值对比
（正负误差线分别为模拟结果的最高值和最低值）

烯烃、芳香烃、卤代烃、含氧烃等不同 NMHC 组分对 O_3 体积分数日变化的影响，分别设置模式输入文件中的非甲烷烃及烷烃、烯烃等不同 NMHC 组分初始体积分数为 0，运行模式得到的结果分别为无烷烃及无烯烃等时的 O_3 体积分数。

为了分析 NO_x 和 NMHC 体积分数变化对 O_3 日最大体积分数的影响，分别将 NCAR MM 模式输入文件中的 NO_x 和 NMHC 观测体积分数乘以系数 0.2，0.3，0.4，…，1.4，1.5，作为 NCAR MM 模式的输入场，运行模式得到 O_3 日最大体积分数。由图 6.13 可知，在其他条件不变的情况下，2009 年 8 月 6—13 日天津城区 φ_{O_3} 随 φ_{NO_x} 的增加先增加，后减少；φ_{O_3} 随 φ_{NMHC} 逐渐增加而增加。Case1 试验中，保持 NMHC 体积分数（89.3×10^{-9}）不变，当 φ_{NO_x} 为观测值（18.6×10^{-9}）的 20％时，O_3 日最大体积分数为 125.3×10^{-9}，为 φ_{O_3} 控制试验结果的 86％；当 φ_{NO_x} 为观测值的 60％时，O_3 日最大体积分数达到极大值，为 158.8×10^{-9}，为控制试验结果的 110％；当 φ_{NO_x} 为观测值的 80％和 120％时，O_3 日最大体积分数分别为 156.4×10^{-9} 和 134.2×10^{-9}，分别为控制试验结果的 108％和 92％；说明如果控制 NO_x 的含量并减少 20％，O_3 日最大体积分数将升高 8％；如 NO_x 排放比观测值增多 20％，O_3 日最大体积分数将下降 8％。在 Case2 试验中，保持 φ_{NO_x} 不变，当 φ_{NMHC} 为观测值（89.3×10^{-9}）的 20％时，O_3 日最大体积分数为 103.9×10^{-9}，仅为控制试验结果的 72％；当 φ_{NMHC} 为观测值的 80％和 120％时，O_3 日最大体积分数分别为 134.2×10^{-9} 和 153.6×10^{-9}，分别为控制试验结果的 92％和 106％；说明如果控制 NMHC 的含量并减少 20％，O_3 日最大体积分数将降低 8％，如 NMHC 排放比观测值增多 20％，O_3 日最大体积分数将升高 6％。以上分析说明 2009 年夏季（8 月 6—13 日）天津城区 O_3 体积分数对 NMHC 更敏感，削减 NMHC 将有效控制 O_3 的体积分数。由于在污染严重的城市地区，NO_x 体积分数较高，NMHC/NO_x 的典型值通常小于 8，此时，大量新鲜排放的 NO 会消耗生成的 O_3，NO_2 也通过生成较稳定的汇而不断消耗 OH 自由基，使启动 O_3 光化学过程的 OH 自由基数量减少，O_3 产生受到抑制，OH 自由基的减少也使 O_3 加速光解生成 OH 自由基的进程。NMHC 控制区的典型特征是 O_3 的产生受到 NO_x 的抑制，并与 NMHC 的排放存在正反馈关系。因此，在 NMHC 控制区减少 NMHC 的排放对治理 O_3 污染最有效，而控制 NO_x 排放会导致 O_3 污染加剧。通过以上试验结果可见，天津城区夏季与上海(Geng et al.，2011)和深圳(罗蕊 等，2006)类似，处于明显的 NMHC 控制区。

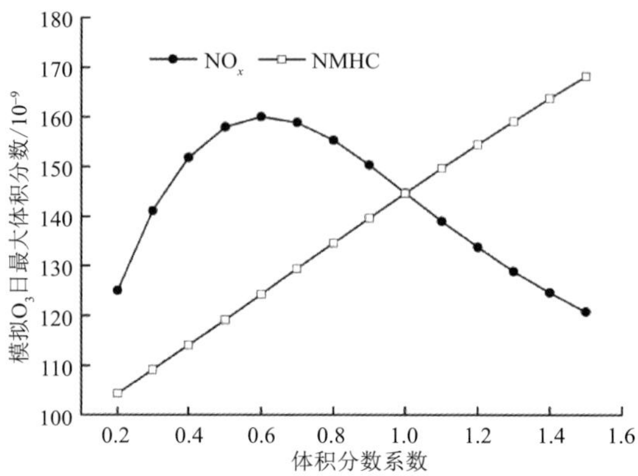

图 6.13　2009 年 8 月 6—13 日天津城区 NCAR MM 敏感性试验模拟的 O_3 日最大体积分数
(NO_x 观测体积分数为 18.6×10^{-9}，NMHC 观测体积分数为 89.3×10^{-9}；纵坐标为在当前的 NO_x 和 NMHC 体积分数下，模拟得到的 O_3 日最大体积分数)

利用 NCAR MM 模型对 2009 年夏季(8 月 6—13 日)天津城区 O_3 体积分数进行一系列模拟。标准场景来自 2009 年 8 月 6—13 日清晨的 NO_x、CO 和 NMHC 组分观测资料及当地的气象资料。随后，保持 φ_{NMHC} 不变，调节 φ_{NO_x} 为标准场景的 0.1～3.0 倍，每 0.1 倍为一次模拟场景，固定 NO_x 时亦然，共进行了 30×30＝900 次模拟。选取每次模拟结果 O_3 体积分数的日最大值，与相应的 NO_x 和 NMHC 体积分数对应后得到天津城区大气 O_3 日最大体积分数曲线。图 6.14 的模拟结果显示，不同的 NO_x 和 NMHC 体积分数搭配产生的 O_3 体积分数差别较大，即不同区域内 O_3 对前体物的敏感性差异较大。代表实际情形的标准场景(黑色正方

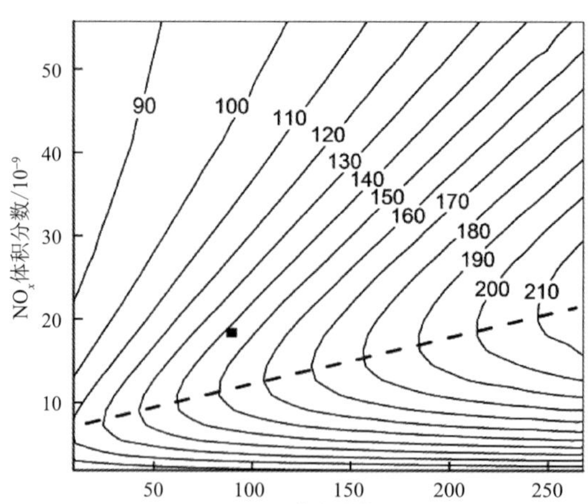

图 6.14　2009 年 8 月 6—13 日天津城区大气 O_3 日最大体积分数曲线(实线上数值为 O_3 日最大体积分数值，虚线为 O_3 日最大体积分数脊线；黑色正方形为控制试验标准场景位置(即观测期间天津城区 NO_x 体积分数为 18.6×10^{-9}，NMHC 体积分数为 89.3×10^{-9}，此时 O_3 日最大体积分数为 142.4×10^{-9}))

形)所在区域内,O_3 体积分数随初始 φ_{NO_x} 的增加而减少,随初始 φ_{NMHC} 的增加而增加,为典型的 NMHC 控制区特征,确定天津城区 O_3 光化学产生对 NMHC 敏感。

6.2.3　非甲烷总烃组分对臭氧生成的贡献

由于 NMHC 对 O_3 生成起重要作用,为了分析哪种 NMHC 组分在 O_3 生成反应中起主要作用,本节对不同 NMHC 组分分别进行敏感性试验,即分别设置模式输入文件中的烷烃、烯烃、芳香烃、卤代烃和含氧烃初始体积分数为 0,运行模式,即得到无烷烃、无烯烃、无芳香烃、无卤代烃和无含氧烃的 φ_{O_3} 日变化曲线,并与控制试验进行对比。图 6.15 中黑色实线为控制试验的 O_3 体积分数日变化曲线,当无烷烃时,φ_{O_3} 日变化曲线均比控制试验有小幅降低,且在 11—18 时日照较强和 O_3 光化学反应较强烈的时段表现最明显,在 15 时比控制试验的 φ_{O_3} 下降了 5×10^{-9};当无烯烃时,φ_{O_3} 降低最明显,在 15 时受影响最大,降低了 28×10^{-9};当无芳香烃时,φ_{O_3} 降低也较明显,φ_{O_3} 在 15 时下降了 17×10^{-9};当无卤代烃或含氧烃时,φ_{O_3} 变化不明显。说明 NMHC 各组分对 O_3 体积分数的贡献差异较大:NMHC 各组分中,烯烃对 O_3 生成贡献最大,其次为芳香烃,再次为烷烃,卤代烃和含氧烃对 O_3 体积分数影响较小,贡献最小。烯烃虽然在大气中含量较低,但其反应活性较大,因此对 O_3 的贡献最大;芳香烃由于反应活性较高,大气中的含量也较高,使其对 O_3 的贡献也占较大比例;烷烃反应活性小,但在 NMHC 中比重最高,所以对 O_3 的贡献也占一定比例;卤代烃和含氧烃由于反应活性较小,几乎不参与 O_3 生成的各种化学反应,因此对 O_3 贡献最小。

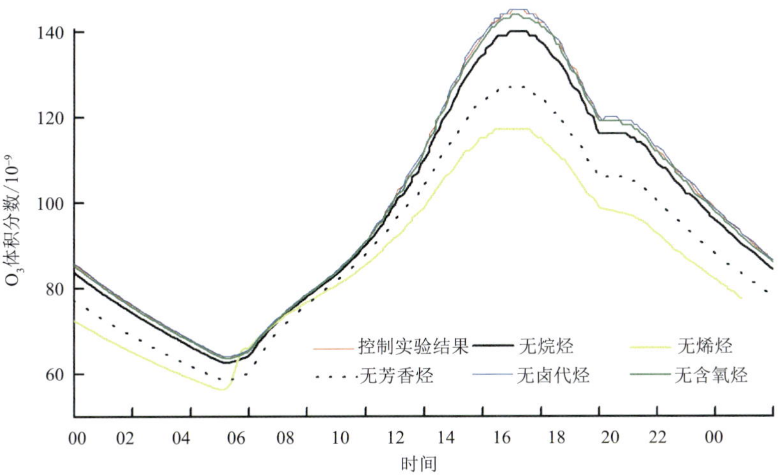

图 6.15　NCAR MM 模式敏感性试验中不同 NMHC 组分对 O_3 体积分数的影响

利用 NCAR MM 模式分析 O_3 前体物敏感性试验的结果,分析烷烃、烯烃、芳香烃、卤代烃和含氧烃对 O_3 生成的贡献。由图 6.16 可知,天津城区 NMHC 组分中烯烃对 O_3 生成贡献最大,占 53.3%,其次为芳香烃,占 35.1%,再次为烷烃,占 9.2%,三者对 O_3 体积分数总贡献达 97.6%;卤代烃和含氧烃对 O_3 贡献仅为 2.4%。烯烃中 2-丁烯和丙烯对 O_3 贡献最大,异戊二烯和 1-丁烯次之。这是由于烯烃反应活性强,虽然在 NMHC 组分中所占比例较小,但在生成 O_3 的化学反应中活性较其他组分更强,因此对 O_3 体积分数贡献最大。这也解释了观测 O_3 体积分数与烯烃体积分数呈明显正相关的现象。芳香烃由于其反应活性也较强,在

NMHC 组分中所占比例也较高，其对 O_3 体积分数贡献也较大。烷烃光化学反应活性较低，介于芳香烃和含氧烃之间，且烷烃在大气中也有一定含量，使烷烃对 O_3 体积分数贡献占一定比例。含氧烃和卤代烃由于其反应活性小，在大气中的含量较低而对 O_3 体积分数贡献较小。

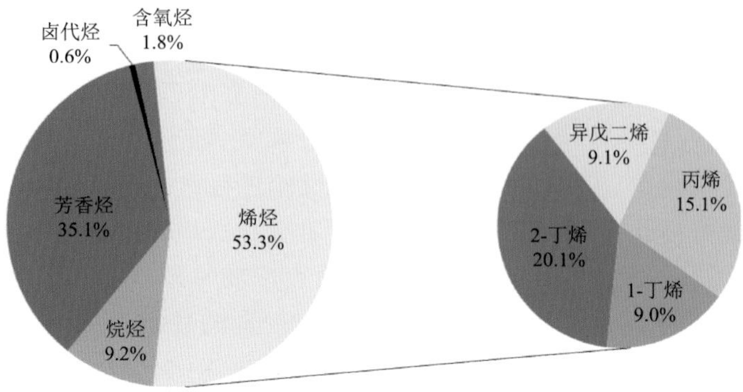

图 6.16　NCAR MM 模式模拟的 NMHC 各组分对 O_3 体积分数的贡献

6.3　夜间边界层对近地层臭氧的影响

大气边界层结构变化直接影响大气污染物时空分布，边界层结构存在明显的日变化特征，相比于日间边界层，夜间边界层难以测量，特别是其长期趋势。通常夜间边界层的形成将大气污染物累积在近地面，但对 O_3 而言，一方面，NO 对 O_3 的滴定作用导致地面 O_3 浓度在夜间大幅下降，另一方面，夜间边界层的形成限制 NO_x 的垂直交换，从而对近地层 O_3 垂直分布产生影响。本节利用 2006 年天津市气象塔温度梯度观测资料详细分析夜间边界层对 O_3 和 NO_x 的垂直分布的影响。

6.3.1　观测基本信息

夜间边界层可以由垂直温度剖面确定，也可以由大气污染物的垂直分布结构(如激光雷达测量气溶胶垂直分布)确定。垂直温度分布可以用气球探测或气象塔来测量。基于详细的垂直温度剖面，垂直梯度计算为

$$\frac{\Delta T}{\Delta Z}=\frac{T(z+1)-T(z)}{Z(z+1)-Z(z)} \tag{6.2}$$

式中，$T(z+1)$和 $T(z)$分别代表 $z+1$ 和 z 层的实测温度，$Z(z+1)$和 $Z(z)$分别代表 $z+1$ 和 z 层的海拔高度。将逆温层底高度定义为夜间混合层高度(NPBL)。

基于天津气象塔测量 O_3 和 NO_x 的垂直分布，时间分辨率为 1 h，测量高度为近地面 2 m，以及塔层的 40 m、120 m 和 220 m。

6.3.2　夜间边界层特征

利用 2006 年天津市气象塔温度梯度观测资料分析夜间混合层高度对 O_3 和 NO_x 的垂直分布的影响。以 9—11 月代表秋季，12 月、1—2 月代表冬季，3—5 月代表春季，6—8 月代表夏季，分别统计各季的 NPBL 高度变化。图 6.17 分别为秋季、冬季、春季、夏季 NPBL 高度逐时

变化曲线，图 6.18 为不同季节 NPBL 平均高度，NPBL 平均高度的季节变化很小，数值基本在 114 m 和 142 m 之间。且早晨时段(01:00—07:00)的 NPBL 高度高于夜间(19:00—24:00)，早晨时段的 NPBL 在夏季较高、冬季较低，而夜间的 NPBL 并不存在类似的季节变化。

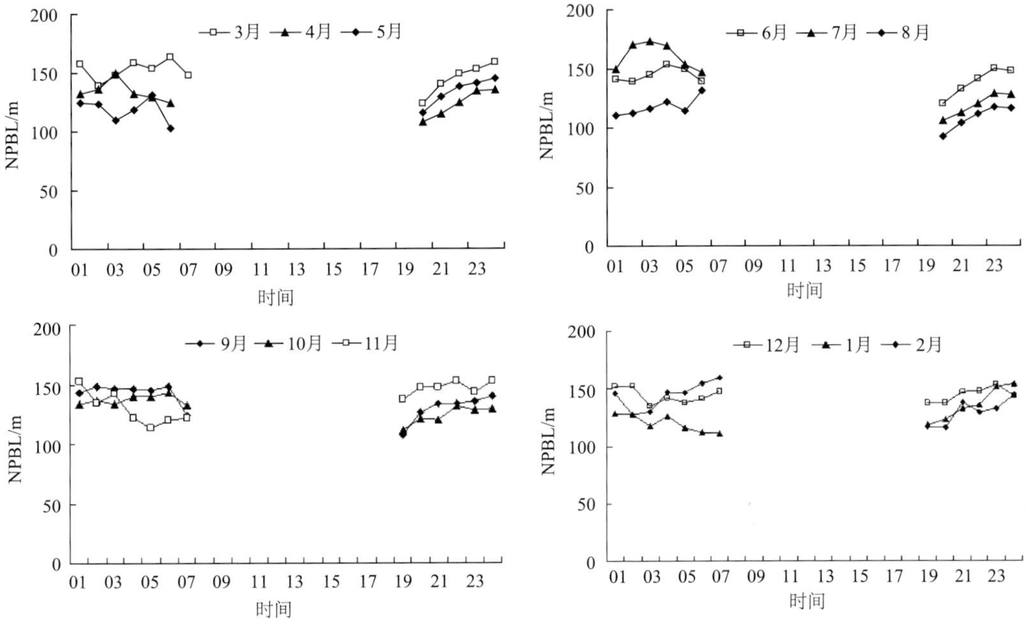

图 6.17　天津 2006 年不同月份夜间边界层(NPBL)高度的日变化

由于观测资料显示 NPBL 高度季节变化较小，只分析秋季 NPBL 特征及其对 O_3 和 NO_x 浓度的影响。秋季 NPBL 高度日变化幅度很小，基本在 100～150 m 范围内变化。夜间边界层一般在 19:00 开始形成，至次日 07:30 结束，平均持续时间大约 12.5 h。

气象塔观测平台的第一层(地面 2 m)和第二层(40 m)观测点在 NPBL 之下，第四层(220 m)位于 NPBL 之上，第三层(120 m)在位于 NPBL 顶部，该层的污染物在逆温层底高度附近扩散。由于 NPBL 为动态稳定层结，污染物在 NPBL 内外边界扩散的能力比较弱，地面排放的污染物一般只在 NPBL 内扩散混合，很难与 NPBL 外的污染物发生混合，因此 NPBL 内外的污染物呈现不同的分布特征。

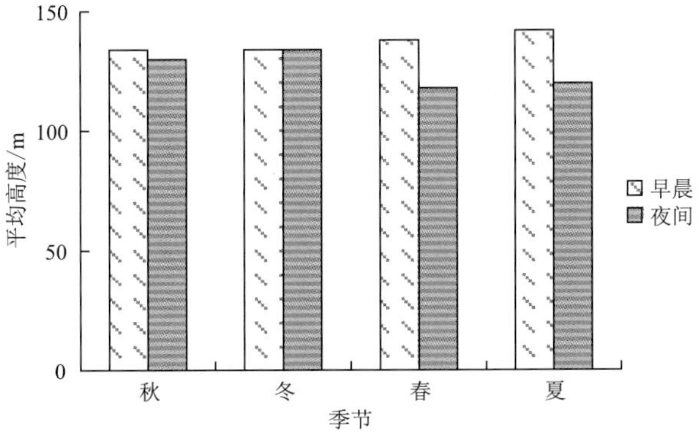

图 6.18　天津 2006 年四季分时段 NPBL 平均高度(早晨:01:00—07:00;夜间:19:00—24:00)

6.3.3 夜间边界层对近地层臭氧垂直分布的影响

2006 年 9 月 O_3 和 NO_x 浓度的垂直变化特征如图 6.19 所示，夜间地面 NO_x 浓度最高为 30 ppbv，在早晨逆温层消失前达到最大浓度 60 ppbv，而此时 NPBL 并没有变化，因此 NO_x 浓度的增加主要是由于交通污染源排放增加所致。根据 Perez 等(2006)的研究，白天混合层高度可以从 120 m 快速发展到 1000～3000 m。因此，白天随混合层高度的抬升使得 NO_x 可以迅速向高层扩散，同时地面浓度降低，下午随混合层高度的降低，地面 NO_x 的浓度从中午的 20 ppbv 升高到 17:00 时的 40 ppbv。

夜间近地层 NO_x 浓度垂直梯度较大，与地面 NO_x 浓度相比，40 m 处 NO_x 浓度以 0.3～0.5 ppbv/m 的速率递减；而高层 NO_x 浓度垂直梯度则很小，40～220 m 间 NO_x 浓度变化很小，递减速率为 0.05～0.1 ppbv/m，说明夜间地面排放 NO_x 的垂直扩散主要被限制在 NPBL 以下 0～40 m 的范围内。在 NPBL 以上 220 m 处 NO_x 浓度只有 5～10 ppbv，而地面 NO_x 浓度则为 30 ppbv。NO_x 浓度梯度的变化说明 NPBL 内外的污染物浓度分布特征明显不同。

混合层高度存在显著的日变化，同一高度的污染物有时位于混合层高度内，有时又位于混合层高度之上。例如 220 m 高度 NO_x 在夜间可以认为在混合层高度之上，但是白天混合层向上发展后，220 m 将位于混合层内，随着地面的 NO_x 垂直扩散，220 m 高度的 NO_x 浓度达到 25 ppbv。地面 NO_x 浓度最大值时间出现在 07:00 左右，而 220 m 高度 NO_x 最大值则出现在 09:00，滞后于地面最大值时间 2 h，根据这个滞后时间可以认为早晨 NO_x 从地面垂直扩散到 220 m 大约需要 2 h。

O_3 浓度同样也受到 NPBL 的影响，夜间和早晨地面 O_3 浓度只有 10 ppbv，该变化规律与 Tie 等(2007)在墨西哥城的观测结果一致。不同高度监测结果表明 O_3 浓度随高度增加，在 220 m 高度处达到最大为 50～70 ppbv，而 NO_x 浓度在地面最高，220 m 最低，NO_x 和 O_3 浓度的梯度变化存在显著的反相关关系，地面高 NO_x 浓度使 O_3 浓度降低。

为解释不同高度 O_3 浓度变化的差异，基于式(6.1)进一步分析各层 O_3 浓度随时间变化趋势。图 6.19c 为 9 月 O_3 浓度时间变化趋势。分析表明：夜间不存在光化学反应，O_3 的光化学反应生成量几乎为零，夜间 O_3 浓度变化趋势为负值，说明光解反应是影响夜间 O_3 浓度的关键因素。而白天光化学反应生成 O_3，其浓度变化趋势转为正值，说明 O_3 光生成过程是影响白天 O_3 浓度的关键因素。

根据 O_3 浓度变化趋势曲线可以得到如下结论：①夜间 O_3 浓度时间变化趋势值小于白天；②不同高度处 O_3 浓度趋势值从负值转为正值的时间并不相同，例如：0～40 m、120 m、220 m 高度 O_3 浓度趋势值从负值转为正值的时刻分别为 06:00、07:00 和 08:00，时间随高度滞后说明夜间 NPBL 内 O_3 的光解反应从地面开始；③早晨 O_3 浓度时间变化趋势值明显增加，并达到最大值 10～15 ppbv/h；④13:00 左右 O_3 浓度趋势值开始转为负值，说明此时 O_3 光生成开始弱于 O_3 光解反应。

此外，各层高度 O_3 浓度最大日较差($\Delta O_3 = O_3(max) - O_3(min)$)的计算结果表明：220 m 高度 ΔO_3 约 35 ppbv，而地面 ΔO_3 约为 65 ppbv。地面 ΔO_3 最大是由于中午地面和 220 m 处 O_3 浓度最大值接近，而早晨地面 O_3 浓度要比 220 m 低 30 ppbv 左右。该结果表明夜间边界层高度内由于 NO_x 的存在使地面 O_3 浓度降低 30～40 ppbv。图 6.20 和图 6.21 分别为 10 月、11 月 NO_x 和 O_3 浓度的垂直分布(11 月只有两个高度的观测资料)，可以看出：10 月、11 月

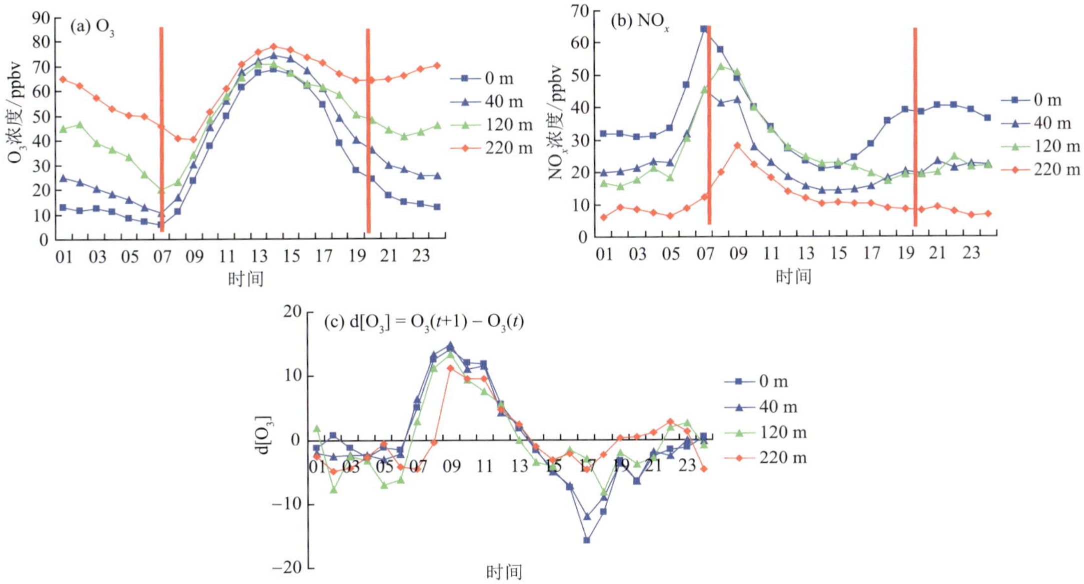

图 6.19　天津 2006 年 9 月 O_3(a) 、NO_x(b)浓度和 $d[O_3]$(c)平均日变化特征

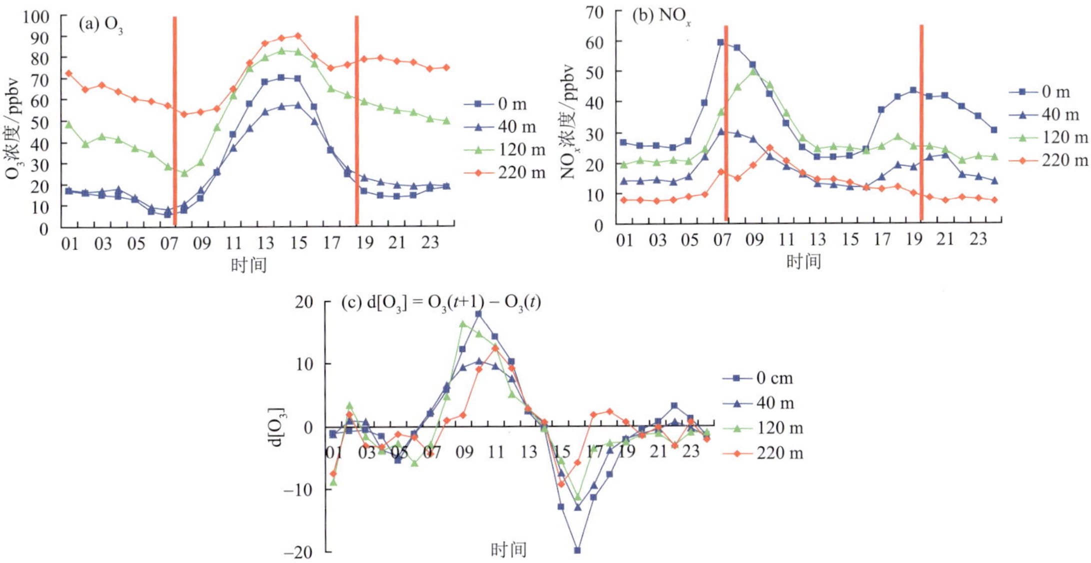

图 6.20　天津 2006 年 10 月 O_3(a)、NO_x(b)浓度和 $d[O_3]$(c)平均日变化特征

NO_x 和 O_3 浓度垂直变化特征与 9 月基本一致。

图 6.22 是秋季不同时刻 NO_x 和 O_3 浓度的平均梯度变化。从图中可以看到，夜间(01：00—03：00 和 22：00—00：00)NO_x 和 O_3 呈明显反相关关系，NO_x 浓度随高度递减，O_3 浓度随高度递增，尽管夜间混合层高度在 100～150 m 范围内变化，但 NO_x 在 0～40 m 间有一个很明显的梯度变化，说明 40 m 以上 NPBL 的垂直交换很弱。白天的情况与晚上明显不同，白天由于湍流交换比较强，NO_x 和 O_3 浓度在各层变化不大，在 0～40 m 间都表现为随高度升高浓度下降，40～120 m 间都表现为随高度升高浓度升高，120～220 m 间，NO_x 浓度随高度略有下

降，O_3 浓度随高度变化不大。

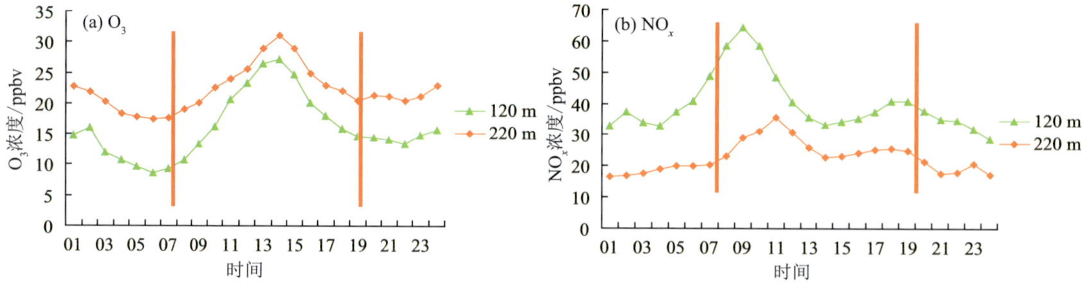

图 6.21　天津 2006 年 11 月 O_3(a)和 NO_x(b)浓度平均日变化特征

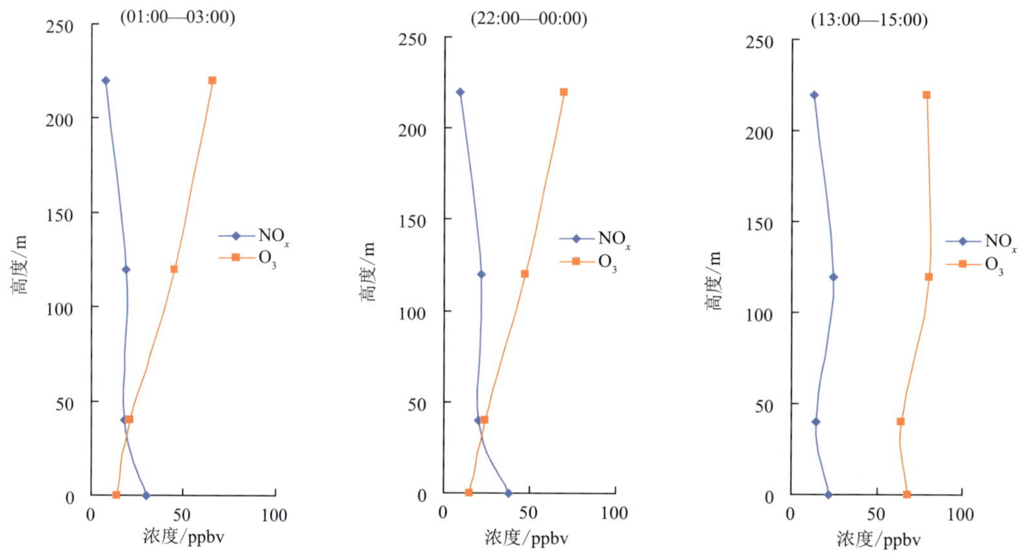

图 6.22　天津 2006 年秋季不同时刻 NO_x 和 O_3 浓度平均梯度变化

6.4　边界层内臭氧垂直分布特征及成因

光化学反应是对流层 O_3 的主要来源，前体物 NO_x 和 VOCs 以及气象条件在边界层内的分布直接影响着 O_3 的垂直分布。O_3 污染发生时，边界层内前体物浓度和气象因素的改变可能导致 O_3 的垂直分布特征与平时相比存在明显差异。2018 年 8 月 8—13 日华北地区发生一次典型的 O_3 污染事件，本节围绕该事件分别探讨 O_3 前体物对 O_3 形成的影响，并基于臭氧激光雷达和气象塔观测资料详细分析污染过程期间 O_3 的垂直分布特征及成因。

6.4.1　观测基本信息

在南开大学大气环境综合观测站(38°59′N，117°20′E)观测 O_3 及其前体物。在距离观测站约 1.5 km 的津南气象局同步观测气象要素。250 m 以下大气污染物和气象因素基于天津市气象塔(39°04′N，117°12′E)观测，观测位置详见第 2 章的 2.2 节。2018 年 8 月 8—13 日的

地面 O_3、NO-NO_2、VOCs 逐小时浓度数据来自南开大学观测站，VOCs 浓度由气相色谱仪(SYNSPEC，GC955)观测，共 54 种有机物，包括 27 种烷烃、10 种烯烃、16 种芳香烃、1 种炔烃。利用臭氧激光雷达(WUXI CAS Photonics Co.，Ltd.，China)观测 O_3 的垂直廓线，探测高度为 8 km，垂直分辨率为 7.5 m，时间分辨率为 12 min，由于雷达的监测盲区为 200 m，因此采用臭氧雷达和气象塔结合的方式获取 O_3 完整的垂直廓线，220 m 以下的 O_3 采用气象塔观测结果，220 m 以上采用臭氧雷达观测的结果。逐小时边界层高度采用云高仪(CL31，Vaisala，Oyj，Finland)观测。气象塔 5、10、20、30、40、60、80、100、120、140、160、180、200、220 和 250 m 的气象参数(包括风、温度和湿度)每 10 s 测量一次。在地表(距地面 2 m)以及 120 m 和 220 m 处测量 O_3 和 NO_x。

6.4.2　NO_x 和 VOCs 对地面臭氧生成的影响

在该污染过程期间，华北地区受弱高压系统和弱风场控制。2018 年 8 月 8 日 06:00—13:00 有降水，总降水量 63 mm，最大降水强度为 20 mm/h。8 月 11 日和 13 日夜间出现短时降水。降水持续时间为 2～3 h，最大降水强度为 23 mm/h(图 6.23)。较低的辐射和光化学活性导致低 O_3 浓度。8 月 8 日 12 时 O_3 浓度最高，为 109 $\mu g/m^3$，最高气温和紫外线辐射强度为 28.6 ℃和 33 W/m^2。在随后的几天(8 月 9—13 日)，气温和紫外线辐射增加，最高气温为 33.3、34.1、33.9、33.0 和 34.9 ℃，最高辐射值为 45、38、34、42 和 43 W/m^2，小时 O_3 浓度最大值(14:00—15:00)分别为 221、346、229、234 和 257 $\mu g/m^3$。高浓度的 O_3 不仅与高强度的辐射和温度有关，还与其他重要影响因素有关，如 O_3 前体物(VOCs 和 NO_x)。

地面 O_3 浓度具有较强的日变化特征(图 6.24)，15:00 O_3 浓度最高，凌晨(04:00—06:00) O_3 浓度最低。凌晨地面 O_3 浓度有明显的下降，O_3 浓度迅速降低到约 10 $\mu g/m^3$，NO 增加对 O_3 的滴定作用导致 O_3 下降。这种强烈的日变化表明，高 O_3 污染的形成主要来源于局部光化学反应。值得注意的是，该地区的 NO_x 浓度非常高，尤其是在清晨，8 月 9—11 日，NO_x 的最高浓度分别为 111 $\mu g/m^3$、156 $\mu g/m^3$ 和 170 $\mu g/m^3$，8 月 12—13 日分别降至 82 $\mu g/m^3$ 和 71 $\mu g/m^3$。过高的 NO_x 浓度导致 O_3 和 O_x(O_x＝O_3＋NO_2)浓度差异大。例如，8 月 9— 11 日清晨，O_3 浓度分别比 O_x 浓度低 80 $\mu g/m^3$、133 $\mu g/m^3$ 和 154 $\mu g/m^3$，8 月 12 —13 日比 O_x 浓度低 70 $\mu g/m^3$ 和 64 $\mu g/m^3$。

O_3 与 NO_x 呈显著的负相关关系，尤其是在上午(图 6.25)。在 8 月 9—13 日期间，O_3 小时浓度达到最高值 221 $\mu g/m^3$、346 $\mu g/m^3$、223 $\mu g/m^3$、215 $\mu g/m^3$ 和 266 $\mu g/m^3$ 时，NO_x 最低浓度分别为 25 $\mu g/m^3$、33 $\mu g/m^3$、38 $\mu g/m^3$、27 $\mu g/m^3$ 和 22 $\mu g/m^3$；8 月 9—11 日上午 04:00—07:00 NO_x 最高浓度为 170 $\mu g/m^3$ 时，O_3 最低浓度为 2 $\mu g/m^3$，高浓度的 NO 会抑制 O_3，导致夜间地面 O_3 浓度较低。O_3 小时浓度在日出时开始增加，并在下午达到峰值，这是地面 O_3 典型的日变化曲线。

污染过程期间地面 VOCs 的实测浓度如图 6.26 所示。8 月 8—13 日地面 VOCs 的平均浓度显示，烷烃浓度最高，其次是烯烃和芳香烃。日平均 VOCs 浓度分别为 15.5、14.8、17.3、21.2、10.3 和 10.0 ppbv。烷烃日平均浓度分别为 5.0、3.8、10.5、11.3、4.6 和 5.8 ppbv。炔烃和芳香烃日均浓度分别为 9.2、9.7、4.0、7.0、4.4 和 2.8 ppbv 及 1.3、1.3、2.8、2.9、1.3 和 1.3 ppbv。

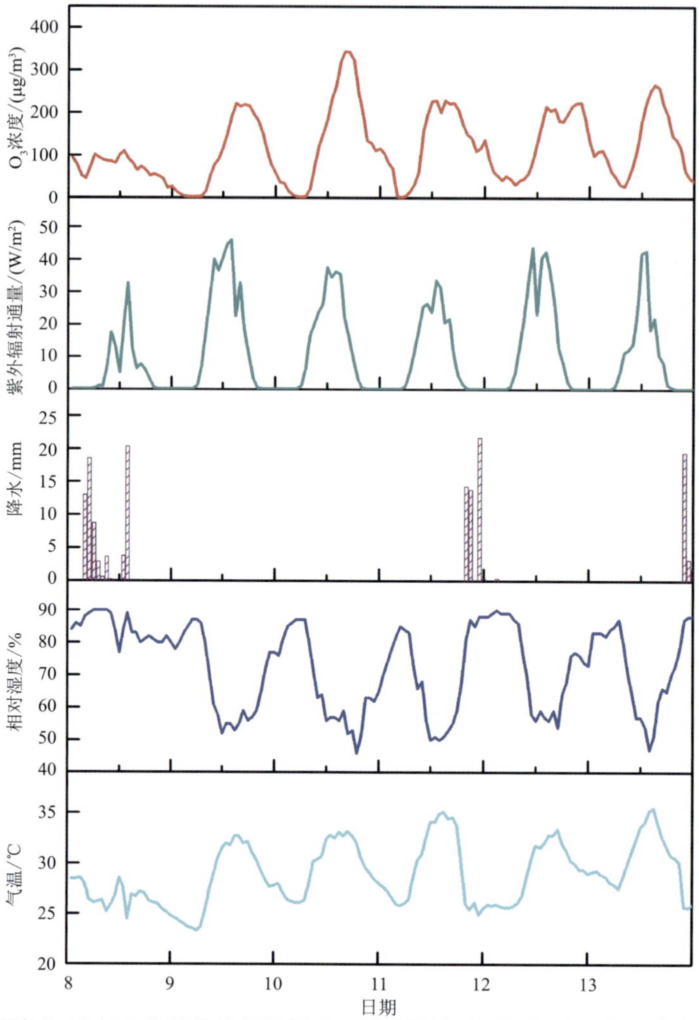

图 6.23　天津 2018 年 8 月污染过程期间 O_3、紫外辐射、气温、相对湿度和降水的时间序列

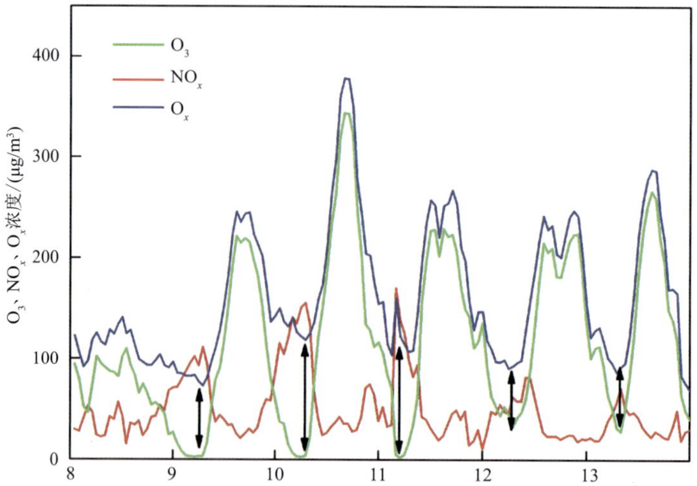

图 6.24　天津 2018 年 8 月污染过程期间 O_3、NO_x 和 O_x 的时间序列

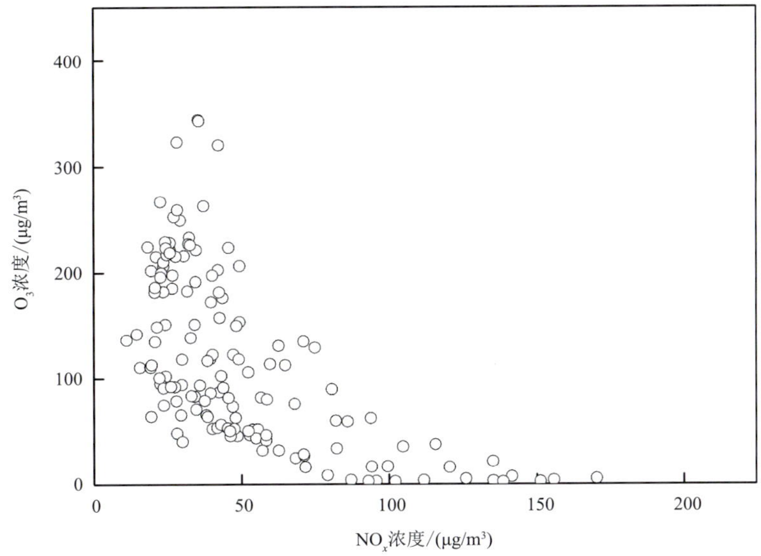

图 6.25　天津 2018 年 8 月 9—13 日污染过程期间 O_3 和 NO_x 浓度的关系

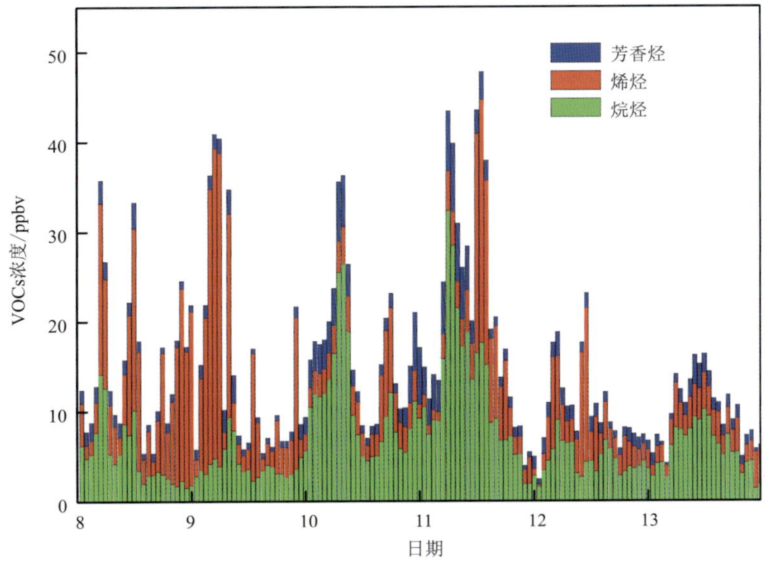

图 6.26　天津 2018 年 8 月 9—13 日污染过程期间的 VOCs 的时间序列

由于 VOCs 与 OH 的反应是测定 O_3 光化学产率的重要因素，因此计算了最大增量反应活性(MIR)，以估计臭氧污染过程中不同 VOCs 物种的臭氧生成潜势(OFP)，具体计算方法见 5.1 节。VOCs 物种的单位浓度为 $\mu g/m^3$，MIR 是无量纲，各物种 OFP 的单位为 $\mu g/m^3$。表 6.2 列出了贡献率较高的前 10 种 VOCs 的质量浓度、MIR、OFP。VOCs 的总浓度为 33.5 $\mu g/m^3$，前 10 位 VOCs 的浓度为 26.7 $\mu g/m^3$。总 OFP 为 118.7 $\mu g/m^3$，前 10 位 OFP 为 94.6 $\mu g/m^3$。贡献较高的前 10 位 VOCs 的平均浓度 2.67 $\mu g/m^3$，略接近乙苯浓度(3.04 $\mu g/m^3$)，表明挥发性有机化合物在该污染过程中具有较强的化学反应性。OFP 的大量积累(118.7 $\mu g/m^3$)是污染期间 O_3 保持持续高浓度的重要原因。

表 6.2 前 10 位 VOCs 物种日均浓度及对应的 MIR 和 OFP 值

VOCs 物种	浓度/(μg/m³)	MIR	OFP/(μg/m³)	OFP 贡献率/%
乙烯	3.93	9	35.4	29.82
异戊二烯	1.22	10.61	12.99	10.94
甲苯	3.08	4	12.33	10.39
对二甲苯	1.05	7.8	8.21	6.92
丙烯	0.52	11.66	6.11	5.15
邻二甲苯	0.71	7.64	5.43	4.57
反-2-丁烯	0.3	15.16	4.55	3.83
甲基戊烷	2.67	1.5	4	3.37
异戊烷	2.31	1.45	3.35	2.82
乙苯	0.74	3.04	2.26	1.90
前 10 位	16.53	7.18	94.63	79.71
总 VOCs	35.44	3.35	118.72	100

图 6.27 为该 O_3 污染过程期间浓度排名前 10 位的 VOCs。这些 VOCs 占总 VOCs 质量浓度的 46.64%，占其 OFP 的 79.71%，表明大部分 OFP 主要由这些化学活性较高的 VOCs 贡献。在这些活性较高的 VOCs 中，有 4 种烯烃、4 种芳香烃和 2 种烷烃，其中乙烯、异戊二烯和甲苯是 OFP 的三大贡献者。乙烯的 OFP 最高，贡献率约为 30%，这可能与乙烯较高的质量浓度(3.35 μg/m³)和较高的 MIR(9.0)有关。乙烯质量浓度占总 VOC 的 11.1%，其 MIR 值(9.0)远高于前 10 位 MIR 的平均值(7.2)。根据 NO_x 和 VOCs 测量结果，计算出的 VOCs/NO_x 比值在 4∶1～4∶3 之间(如图 6.28 所示)，表明 O_3 的光化学生成处于 VOCs 控制区。因此，在该污染过程中，地面 NO_x 的增加导致地面 O_3 浓度的降低。

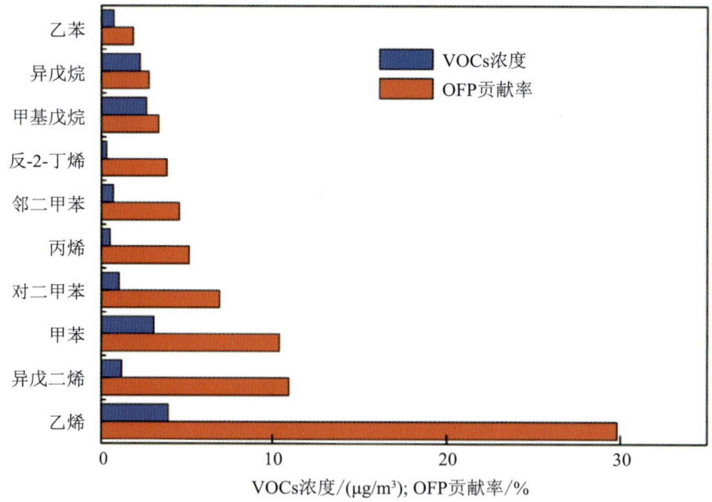

图 6.27 天津 2018 年 8 月 9—13 日污染过程期间浓度排名前 10 位 VOCs 的日均浓度和氧化生成潜势

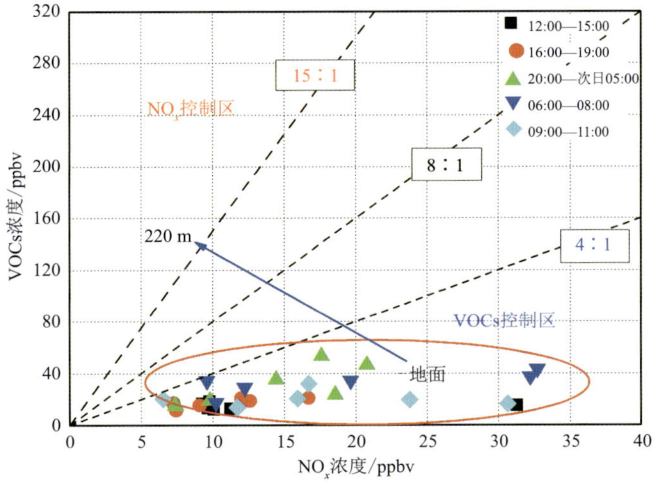

图 6.28　天津 2018 年 8 月 9—13 日臭氧污染过程发生期间 VOCs 和 NO_x 的比值

6.4.3　臭氧光化学生成的垂直分布特征及影响因素

图 6.29 展示了污染期间臭氧激光雷达观测的 O_3 垂直分布，雨天及有云覆盖的情况下，O_3 的浓度较低，下午 O_3 主要富集在边界层 500 m 以下。晴天，O_3 的日变化较为明显，O_3 的高峰出现在 12：00—18：00，O_3 垂直分布最高达 1000～1700 m。O_3 及其前体物的垂直分布受边界层高度的显著影响。图 6.30 显示了污染期间边界层的变化，其中 2018 年 8 月 8 日的最大边界层高度较低（约 500 m），而 8 月 9—13 日期间的最大边界层高度较高（1100～1600 m）。白天边界层高度（400～900 m）显著高于夜间边界层高度（100～500 m）。白天 O_3 在边界层内混合较好，在边界层之上迅速下降，O_3 浓度在 00：00—06：00 较低。值得注意的是，在边界层上层和残留层内也观察到 O_3 的存在，8 月 12 日中午，O_3 分布的最大高度达到 1200 m，而晚上 1700 m 仍保持高值，导致在 1200 m 和 1700 m 观察到两个峰值。

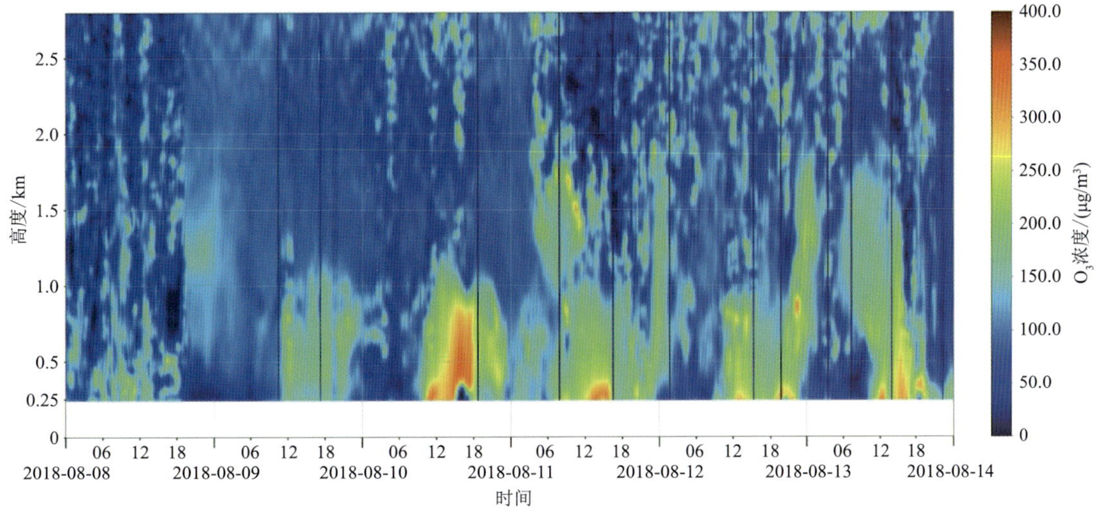

图 6.29　臭氧激光雷达观测得到的 O_3 浓度垂直廓线

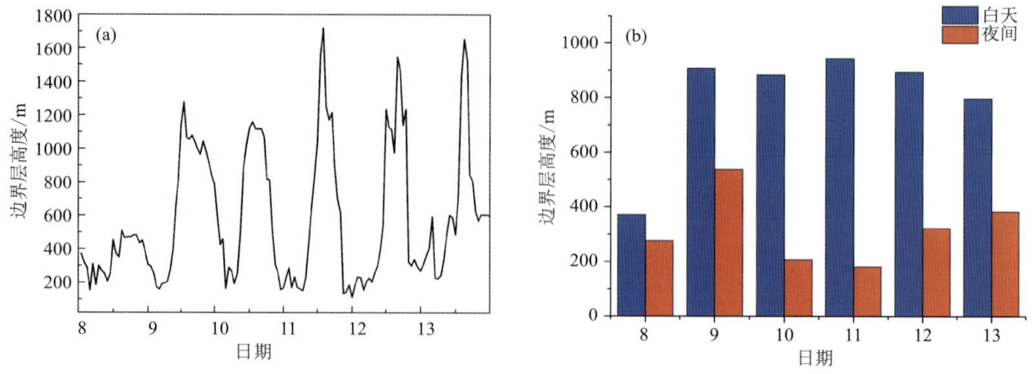

图 6.30 (a)污染过程期间的边界层高度时间序列;(b)白天(蓝色条)和夜间(红色条)平均边界层高度

220 m 以下 O_3 和 NO_2 的垂直分布如图 6.31 所示,地面和 220 m O_3 的日变化基本相似,呈夜间低中午高的趋势,白天 O_3 峰值出现的时刻同步。白天地面和 220 m O_3 浓度几乎没有

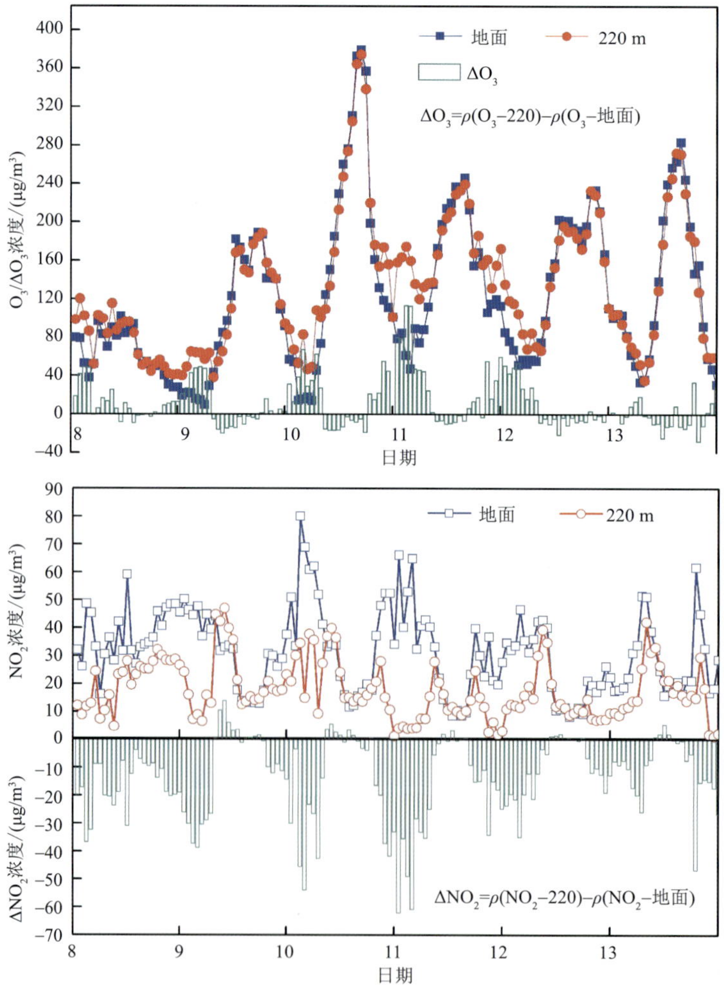

图 6.31 天津 2018 年 8 月 8—13 日气象塔 220 m 以下 NO_2 和 O_3 的垂直分布

差异，夜间及凌晨，地面 O_3 浓度明显低于 220 m，浓度差异最大的时刻为凌晨。在该污染过程中，8 月 9 日、10 日、11 日和 12 日 O_3 浓度值较高，而 8 月 8 日和 13 日浓度值较低，这种差异可能是由于夜间边界层高度以及 O_3 和 NO 之间的化学机制造成的。NO_2 的日变化与 O_3 日变化呈显著负相关。NO_2 浓度最高出现在清晨，地面与 220 m 之间 NO_2 的浓度差异约为 40 μg/m³，这种垂直差异在 8 月 9 日、10 日、11 日和 12 日较大，在 8 月 8 日和 13 日较小。NO 对 O_3 的滴定反应导致夜间 O_3 浓度降低，220 m 处的 O_3 浓度高于地面，这是由于夜间边界层的影响，地面排放的 NO 很难扩散到那么高。

对 8 月 8—12 日期间 08:00、12:00、16:00 和 20:00 的 O_3 的垂直分布分析发现（如图 6.32 所示），O_3 的垂直剖面有时具有显著差异。8 月 8 日，08:00 和 12:00 的 O_3 在边界层内（高度约 400 m）的垂直分布大致均匀，表明由于降水和较弱的紫外线辐射，O_3经光化学反应的生成量较少。8 月 9 日，由于紫外线辐射和 O_3 光化学效率增加，12:00 边界层内部的 O_3 浓度迅速升高，比 08:00 边界层中上部的 O_3 浓度约高 100 μg/m³，表明 O_3 光化学生产率约为 25 μg/(m³ · h)。8 月 10 日和 8 月 12 日，紫外线辐射持续偏高，12:00 的 O_3 浓度仍高于 08:00 边界层中上部的 O_3 浓度值。8 月 8—13 日日间和夜间 O_3 垂直平均廓线所示，1 km 以上白天和夜间 O_3 浓度无显著差异，300 m 高度 O_3 浓度差异最大。

2018 年 6—8 月在 255 m 气象塔现场测量的平均 NO 垂直剖面（图 6.33）表明，NO 浓度在白天显著高于夜间，从地面到 220 m 左右，NO 浓度迅速下降，白天和夜间平均下降幅度分别为 31%和 36%。由于 NO 是近地面排放 NO_x中最丰富的，所以 NO 在近地面的浓度最大。由于 NO 的化学生命周期较短，边界层内随着高度的增加，NO 浓度迅速下降。因此，O_3 浓度在地面达到较低值，在 220 m 以上逐渐升高到较高值。

图 6.34 为污染过程期间从地表到 1.1 km 的 O_3 平均产率。O_3 产率根据 12:00 和 08:00 O_3 剖面的差异来计算。结果表明，从地表到 1.1 km，O_3 光化学生成主要存在于 3 个不同的高度。第一层从地面到 200 m，该层内 NO 浓度较高，导致 O_3 与 NO_2 转化强烈，因此，O_3 浓度处于最小值。从实测的 NO_x 和 VOCs 浓度来看，该层 O_3 生成处于 VOCs 限制生成区，即 NO_x的减少会导致 O_3 的增加。如图 6.33 所示，NO 浓度从地表到 200 m 迅速下降，因此，在 200 m 以上 O_3 浓度增加。中午 O_3 在第二层（200～1000 m）强烈生成，中午时 O_3 的这种强烈增强表明 NO_x/VOCs 的比例与地面相比是不同的，地面附近 VOCs/NO_x的比例在 4 : 1～4 : 3 的范围内，表明 O_3 的生成处于 VOCs 限制范围内。如图 6.33 所示，NO_x浓度在地面达到峰值并随高度升高而迅速下降，从夜间到清晨下降率最大为 93%，23:00—次日 05:00 平均下降率为 74%。VOCs 的垂直分布复杂，受逆温层影响，VOCs 先随高度增加，然后随高度减小，在 300 m 处观察到最大值（Vo et al.，2018）。华北石家庄地区 VOCs 从地表到 400 m 快速下降，烷烃、烯烃和芳香烃浓度分别下降 48.0%、53.3%和 43.3%，在高度为 500～1000 m 范围内，烷烃浓度仅下降 24.8%，芳香烃浓度略有增加 5.5%（Sun et al.，2017）。基于 325 m 气象塔测量北京秋季 VOCs 垂直廓线，结果表明不同 VOCs 化合物的垂直分布相似，雾霾天从 8～140 m 呈下降趋势，然后在 280 m 处增加。晴天时，大部分廓线剖面随高度增加呈下降趋势，VOCs 浓度从地表到 280 m 下降 35.0%，烷烃、烯烃和芳香烃浓度分别下降 40.4%、50.6%和 28.3%。根据 VOCs 和 NO_2 递减率，VOCs/NO_x 比例随高度变化，O_3 生成从 VOCs 限制区变为 NO_x限制区，说明不同高度的 O_3 化学生成机制不同，较高浓度的 VOCs 和较低的 NO_x浓度可能会导致 200 m 以上的 O_3 光化学生成增加。

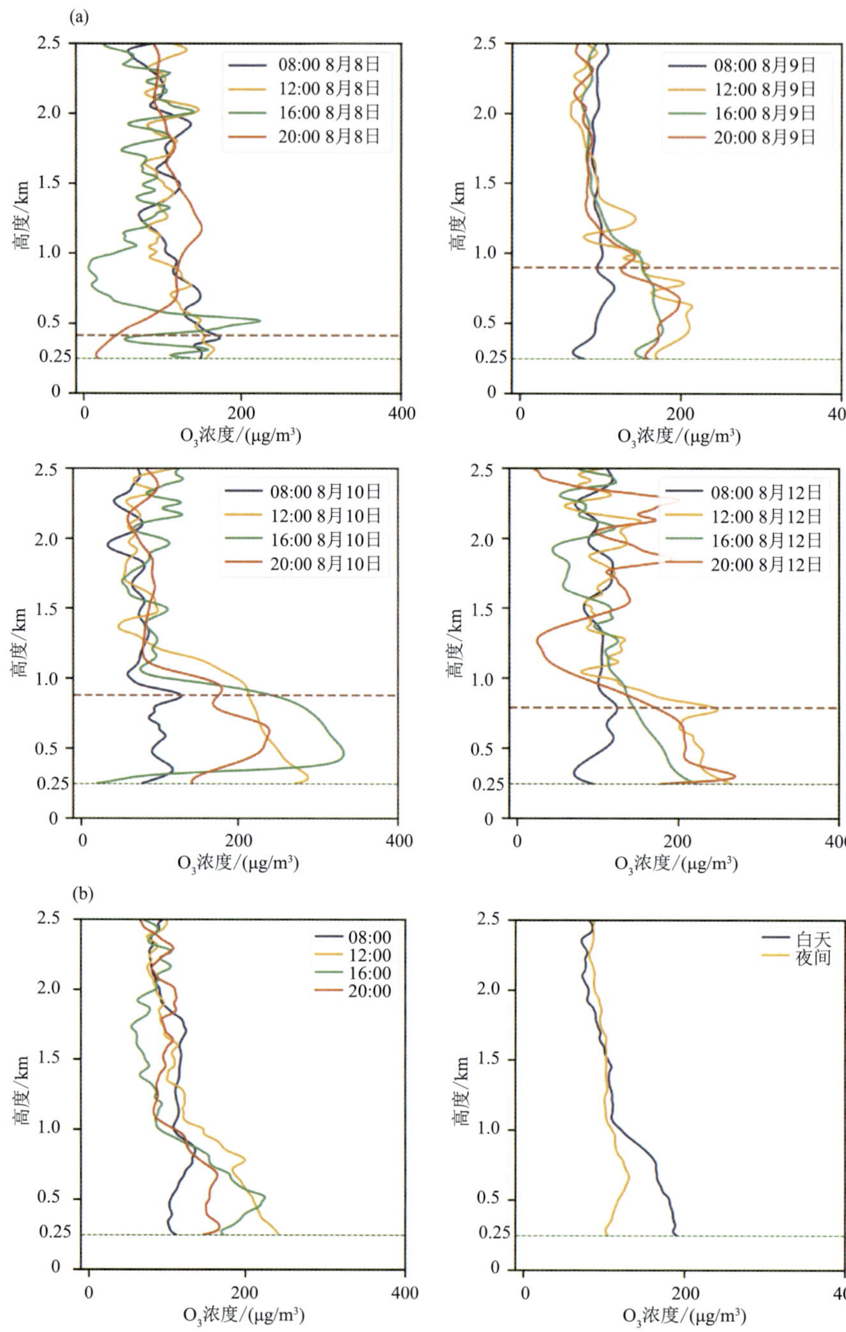

图 6.32 (a)天津 2018 年 8 月 8—12 日臭氧激光雷达测量的详细 O_3 垂直剖面图；(b)08:00、12:00、16:00 和 20:00 的平均 O_3 垂直剖面(左图)，以及平均白天和夜间的 O_3 垂直剖面(右图)

第二个垂直层(200～1000 m)白天主要在边界层高度以下，白天的 O_3 化学生成速率($d[O_3]/dt$)处于最高值。例如，O_3 的最大化学生成速率发生在 300 m 处，其值约为 40 μg/(m³・h)，在 200～1000 m 之间，$d[O_3]/dt$ 的值介于 10～40 μg/m³/h。该层中，VOCs /NO_x 的比例升高增加了白天 O_3 的化学生成。边界层内化学物质的垂直混合强烈依赖于其化学寿

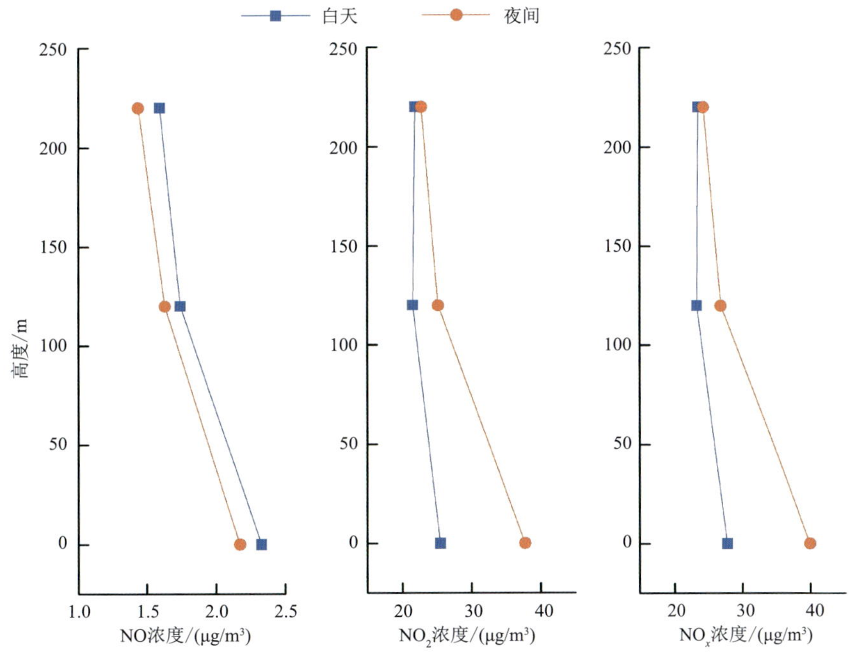

图 6.33　2018 年 6—8 月测量的平均白天和夜间 NO、NO_2 和 NO_x 垂直分布

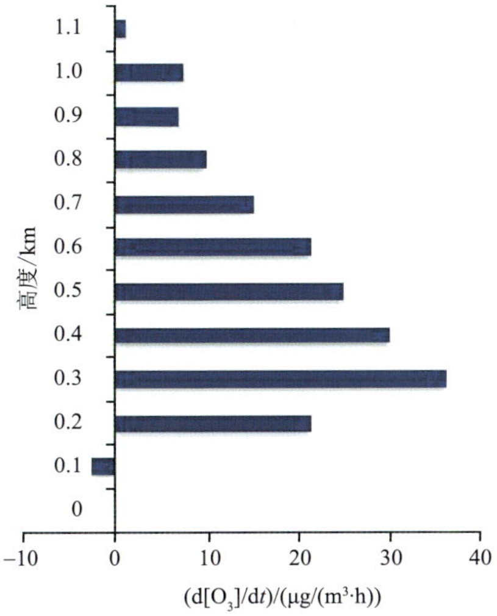

图 6.34　污染过程期间从地表到边界层 1.1 km 内 O_3 平均生成速率

命。例如，NO 的化学寿命非常短（<10 s），导致边界层内的 NO 浓度迅速下降。然而，VOCs 种类具有相对较长的化学寿命，乙烯、甲苯、二甲苯和丙烯在污染过程中对 O_3 化学形成做出了很大贡献，这些物种的相应化学寿命分别为 1.1 d、2.4 d、0.3 d 和 3.0 d，对臭氧生成潜势（OFP）分别贡献了 30%、10%、7% 和 5%（Seinfeld et al.，2016）。由于较长的化学寿命，这些 VOCs 物种可以传输到边界层的中上层，即 200～1000 m。因此，增加的 VOCs/NO_x 比例增强了该层中 O_3 的光化学形成。第三层位于 1000 m 以上，在边界层高度之上。边界层限制

了 O_3 前体物的向上传输，之前的研究表明，在边界层之上，VOCs 和 NO_x 迅速减少（Chen et al.，2013；Sun et al.，2017；Vo et al.，2018），导致 O_3 光化学生成较小。

6.5 本章小结

本章基于天津市 2006—2021 年 O_3 及其前体物的加强观测实验，探讨 O_3 污染过程发生时 O_3 及其前体物在近地面以及高空的垂直分布特征及其对 O_3 生成的影响；城区与郊区 O_3 及其前体物的差异及其对 O_3 生成产生的不同影响；O_3 对前体物的敏感性分析，主要结论如下：

（1）天津市夏季城区（气象塔站）和郊区（武清站）O_3 污染特征有明显差异。其中郊区 O_3 浓度高于城区，城区 NO_x 和 CO 浓度高于郊区，郊区的 TVOC 浓度高于城区。利用 NCAR MM 模型进行的敏感性研究显示，夏季城区 O_3 处于 NMHC 控制区，NMHC 各组分中，烯烃对 O_3 生成贡献最大，占总贡献的 53.3%，芳香烃和烷烃分别占总贡献的 35.1% 和 9.2%，卤代烃和含氧烃对 O_3 的贡献率仅为 2.0%，控制含丁烯和丙烯等烯烃的排放可有效控制城区夏季 O_3。

（2）随着城市经济的快速发展和城市的不断扩大，2000—2006 年，城市夜间边界层 NPBL 从 100 m 增加到 120 m，NPBL 变化对大气污染物有重要影响。夜间地面排放的 NO_x 主要限制在 40 m 以下，处于 NPBL 内部，夜间 NPBL 之上的 NO_x 浓度仅为 5～10 ppbv，而地面为 30 ppbv，NO_x 在 NPBL 内外出现断层。夜间和清晨，NPBL 内 O_3 浓度较低，地面最低为 10 ppbv，随高度升高而增加，在 220 m 高度达到 50 ～ 60 ppbv，夜间 O_3 与 NO 发生反应，导致夜间 NPBL 内 O_3 浓度较低。NO_x 和 O_3 垂直分布的反相关说明地面 O_3 日变化受 NPBL 的强烈调控。

（3）基于臭氧激光雷达和气象塔观测资料详细分析了 2018 年 8 月 8—13 日一次典型 O_3 污染事件期间 O_3 的垂直分布特征。在该污染过程中，地面 O_3 生成处于 VOCs 控制，VOCs 与 NO_x 的比值在 4∶1～4∶3 之间，乙烯、甲苯、二甲苯和丙烯对 O_3 化学生成有较大贡献。从地面到边界层 1.1 km 有三个不同的光化学 O_3 生成高度区间。第一层位于 200 m 以下，该层内有较高的 NO 浓度，导致 O_3 和 NO_2 之间发生强烈的转化，夜间和清晨地面 O_3 浓度显著低于 220 m，垂直梯度最大值出现在清晨。中午 O_3 在第二层（200～1000 m）强烈生成，该层白天 O_3 的化学产量（$d[O_3]/dt$）最高，随着 VOCs 和 NO_x 比值的增加，该层 O_3 的日间光化学生成逐渐增强。第三层 O_3 位于 PBL 之外，由于 PBL 对 O_3 前体物的限制作用，PBL 外的 VOCs 和 NO_x 迅速减少，因此光化学反应较弱。

第7章 臭氧污染预报评估技术及应用

O_3 是影响天津地区环境空气质量的主要污染物之一，其预报和评估工作是夏半年天津地区空气质量预报和大气污染防治的重要内容。本章围绕 O_3 污染预报和评估技术及应用，发展了 O_3 污染统计预报方法，介绍了以数值模拟技术为基础的 O_3 数值预报系统、关键技术和预报产品，梳理了 O_3 污染气象条件和长期趋势评估方法，探讨了区域输送对 O_3 污染的影响和 O_3 污染过程成因解析，通过预报评估技术在业务和服务中的实际应用，为天津地区 O_3 污染综合防控提供科技支撑。

7.1 臭氧污染统计预报技术

7.1.1 臭氧污染天气概念模型

O_3 污染的发生发展和演变与气象条件密切相关，而局地气象条件的变化很大程度上依赖于大尺度天气环流背景，因此可以从天气形势角度对 O_3 污染过程进行分析，掌握不同天气形势的 O_3 污染变化规律，探究 O_3 污染过程的天气学成因，建立 O_3 污染天气概念模型。天气分型方法可以分为主观方法和客观方法，主观天气分型是通过对历史天气图的理解和分析，结合天气学基础理论和经验总结，根据个人主观判断对天气形势进行分类，比较依赖于个人经验，同时天气类型需要依靠人工判断逐一进行识别，操作不够方便，工作量较大。客观天气分型方法是利用各种数据统计分析方法对表征天气形势变化的气压场和风场数据等进行处理，根据数据分析结果得出天气类型的分析结论。与主观方法相比，客观方法由个人经验差异引起的判断误差相对较小，分类标准比较统一，同时也可以利用计算机程序实现数据自动分析处理，操作应用更加便捷，但是由于客观分型方法本身缺乏气象理论依据，因此在实际应用中需要将主客观天气分型方法结合使用。

常用的客观天气分型方法有很多种，如主成分分析、K 均值聚类等，本节采用的方法是欧盟 cost733 项目开发的天气分型软件中的 T 模态主成分分析（PCT）方法，原理基于 Huth（2000）改进的 T-mode 主成分分析法，该方法在分类结果的稳定性和对预设参数的低依赖性方面表现良好。基本原理是将原始数据矩阵 $\boldsymbol{Z}$ 表示为两个矩阵的乘积 $\boldsymbol{Z}=\boldsymbol{F}\boldsymbol{A}^{\mathrm{T}}$，原始数据矩阵 $\boldsymbol{Z}$ 是 i 行×j 列，主成分矩阵 $\boldsymbol{F}$ 为 i 行×m 列，载荷矩阵 $\boldsymbol{A}$ 为 j 行×m 列，其中 i 表示空间格点数，m 和 j 表示时次，即矩阵 $\boldsymbol{Z}$ 的每一行代表一个网格点，每一列代表一个时次。根据主成分方差贡献的大小，保留前 $r(r\leqslant n)$ 个方差贡献较大的主成分用于后续分析，其对应的特征向量组成载荷矩阵。将保留的主成分斜交旋转,最后依据载荷大小对每个时次的天气形势进行分类。用于客观天气分型的气象资料为 NCEP 的 FNL 再分析资料中的海平面气压场、10 m 风场以及 500 hPa 等压面的高度场和风场数据。针对天津地区 O_3 天气分型研究,数据空间范围选取 90°～130°E、25°～55°N,分辨率为 1°×1°。

结合主客观天气分型方法对 2016—2019 年夏半年(4—9 月)天津地区高低空天气形势进行分类(图 7.1),根据分析结果将天津地区 O_3 污染日的天气形势基本可以划分为 3 种类型,分别为平直-低压前部型、平直-弱高压型和副热带高压(简称副高)控制型(图 7.2)。其中第一种平直-低压前部型是天津地区 O_3 污染日的主要天气类型,占 O_3 污染日总数的 60%左右,该

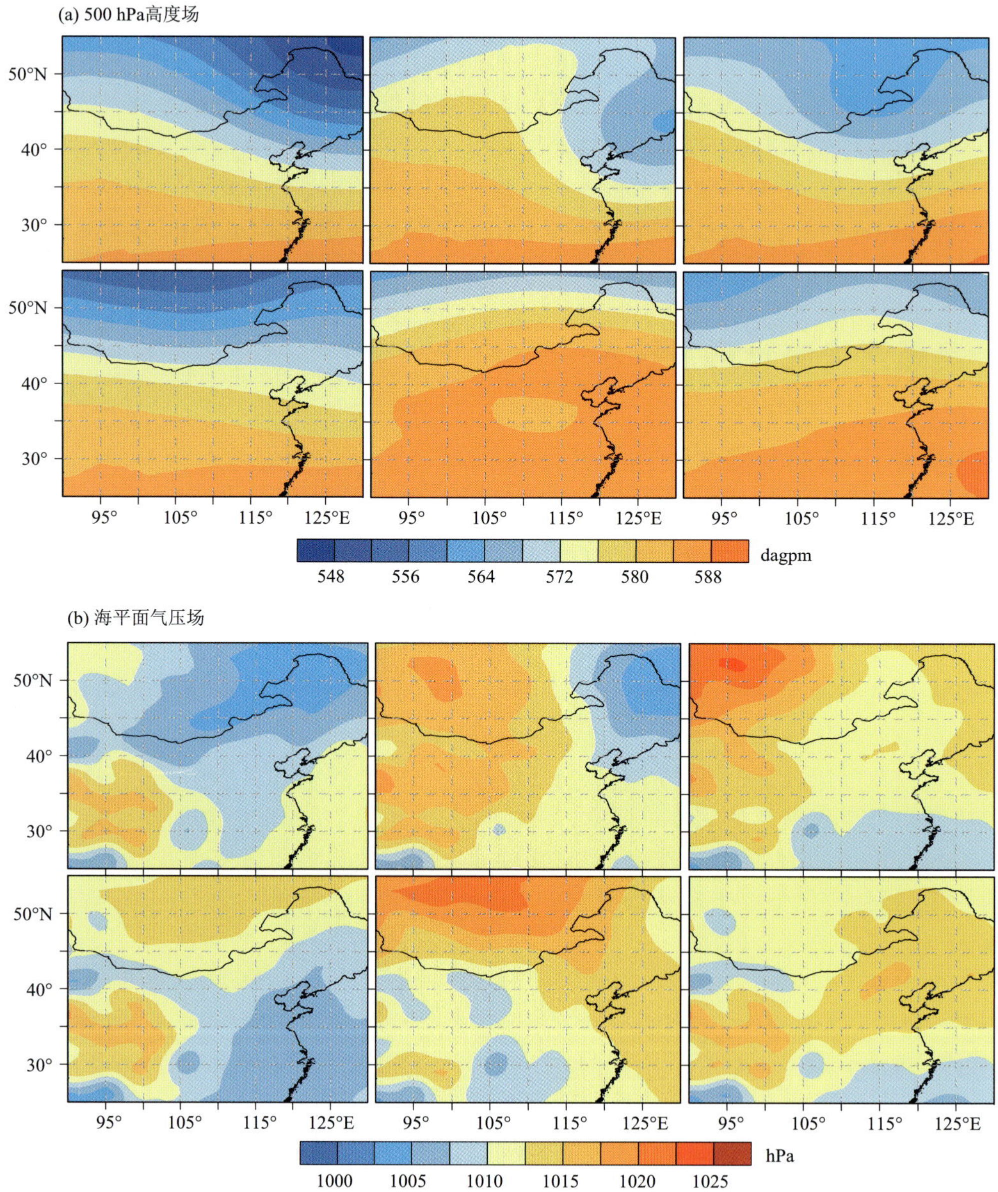

图 7.1　基于 PCT 方法的 2016—2019 年夏半年客观天气分型结果

类型高空500 hPa环流为平直环流或者弱高压脊，无明显低槽波动，850 hPa以西南风为主，天津地区多位于地面低压前部，地面盛行南风和西南风，有利于气温升高促进 O_3 生成，同时，由于京津冀地区 O_3 浓度整体呈现北低南高的空间分布，河北南部以及河南、山东等地 O_3 浓度往往高于天津地区，在偏南气流的持续影响下，南部地区高浓度 O_3 气团及其前体物向北输送，容易导致天津地区 O_3 浓度进一步升高。第二种平直-弱高压型，在 O_3 污染日中占比30%左右，高空环流特征与平直-低压前部型表现一致，以平直环流或者弱高压脊为主，地面天气形势天津地区处于弱高压控制下。弱高压影响时天津地区地面气压梯度通常较小，导致地面风场要明显弱于低压前部型天气，O_3 本地生成积累特征表现得更为明显。弱高压影响时易于出现下沉气流，天津地区通常以晴好天气为主，强辐射、气温高有利于 O_3 生成，同时大气上层高浓度 O_3 随着下沉气流向下输送也是引起地面 O_3 浓度抬升的可能原因。此外，高压系统中心位置可能会对 O_3 污染的发生发展产生影响，当弱高压中心位于天津以北或者以东地区，地面出现偏北风和偏东风的频率较高，对 O_3 的生成和积累产生一定的抑制作用，而当弱高压中心位置偏南，天津地区处于弱高压后部时，地面盛行南、西南风有利于气温回升以及区域输送，从而导致天津地区 O_3 污染加重。第三种副高控制型，出现频率较前面两种类型相对偏少，占 O_3 污染日的10%左右。副高控制型多发生每年7、8月份，当西太平洋副热带高压势力强盛，影响区域西伸北抬时，500 hPa形势场上的588 dagpm等高线扩展至天津以西、以北地区，天津处于副热带高压控制下，盛行下沉气流，多晴朗少云的天气，地面通常也为暖性高压控制，气压梯度较小，风力微弱，更容易出现炎热天气。

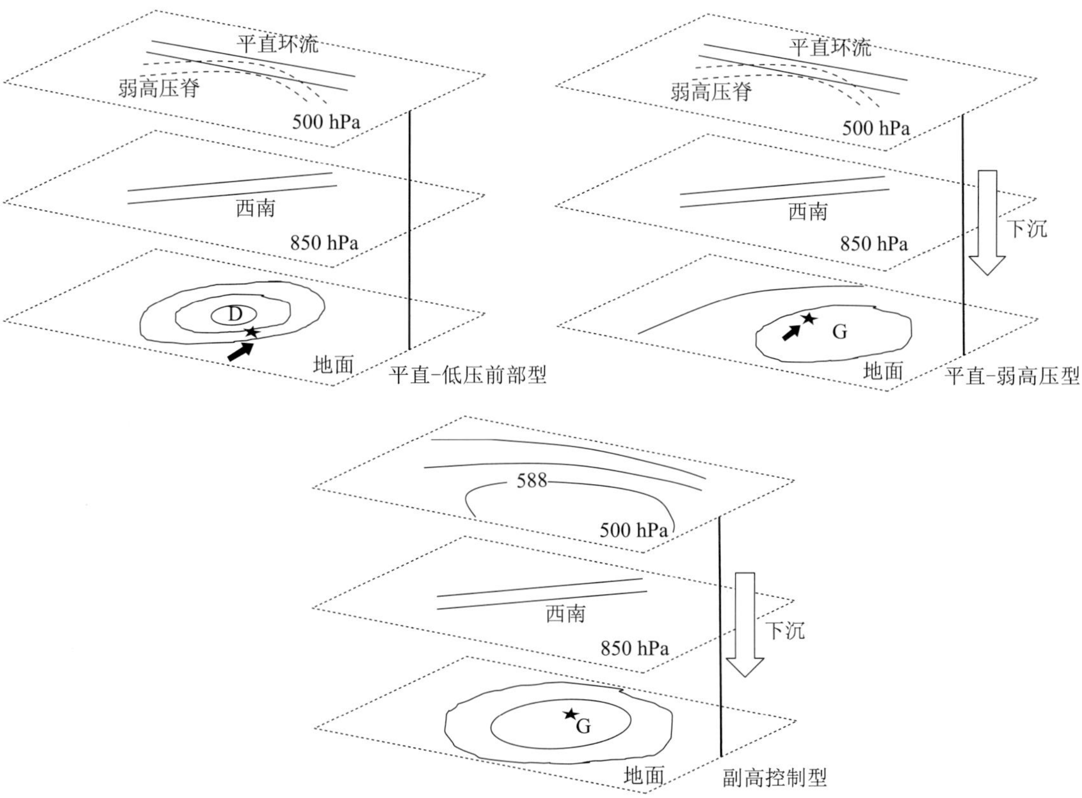

图7.2 天津地区臭氧污染天气概念模型

而不利于 O_3 污染出现的天气形势也主要包括两种类型，分别为高压前部型和高空槽型。高压前部型通常出现在冷空气活动影响期间，伴随着气温的明显下降，O_3 生成条件明显减弱，同时冷空气影响时天津地区多处于地面冷高压前部，地面风场多出现北、西北风，当冷空气路径偏东时也会出现东风和东北风，由于冷空气高压前部的气压梯度大导致地面风速较强，大气扩散条件良好使得 O_3 前体物浓度低，不利于 O_3 生成，同时在 O_3 生成以后也容易迅速被扩散稀释。另一种类型为高空槽型，高空 500 hPa 低压槽过境，槽前辐合上升气流，配合一定的水汽条件，导致天空云量明显增加，光照减弱，不利于近地面升温，光化学反应条件有所减弱，而当高空低压槽发展强盛、水汽条件充沛时，天津地区多出现降水天气，更不容易出现 O_3 污染。

7.1.2 基于 BP 神经网络的臭氧污染预报技术

BP 神经网络是 1986 年由 Rumelhart 和 McClelland 为首的科学家提出的概念，是一种按照误差逆向传播算法训练的多层前馈神经网络，是应用最广泛的神经网络，其算法称为 BP 算法。它的基本思想是梯度下降法，利用梯度搜索技术，以期使网络的实际输出值和期望输出值的误差均方差为最小。基本 BP 算法包括信号的前向传播和误差的反向传播两个过程，即计算误差输出时按从输入到输出的方向进行，而调整权值和阈值则从输出到输入的方向进行。正向传播时，输入信号通过隐含层作用于输出节点，经过非线性变换，产生输出信号，若实际输出与期望输出不相符，则转入误差的反向传播过程。误差反传是将输出误差通过隐含层向输入层逐层反传，并将误差分摊给各层所有单元，以从各层获得的误差信号作为调整各单元权值的依据。通过调整输入节点与隐层节点的联接强度和隐层节点与输出节点的联接强度以及阈值，使误差沿梯度方向下降，经过反复学习训练，确定与最小误差相对应的网络参数（权值和阈值），训练即告停止。此时经过训练的神经网络即能对类似样本的输入信息，自行处理输出误差最小的经过非线性转换的信息。可调优参数：层数、神经元个数、最大迭代次数、优化器 quasi-Newton 优化算法，基于梯度下降的自适应优化算法，基于随机梯度下降的优化算法（图 7.3）（谢邵峰 等，2020）。

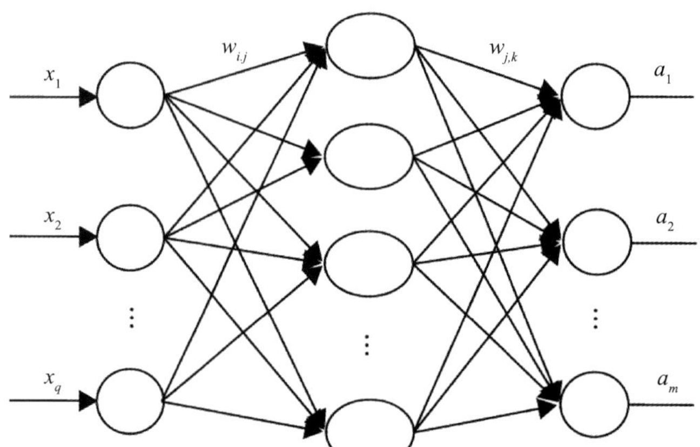

图 7.3 BP 神经网络结构图

以天津地区 O_3 日最大 8 h 滑动平均浓度(MDA8 O_3)为预报对象,建立基于 BP 神经网络的统计预报模型。模型设置 2 层隐含层,每层 10 个神经元,训练最大迭代次数设为 20 次,优化器选择 quasi-Newton 优化算法。根据前述第 4 章介绍内容,选取风速、日最高气温、相对湿度、降水量、辐射和混合层厚度等与 O_3 浓度变化密切相关的气象要素作为输入参数,同时考虑到不同月份之间 O_3 浓度在量级上存在一定差异,因此将月份也作为输入参数,共计 7 个参数。将 2019 年天津地区 O_3 浓度和气象数据作为训练样本对 BP 神经网络模型进行训练,结果显示 2019 年天津全市 MDA8 O_3 实况平均值为 102 $\mu g/m^3$,经过训练的 BP 神经网络模型模拟平均值为 104 $\mu g/m^3$,两者之间的相关系数达到 0.91,平均偏差在 2 $\mu g/m^3$ 以内,平均相对误差为 19.3%,从训练结果来看,无论是对 O_3 浓度的变化趋势还是预报误差,BP 神经网络拟合结果与实况之间都表现出较好的一致性,表明模型能够较好地把握天津地区 O_3 浓度变化特征。为进一步验证模型的预报可用性,将 2020 年数据作为检验样本对模型预报效果进行检验,2020 年天津全市 MDA8 O_3 实况平均值为 102 $\mu g/m^3$,模型预报平均值为 97 $\mu g/m^3$,略低于实况 5 $\mu g/m^3$,两者之间相关系数为 0.90,平均相对误差为 18.1%。在臭氧高发季(4—9 月)预报检验显示(图 7.4),MDA8 O_3 实况平均值为 139 $\mu g/m^3$,模型预报平均值为 138 $\mu g/m^3$,两者之间的相关系数为 0.79,平均相对误差为 16.3%。对于 O_3 超标情况(MDA8 O_3>160 $\mu g/m^3$),定义 MDA8 O_3 实况超标且模型预报出超标情况为预报正确,实况 O_3 超标而模型未预报出超标情况的为漏报,实况 O_3 未超标而模型预报出超标情况的为空报,2020 年天津地区 O_3 超标日共 60 d,全部出现在 4—9 月,模型预报 O_3 超标日为 54 d,预报正确天数为 43 d,正确率达到 71.1%,漏报天数为 17 d,空报天数为 11 d。

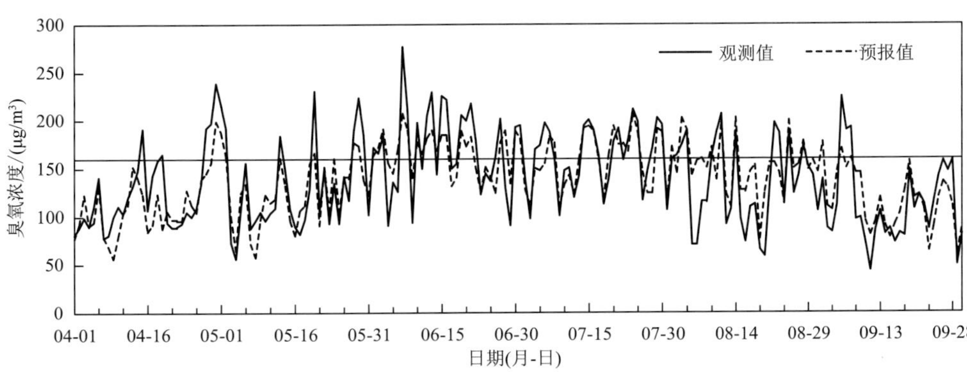

图 7.4 2020 年 4—9 月 BP 神经网络 MDA8 O_3 预报值与观测值对比

BP 神经网络是通过反复的迭代训练来建立输入变量和输出变量之间复杂的映射关系,一般而言,随着迭代次数增加,模型对训练样本的学习程度越高,其拟合效果也越好。从图 7.5 可以看到,通过将训练模型的迭代次数从 20 次依次增加至 50 次、100 次和 200 次,模型对 2019 年天津全市 MDA8 O_3 的模拟效果明显提高,模拟值和实况值之间的相关系数分别提升至 0.93、0.95 和 0.97,平均相对误差下降为 16.5%、14.3%和 12.2%。相比于拟合结果,模型预报效果虽然也有一定程度的提高,但是提升幅度并不太明显,当迭代次数达到 100 次时,预报值和实况值之间的相关系数提升为 0.91,平均相对误差为 16.8%,比 20 次迭代训练的相对误差下降约 1.3%;而当迭代次数继续增加达到 200 次时,虽然模型拟合效果仍持续改进,但是预报效果却出现不升反降的情况,预报值和实况值之间的相关系数为 0.90,相比于 100

次迭代有所下降，同时平均相对误差增加为 17.5%。出现这一问题主要是由于随着迭代次数增加过多导致训练模型发生了“过拟合”现象，即模型对训练样本的学习程度“过高”，反而不能更好地反映出适用于所有潜在样本的普遍规律，进而导致将模型应用在预报检验样本的时候不能给出正确的判断结果。

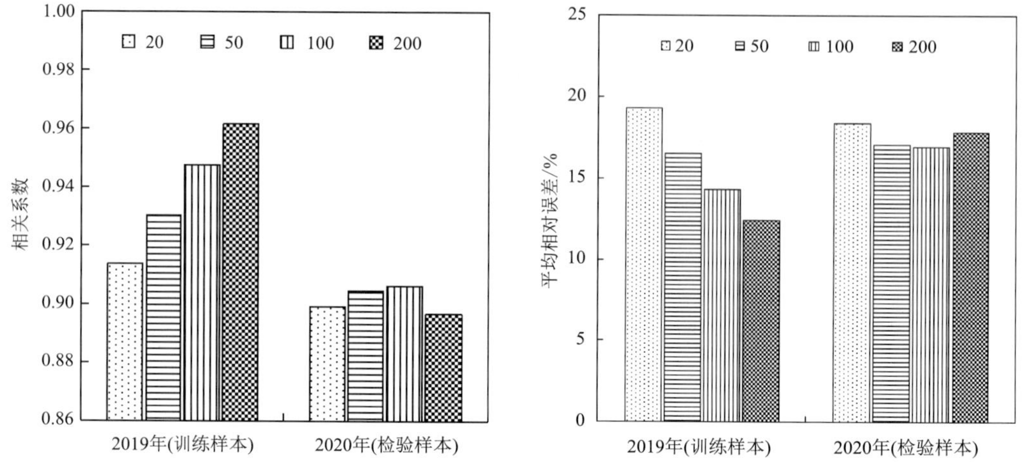

图 7.5　当神经元节点数为 10 个时不同迭代次数的 BP 神经网络拟合和预报效果

隐藏层神经元节点数是影响 BP 神经网络预测精度的重要因素，神经元节点越多意味着 BP 神经网络模型的结构更复杂，通过学习训练也可以表达出更复杂的映射关系，然而这既是优势同时也会带来一些不利影响，不利之处在于模型学习能力提升更容易造成对训练样本的过拟合从而导致模型预报效果发生下降。当迭代次数为 50 次时，将每层神经元节点数从 10 个增加到 20 个，模型 2019 年 MDA8 O_3 浓度拟合结果的相关系数从 0.93 提高为 0.94，平均相对误差由 16.5%下降为 14.8%，同时 2020 年检验结果也有所改进，预报值和实况值之间的相关系数从 0.90 提高为 0.91，平均相对误差由 17.1%下降为 16.1%；但是当迭代次数增加到 100 次时，采用 20 个神经元节点的模型已经开始出现过拟合现象，训练样本的拟合相关系数达到 0.96，平均相对误差 12.6%，明显优于采用 10 个神经元的拟合结果，而检验结果的相关系数则为 0.91，平均相对误差 17.1%，相比于 50 次迭代预报相对误差有所增加，同时预报效果也略差于采用 10 个神经元的模型(相关系数 0.91、平均相对误差 16.8%)。因此，在构建 O_3 神经网络预报模型时，需要综合考虑神经元节点数、迭代次数等模型参数的选择，可以通过结合以往研究经验和敏感性试验分析来进行参数的优选，在模型对训练样本的拟合效果和对检验样本的预报效果之间找到平衡点，在最大程度提高模型训练效果的同时合理控制过拟合问题。

7.2　臭氧污染数值预报技术

7.2.1　臭氧污染数值模式系统

利用大气化学模式开展臭氧数值预报和模拟，是天津地区臭氧污染预报中的重要支撑手段，大气化学模式以大气动力学理论为基础，在给定的气象场、源排放以及初始和边界条件下，通过一套复杂的偏微分方程组描述大气污染物在空气中的各种物理化学过程（输送、扩散、转化、清除等），并利用计算机高速运算进行数值计算方法求解，预报污染物浓度动态分布和趋势变化，提供高时空分辨率的污染物浓度区域分布。在天津气象部门应用比较多的是WRF-Chem（Weather Research Forecasting/Chemistry），该模式是由美国国家大气研究中心（NCAR）、美国国家海洋和大气管理局（NOAA）等研究机构和一些大学的科学家们共同参与研发的中尺度气象-大气化学在线耦合模式，通过在高分辨率非静力中尺度天气模式WRF基础上耦合化学模块Chem，用于模拟大气中污染物的排放、传输、混合以及化学反应的物理化学过程，气象和化学模块采用相同的垂直和水平坐标，次网格传输也采用相同的物理参数化方案，在模式运行中同步计算辐射、动力以及化学过程，实现了气象和化学模块的实时在线耦合、相互反馈，从而能够更好地反映出大气物理和化学过程的真实状态。

目前天津气象部门基于WRF-Chem数值模式主要在以下方面开展臭氧数值预报和模拟技术的研发和应用（图7.6）：一是针对臭氧污染预报和服务的实际需求，以WRF-Chem模式为核心完成了模式预报的本地化适用，构建了预报时效从短期、中期到长期的数值预报系统，可以提供0～45 d臭氧浓度和影响气象要素的数值预报产品，支撑日常预报会商、预报产品制作发布、臭氧污染过程预报等预报业务开展。二是发展了基于数值模拟的臭氧污染气象条件定量评估以及区域输送来源追踪和过程分析等技术方法，具备定量评估气象条件对臭氧浓度变化的影响、城市和区级臭氧区域输送来源分析和影响评估、臭氧污染过程成因解析等功能，支撑天津地区臭氧污染成因综合分析和科学防控工作。

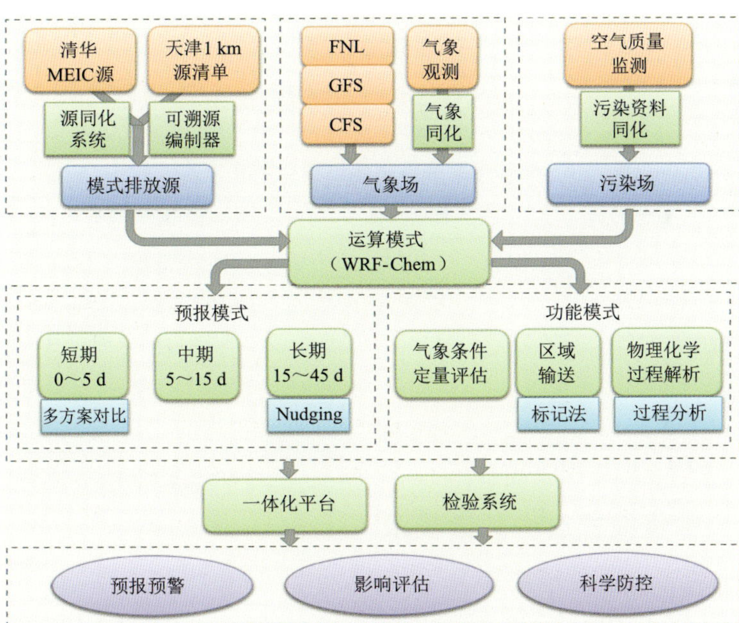

图7.6　天津市气象部门臭氧数值模式系统框架

模式运行输入数据主要包括气象和污染初始场、边界条件以及排放源，其中气象初始场和边界条件在预报中通常来源于大尺度天气模式，常用的有美国的全球预报模式系统（GFS）和我国自主研发的全球区域同化预报系统（GRAPES），在评估分析中主要采用再分析资料，如美国 NCEP 的全球再分析资料(Final Operational Global Analysis,FNL),通过 WRF-Chem 模式的前处理模块 WPS 进行数据解码并插值到模式预报区域的网格上。涉及的排放源主要包括人为源和生物源,在这里生物排放源采用的是 Guenther 方案,由模式在运行过程中根据下垫面类型实时在线计算生成,不需要单独的生物源数据文件,使用时相对简单。人为排放源采用的是由清华大学开发和维护的中国多尺度排放清单模型(Multi-resolution Emission Inventory for China,MEIC),考虑到受工业生产、交通、居民生活等人类活动影响,人为排放源具有明显的年变化和日变化特征,因此在对排放源原始数据处理的过程中,需要针对各月份以及一天内各时次设置不同系数进行修正。同时,在天津 O_3 数值预报研究中也采用相关技术方法对模式排放源进行了优化,一是在清华大学 MEIC 排放源的基础上,在天津区域内引入了基于污染源谱调查数据制作的高分辨率排放源进行替换更新,二是利用源同化技术通过对比实况观测和数值模拟结果对模式排放源进一步优化调整,具体内容介绍见 7.2.2 节。

预报模式采用 WRF-Chem v3.8 版本,模式预报区域采用单层网格设置,水平分辨率为 15 km,水平网格数为 121 个×121 个,中心经纬度为 117.0°E、39.0°N,垂直方向分为 41 层。采用的物理和化学参数化方案如表 7.1 所示。另外,在短期预报中为了综合考虑不同化学机制和边界层过程对 O_3 数值预报的影响,设置了多种参数化方案进行对比,包括 2 种化学机制和 4 种边界层方案,其目的是为了尽可能减少采用单一方案预报时可能会对个别 O_3 污染过程把握不足的问题,不同化学机制和边界层方案的预报效果对比将在 7.2.2 节进行介绍。短期模式和中期模式每天运行 1 次,起报时间为每天 20 h,分别进行 120 h 和 15 d 预报,长期模式每月运行 1 次,预报时长为 45 d,并根据实际业务需求增加运行次数。在模式运行结束后,利用 NCL、GRADS、Python 等数据处理软件对生成的预报数据文件进行提取、传输、制图以及存储入库等后处理工作,最后可由业务平台调取进行可视化显示,或者用于预报产品评估检验等用途。

表 7.1 模式主要物理化学过程参数化方案设置

过程	类别	参数化方案	类别	参数化方案
物理过程	长波辐射	RRTMG	微物理过程	WSM5
	短波辐射	RRTMG	陆面过程	Noah
	边界层过程	YSU	城市冠层	UCM
化学过程	气相化学	CBM-Z	气溶胶过程	MOSAIC 4bin
	光解过程	Fast-J		

7.2.2 臭氧污染数值模式改进关键技术

(1)高分辨率排放源和源同化技术

排放源是大气化学模式实现准确预测预警的关键环节,高分辨率的排放源可以提升模式的精细预报能力,源同化技术基于源-浓度响应关系,通过自适应的 Nudging 源反演方法,调整排放源清单使计算模拟值趋向观测值,实现模式源同化反演,达到排放源和模式最佳的契合,提升大气污染数值预报能力。本节基于高分辨率排放源清单,技术应用源反演技术开展 2020 年天津空气质量数值预测分析,评估不同技术对大气污染数值模式预报能力改进。

天津大气化学模式在天津地区以外使用的是由清华大学开发和维护的中国多尺度排放清

单模型，MEIC 模型可提供 1990 年至今中国 700 多种人为源的 9 种主要大气污染物和二氧化碳的多尺度排放清单数据，空间分辨率为 0.25°×0.25°，该排放清单数据已被国内外众多研究机构和业务单位广泛使用。在天津地区以内使用的是基于天津污染源谱调查数据制作的排放源（图 7.7），污染源种类包括工业、农业、电力、生活和交通，物种包括 BC、OC、SO_2、NO_2、CO、NH_3、PM_{10}、$PM_{2.5}$、VOCs 及其组分，相比于 MEIC 排放清单，该排放源在空间分辨率和准确度上更为可靠，空间分辨率达到1 km×1 km。源的制作中加入了行业和区域标识符号，可以快速完成行业和区域源制作，适合天津大气化学模式使用。

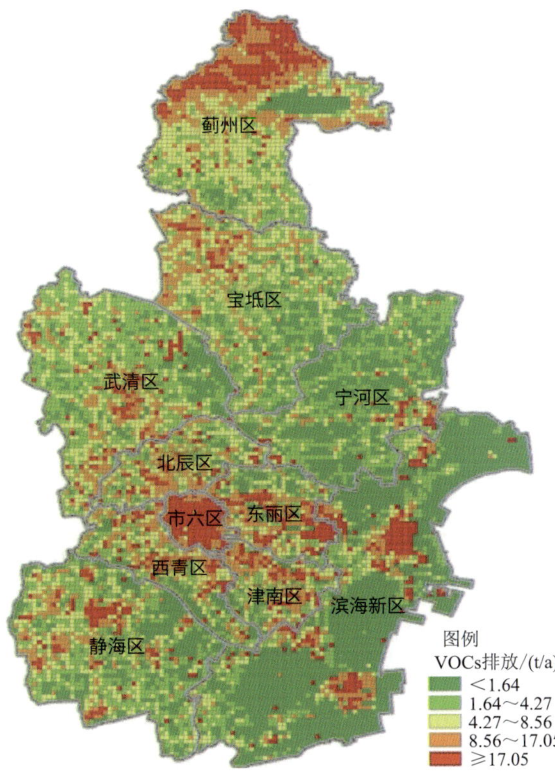

图 7.7　天津地区 1 km 分辨率排放源清单（VOCs）

在天津地区引入高分辨率的源普查清单数据，能够有效地改进大气化学模式对天津地区污染物浓度的预报效果。通过对大气化学模式 2020 年天津地区污染物浓度模拟效果的检验显示（表 7.2），对于 O_3 浓度模拟，使用 MECI2017 排放清单，模式模拟和实况之间的相关系数为 0.855，相对误差为 31.1%，平均偏差为 −20.12 μg/m³，模式可以较好地模拟出 O_3 浓度的变化趋势，但模拟值相比于实况有所偏低。将天津地区排放源替换为天津污染源谱调查数据后，模拟值和实况之间的相关系数提升为 0.867，相对误差下降为 22.7%，平均偏差下降为 −15.34 μg/m³，模式 O_3 模拟效果得到了有效改进。相比天津全市均值预测，分区精细化空气质量预测对排放清单精度要求更高。从图 7.8 可见，采用高精度清单相比 MEIC2017 排放清单，O_3 浓度预报各区平均相对误差由 29.95%下降至 26.78%，改进区是 11 个，NO_2 浓度预报值各区平均相对误差由 47.95%下降至 37.07%，11 个区有改进，下降超过 10%的区为东丽、和平、河西、南开、静海、武清和西青，集中在天津市区、近郊或者城市化较好的区域，两者预报改进区域基本一致，表明 NO_x 排放清单空间分布精度对于 O_3 空间预报能力提升有重要影响。

表 7.2 不同排放源大气化学模式天津地区空气质量六要素质量浓度预测检验

检验指标	排放源清单	$PM_{2.5}$	PM_{10}	SO_2	NO_2	CO	O_3
相关系数	MEIC2017	0.733	0.527	0.655	0.683	0.699	0.855
	天津源普查	0.773	0.578	0.709	0.750	0.768	0.867
相对误差/%	MEIC2017	35.66	45.60	53.48	26.01	86.38	31.11
	天津源普查	33.71	37.20	36.16	26.37	59.13	22.70
平均偏差/($\mu g/m^3$)	MEIC2017	5.01	−5.50	9.17	7.55	−0.42	−20.12
	天津源普查	1.80	−5.05	0.75	4.27	−0.54	−15.34

注：CO 平均偏差单位为 mg/m^3，下同。

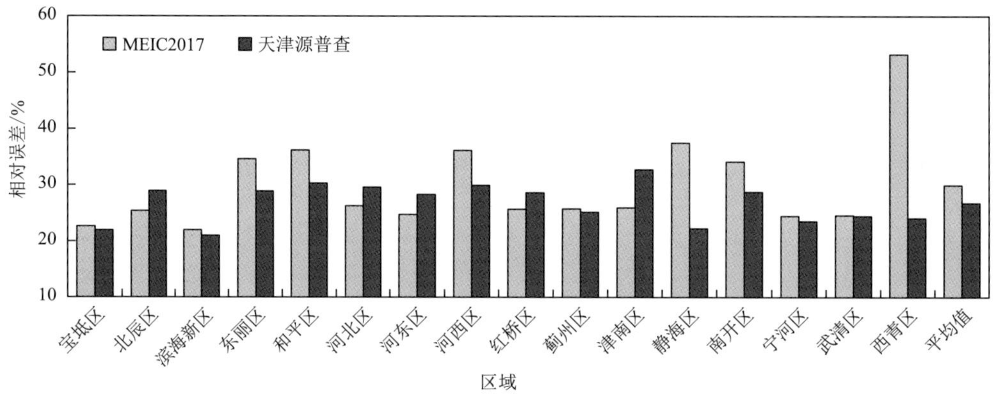

图 7.8 不同排放源清单天津各区臭氧预报平均相对误差

自适应的 Nudging 源反演方法是常用的一种源反演方法，在 MEIC2017 排放清单和天津地区源谱调查数据基础上，基于源-浓度响应关系，通过自适应的 Nudging 源反演方法，经过 7 次迭代反算调整排放源清单使计算模拟值趋向观测值，实现模式源同化反演。该方法在大气化学模式中加入排放源的张弛调整项，以减少模式预报结果与实测浓度的误差，并以模式预报误差作为迭代收敛判据，通过模式预报结果与实测值的误差迭代算子逐步修正污染源分布，逐步逼近获取排放源的真值分布。Nudging 源反演模型假设大气化学模式能够较好地模拟污染物的传输、扩散、转化、迁移等物理和化学过程，模拟值和实测值偏差取决于污染源清单的不确定性，通过迭代计算使模拟值趋于观测值，从而获得相对客观、准确的排放源清单，该方法适用于排放清单的微调，要求基础排放清单的空间分布相对准确和精细。

以 2020 年 1 月—2020 年 12 月模拟和观测为基础，利用该方法通过 7 次迭代逐步修正污染源分布，得到新的逐月排放源清单，基于天津大气化学模式进行预测，Nudging 源反演技术应用后模式 O_3 预报效果明显改进，天津以外京津冀及周边地区（图 7.9）O_3 模拟相对误差由 25.48%下降至 21.51%，有效地调整了基于 MEIC2017 排放清单大气化学模式模拟 2020 年污染物浓度时清单滞后问题，也通过自适应的 Nudging 源反演，有效调整周边地区的排放源，提高天津空气质量输送模拟的准确性。Nudging 源反演方法不仅对于大范围排放清单改进有效，对天津地区（表 7.3），即使使用高分辨率源普查数据制作源排放清单，Nudging 源反演方法的运用，仍可对源进行有效微调，以实现预测准确性的进一步提高，天津地区模拟和实况的相关系数、相对误差和平均偏差均有改进，调整后 O_3 浓度模拟平均偏差在 2 μg/m³ 以内。其改进原因一是消除了 2018 年源普查清单在 2020 年空气质量预测中清单滞后的误差，二是一些微调也降低了源普查清单对于模式模拟的不适应。Nudging 源反演方法通过源调整改进模式预报能力，不仅体现在平均浓度，对污染过程的预报能力改进也有明显作用。对于光化学污染过程，O_3 虽然是二次污染物，但在合理分析的基础上，通过 Nudging 源反演方法调整 NO_x 和 VOCs 清单，也可以提升 O_3 污染预报准确率。天津 2020 年 O_3 污染日为 69 d，调整后模式预报准确天数由 30 d 增加到 56 d，空报天数未明显增加（15 d），TS（Threat Score）评分从 0.42 提升至 0.67，O_3 污染预报改进明显。

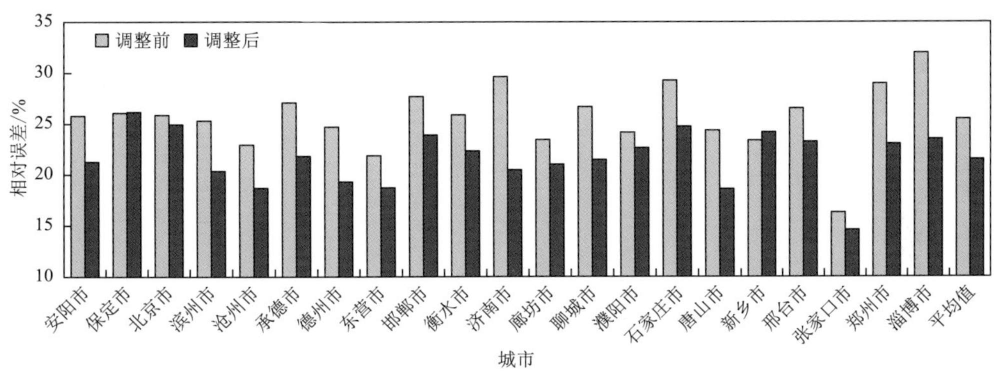

图 7.9　基于源同化方法不同城市臭氧预报和实况的平均相对误差对比

表 7.3　源同化前后天津地区空气质量六要素质量浓度预测检验

检验指标	预测方案	$PM_{2.5}$	PM_{10}	SO_2	NO_2	CO	O_3
相关系数	调整前	0.773	0.578	0.709	0.750	0.768	0.867
	调整后	0.800	0.628	0.754	0.854	0.811	0.898
相对误差/%	调整前	33.71	37.20	36.16	26.37	59.13	22.70
	调整后	30.62	35.46	25.95	19.75	18.41	18.17
平均偏差/(μg/m³)	调整前	1.80	−5.05	0.75	4.27	−0.54	−15.34
	调整后	−1.45	2.77	−0.08	2.68	−0.01	−1.08

（2）不同化学机制和边界层方案的影响

O_3 是光化学反应的产物，不同化学机制对大气中各类化学过程物种和反应方程的描述不同，从而会对模式 O_3 预报结果产生显著的影响。污染发生在边界层中，边界层参数化方案对大气化学模式预报效果也有着显著影响。为分析不同化学机制和边界层方案对 O_3 数值预报的影响，基于大气化学模式 WRF-Chem 分别采用两种不同化学机制和四种边界层参数化方案对 2021 年天津地区 O_3 浓度预报进行检验评估，如表 7.4 所示。

表 7.4　化学机制和边界层参数化方案

类别	名称	方案描述
化学机制	CBM-Z	基于碳键机制 CBM-IV 的改进和扩展，按照化学键对有机物进行分类，化学反应方程 176 个，反应物种 67 个，其中涉及光化学反应的物种为 20 个，在活性长寿命物种及中间产物的化学反应、无机物的化学反应、活性烷烃、石蜡以及芳香烃的化学反应、若干自由基以及异戊二烯的化学反应等方面考虑的更为全面
	RADM2	第二代区域酸性沉降机理，该机制中无机物包括 14 个稳定物种、4 种活泼的中间物种和 3 种足量稳定物种(氧气、氮气和水汽)，有机物包括 26 类稳定物种和 16 种过氧自由基，共 156 个化学反应
边界层参数化方案	YSU	非局地 K 理论方案，该方案加入反梯度项表示局地通量，通过里查森数临界值的增大提升稳定边界层的混合过程，边界层高度由里查森数为 0.25 的临界高度确定
	MYJ	局地闭合方案，通过湍流闭合方法描述表面层以上的湍流运用，湍流扩散系数依据湍流动能计算，边界层高度根据湍流动能廓线确定
	MYN	利用 Mellor-Yamada 湍流模式中的预报方程来预测 TKE 和垂直混合，从而用来计算湍流摩擦速度以及垂直扩散
	BL	借鉴 TKE 预测技术基础上产生的，2009 年 BL 方案引入到 WRF 模式中，主要是为多层城市冠层方案(BEP)模式而设计的，其对下垫面的信息更为敏感

基于大气化学模式 2021 年天津地区 MDA8 O_3 浓度的 24 h 预报结果分析，从全年预报结果来看，采用两种化学机制模式 O_3 预报与实况之间都具有较好的相关性，CBM-Z 机制的相关系数为 0.89，略优于 RADM2，同时在预报误差上 CBM-Z 机制的表现也相对较好，平均相对误差为 21.4%，平均偏差为 2.7 μg/m³，RADM2 平均相对误差为 26.2%，平均偏差为 12.8 μg/m³；在 O_3 污染发生的主要时段 4—9 月，采用 CBM-Z 机制 O_3 预报与实况之间的相关系数为 0.78，相对误差为 20.1%，平均偏差为 11.7 μg/m³，相比于 RADM2 预报效果也略占优势。对比不同边界层方案对天津地区 O_3 预报结果的影响(图 7.10)，从全年预报结果来看，不同边界层方案模式 O_3 预报与实况之间都具有较好的相关性，预报相关系数在 0.87～0.89，均能够较好地反映出天津地区 O_3 浓度的变化趋势，其中 YSU、BL 方案的相关系数略高于其他方案。从预报误差分析，四种边界层方案 O_3 浓度的预报值比观测略偏高，平均偏差为 1～8 μg/m³，其中 MYJ 方案的平均偏差最小为 1.5 μg/m³，其次为 YSU 方案，平均偏差为 2.7 μg/m³；不同边界层方案之间 O_3 浓度预报的相对误差区别不大，其中 YSU 方案为 21.4%，略优于其他方案，MYN 方案的相对误差最大为 22.5%。4—9 月四种边界层方案模式 O_3 浓度预报与实况之间的相关系数在 0.76～0.78，其中 MYJ 方案略低于其他方案；预报相对误差在 21.0%左右，平均偏差为 9～15 μg/m³，其中 YSU 方案的相对误差为 20.1%，略低于其他方案，平均偏差为 11.7 μg/m³，略高于 MYN 和 MYJ 方案，两者分别为 9.3 μg/m³ 和 9.8 μg/m³。整体来看，四种边界层方案中 YSU 方案对天津地区 O_3 浓度预报效果相对较好，相关系数和相对误差均略优于其他方案，MYJ 方案的相关系数和相对误差略差于 YSU 方案，但是在预报平均偏差上的表现优于其他方案。综合而言，采用 CBM-Z 化学机制和 YSU 边界层方案大气化学模式对天津地区 O_3 浓度的预报效果相对较好，在天津 O_3 预报评估业务和相关研究中也多采用该方案组合。

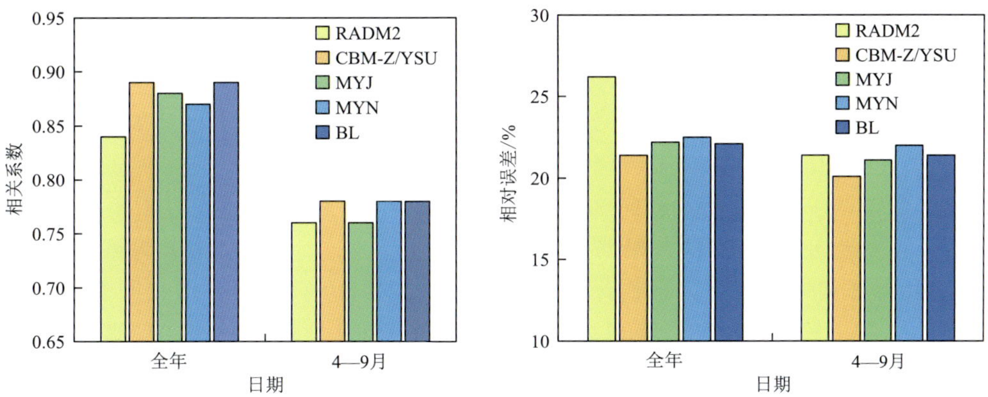

图 7.10 不同化学机制和边界层方案 2021 年天津地区 O_3 浓度预报检验

(3)长期数值预报技术

天津气象部门臭氧污染长期数值预报是以 WRF-Chem 大气化学模式为基础，利用气候预测系统的全球尺度预报数据进行驱动来实现 0～45 d 臭氧污染长期预报。采用的气候预测系统驱动数据为美国国家环境预报中心(NCEP)的第二代气候预测系统(Climate Forecast System version 2，CFSv2)，它是全耦合的海洋-陆地-大气动力季节预测系统，预测数据向全球公开发布并实时更新，每日提供未来 45 d 的逐日预报产品。区域大气化学模式设置与前述 7.2.1 节的介绍一致，采用 CBM-Z 化学机制和 YSU 边界层方案组合。在长期预报模式运行启动前，首先利用 FNL 再分析资料进行模拟用以生成模式的化学初始场，考虑到模式的自适应时间，一般从长期预报模式起报时刻的前 72 h 开始模拟生成对应时刻的模拟结果作为化学初始场，随后通过下载获取 CFSv2.0 数据经过前处理系统 WPS 处理后即可进行模式运行。

由于模式误差的存在，直接使用全球尺度数据驱动区域模式时，随着模式连续积分，模拟结果会逐渐偏离大尺度背景场，因此，通常需要采用牛顿松弛逼近法(Nudging)技术来解决气象场偏离的问题，也是臭氧污染长期数值预报技术的核心。Nudging 技术是一种基于动力学的降尺度方法，基本思路是在数值模式积分的指定时刻，在预报方程中增加一个附加项，即预报值与分析值之差的松弛项，使得方程的解逼近分析值，从而实现对预报结果的约束。常见的 Nudging 方法有格点 Nudging(Grid Nudging)和谱 Nudging(Spectral Nudging)两种，其中 Grid Nudging 方法的基本思路是在方程中加入额外的逼近项，即使用格点对格点的松弛强迫项逐步逼近分析场，通过同化信息为所嵌套的区域细网格提供更高质量的侧边界条件，从而实现对模式场的调整，其公式如下：

$$\frac{\partial \theta}{\partial t} = F(\theta) + G_{\theta} W_{\theta} (\theta_0 - \theta) \tag{7.1}$$

式中，θ 为模式的积分变量，t 为时间，$F(\theta)$ 是由于物理过程、平流和科氏力等造成的物理强迫项；G_{θ} 为控制松弛大小的时间尺度因子；W_{θ} 为附加的四维权重系数；θ_0 是通过临近时刻观测值内插以及空间格点差值得到的时空分析场，以此实现逼近模式解。

Spectral Nudging 是通过设置波数进行滤波，在空间中过滤掉大于此的高频波，保留大尺度波动，然后按照一定权重，把大尺度波动加到模式的预报场上，从而可以将模拟状态不断靠近大尺度驱动状态，较好地减小大尺度误差，模式变量可自由发展中小尺度过程，同时又可以反映出较小尺度的特性。其公式如下：

$$\frac{\mathrm{d}\alpha}{\mathrm{d}t}=X(\alpha)+G_{\alpha}w(\eta)\sum_{|n|\leqslant N}\sum_{|m|\leqslant M}K_{mn}(\alpha_{0,mn}-\alpha_{mn})\mathrm{e}^{\mathrm{i}k_m x}\mathrm{e}^{\mathrm{i}k_n y} \tag{7.2}$$

式中，变量 α 的值由相邻时刻的观测分析值内插得到；t 为时间；X 为模式算子；G_{α} 为松弛因子，它决定了模式中同化项相对于物理强迫中所有模式物理过程的大小；$w(\eta)$ 为垂直方向上松弛的权重系数；m，n 分别表示经向和纬向；α_0 为再分析变量；K_{mn} 代表对于不同尺度的逼近系数；k_m、k_n 代表经向和纬向波数，根据格距、格点数以及波长计算，以此来调整模式的大尺度环流场，使其与真实强迫场保持一致。上述两种方法各有优点，例如采用相同的松弛强度时，Grid Nudging 在小尺度上过于约束区域模式向驱动场逼近，反而会对模式预报效果产生不利影响；但是由于其对松弛系数和松弛时间的敏感性更强，选择合适的松弛系数和松弛时间时，对于气象场的模拟要优于 Spectral Nudging，因此在实际应用中还需要通过敏感性试验进行进一步的分析和对比，选取最优方案和参数以提升模式的长期预报效果。

(4)O_3 区域输送追踪技术

O_3 源解析方法是一种典型的示踪物前体物识别法，通过在 WRF-Chem 模式源代码中增加标记符和输出，实现 O_3 区域输送来源追踪。模式设计两层嵌套，其中内层嵌套分辨率 9 km，设计追踪区域如表 7.5 所示。

表 7.5 天津源追踪模型分区表

模型	名称
区级追踪	蓟州、宝坻、武清、宁河、北辰、西青、津南、东丽、市区、滨海、静海
城市追踪	北京、石家庄、唐山、秦皇岛、邯郸、邢台、保定、张家口、承德、沧州、廊坊、衡水
省级追踪	山东、山西、河南、辽宁、吉林、内蒙古、渤海

基于源解析方法成立的三个条件：①不同来源的相同污染物在模拟区域内任意一点上的均为充分混合，且化学反应属性相同；②模拟区域内每一个格点上的污染物都可以 100%地分配到所有来源；③二次污染物可以按一次排放的前体物分配到各来源当中，通过模拟计算量化模拟区域内所有源区排放的前体物对每一个格点 O_3 浓度的贡献值。该方法不影响模式本身污染物的模拟计算，并且遵循质量守恒，任意格点上所有源区相同污染物的浓度贡献之和等于该点污染物的模拟浓度。对于全球尺度的 O_3 模拟研究，由于网格分辨率较粗这使得 O_3 浓度的生成主要与一类前体物 NO_x 有关，但对于区域和城市尺度的模拟研究，NO_x 和 VOCs 同时对 O_3 的形成起着关键作用，分析 O_3 的来源贡献时，除了要标记 O_3 本身以外，还需要同时标记 NO_x 和 VOCs。在 O_3 源追踪方法中，将一次排放的 NO_x 和 VOCs 都进行了标记。NO_x 包括 NO 和 NO_2，而 VOCs 包括 13 种一次排放的 VOC 物种。这些前体物从排放到大气的那一刻起就按照地域所在源区进行标记并作为独立的变量参与到模式计算当中，并为 O_3 生成量的分配提供权重信息。

$$\frac{\partial C}{\partial t}+u\frac{\partial C}{\partial x}+v\frac{\partial C}{\partial y}+w\frac{\partial C}{\partial z}=\partial_x\left(K_x\frac{\partial C}{\partial x}\right)+\partial_y\left(K_y\frac{\partial C}{\partial y}\right)+\partial_z\left(K_z\frac{\partial C}{\partial z}\right)+\left(\frac{\partial C}{\partial t}\right)_{\mathrm{conv}}+\left(\frac{\partial C}{\partial t}\right)_{\mathrm{emis}}+\left(\frac{\partial C}{\partial t}\right)_{\mathrm{chem}}+\left(\frac{\partial C}{\partial t}\right)_{\mathrm{dry+wet}} \tag{7.3}$$

式中，$\frac{\partial C}{\partial t}$ 为臭氧浓度变化速率，下标 conv、emis、chem、dry+wet 分别为对流、排放、化学过程

和干湿沉降导致的臭氧浓度变率，K 为湍流扩散系数。在化学模式中污染物需要经历的计算包括排放，物理过程（平流，垂直混合，干、湿沉降，对流等）和气相、气溶胶化学过程。源解析方法需要考虑上述所有过程，除此之外，模式运行所需的化学初边界条件也要考虑在内。具体的流程如下。

源排放和初边界条件：源解析方法的来源包括模拟区域内划定好的源区，初始条件，以及边界条件。根据这些来源，对 O_3 和前体物进行标识，每一个来源的每一个标记物种在模式中都被定义为一个独立的变量。模式开始运行时，排放源排放出的前体物则按照所属源区加入到对应物种变量当中，而 O_3 是二次污染物，排放这个阶段不会对 O_3 浓度进行改变。对于初始条件，在初始时刻之后不再有排放和浓度补充，而对边界条件则依据模式设置定时按照 O_3 和前体物的边界通量作为排放速率加入到对应变量当中。

物理过程：化学物种经历的物理过程包括平流输送、垂直混合、干湿沉降和对流过程等。对于每一个标记的 O_3 和相关前体物，在模式中都将作为独立变量存在，它们随着模式计算的流程参与模式相关的物理计算，并且浓度随着物理过程发生相应的改变。在这个过程中，源区间和物种间，变量不会相互影响，浓度的变化仅与物理过程有关，需要注意的是计算前后需要保证质量守恒，模拟区域内任意点各源区相同污染物浓度贡献之和始终等于该点污染物实际模拟浓度值，即：$C=\sum_{i=1}^{n}C_i$ 。此外，需要注意的是在物理过程中，标记变量仅跟随模式的计算流程进行计算，并不会影响原本模式中变量的相关计算过程和计算结果。

化学过程：①前体物（NO_x和 VOCs）的化学改变量。在模式积分过程中，前体物在每一个网格上的浓度都会发生化学变化，对于前体物浓度的化学变化量，通过各源区在该点所占权重进行计算。在目标网格，对于任意源区 i，所属该源区的前体物在 t 时刻的浓度即为NO_{xi}^t和 $VOCs_i^t$，经过一个积分时步，在 $(t+\Delta t)$ 时时刻，它们浓度的化学变化计算公式为：

$$NO_{xi}^{t+\Delta t}=NO_{xi}^{t}+\Delta NO_x\times\frac{NO_{xi}^{t}}{\sum_{i=1}^{n}NO_{xi}^{t}} \tag{7.4}$$

$$VOCs_i^{t+\Delta t}=VOCs_i^{t}+\Delta VOCs\times\frac{VOCs_i^{t}}{\sum_{i=1}^{n}VOCs_i^{t}} \tag{7.5}$$

式中，ΔNO_x和 $\Delta VOCs$ 表示浓度变化量。

②O_3 控制区：O_3 的化学生成效率同时受到 NO_x和 VOCs 两类前体物的控制，在进行 O_3 生成量分配之前，需要对 O_3 控制区进行判定，根据 O_3 受 NO_x控制还是 VOCs 控制，将 O_3 的化学生成量分到各个源区。选用 Sillman(1995)所推荐的判定方法，利用 HCHO 与 NO_y的比值来对 O_3 控制区进行判断：当 $HCHO/NO_y>0.28$ 时，判定为 NO_x控制区；当 $HCHO/NO_y<0.28$ 判定为 VOCs 控制区；当 $HCHO/NO_y=0.28$ 时，认为该地 O_3 生成 50%为 NO_x控制，50%为 VOCs 控制。

③O_3 化学改变量的分配：O_3 的化学改变量包含 O_3 的化学损失量 DO_3 和化学生成量 PO_3，可根据以下方程式计算得到：

$$PO_3=k_4[NO][HO_2]+k_5[NO][CH_3O_2]+k_6[NO][RO_2] \tag{7.6}$$

$$DO_3=k_3[O(^1D)][H_2O]+k_8[O_3][HO_2]+k_7[O_3][OH]+\frac{k_{10}[NO][O_3]k_{12}[NO_2][OH]}{\{k_{11}[NO_2+k_{12}[NO_2][OH]]\}} \tag{7.7}$$

式中，$[NO]$和$[HO_2]$为化学物种 NO 和 HO_2 的浓度，k_4 为化学反应速率，其余同。对于化学损失量 DO_3，认为各源区 O_3 浓度损失的概率相同，因此损失量要根据各源区 O_3 的浓度权重进行分配。生成量通过判断 O_3 控制区，将生成量根据控制区对应前体物的浓度权重进行分配。

对于化学生成量 PO_3，则通过过判断 O_3 控制区，将生成量根据控制区对应前体物的浓度权重进行分配。在模拟区域内的任意网格，对于任意源区 i，其在 t 时刻的 O_3 浓度即为 O_{3i}^{t}，经过一个积分时步，在 $(t+\Delta t)$ 时刻，来自源区 i 的 O_3 生成项 $PO_{3i}^{t+\Delta t}$ 可表示为：

①NO_x控制区：将 O_3 生成项按照 NO_x的来源贡献率进行分配。

$$PO_{3i}^{t+\Delta t} = PO_3 \times \frac{NO_{xi}^{t}}{\sum_{i=1}^{n} NO_{xi}^{t}} \tag{7.8}$$

②VOCs 控制区：将 O_3 生成项按照 VOCs 的来源贡献率进行分配。

$$PO_{3i}^{t+\Delta t} = PO_3 \times \frac{\sum_{j=1}^{m} VOC_{ij} \times kOH_j \times MIR_j}{\sum_{i=1}^{n}\sum_{j=1}^{m} VOC_{ij} \times kOH_j \times MIR_j} \tag{7.9}$$

③过渡区：一半 O_3 生成量按照 NO_x的来源贡献进行分配，一半 O_3 生成量按照 VOCs 的来源贡献进行分配。

$$PO_{3i}^{t+\Delta t} = 0.5 \times PO_3 \times \frac{NO_{xi}^{t}}{\sum_{i=1}^{n} NO_{xi}^{t}} + 0.5 \times PO_3 \times \frac{\sum_{j=1}^{m} VOC_{ij} \times kOH_j \times MIR_j}{\sum_{i=1}^{n}\sum_{j=1}^{m} VOC_{ij} \times kOH_j \times MIR_j} \tag{7.10}$$

式中，考虑到 VOCs 中各物种的反应活性不相同，因此，在计算 VOCs 来源贡献率时引入了各 VOCs 物种与 OH 自由基反应的反应速率常数 kOH，每次积分时分别将每个格点对应的 kOH 实时更新并提取出来进行源解析计算。式中MIR_j表示 VOCs 物种在 O_3 反应增量中的最大反应潜势，即该 VOCs 能生成 O_3 的最大量。

最后结合 DO_3，在 $(t+\Delta t)$ 时刻，O_3 的化学改变量可表示为：

$$O_{3i}^{t+\Delta t} = O_{3i}^{t} + PO_{3i}^{t+\Delta t} - DO_3 \times \frac{O_{3i}^{t}}{\sum_{i=1}^{n} O_{3i}^{t}} \tag{7.11}$$

通过以上方法，在模拟区域内任意一点或者区域的 O_3 来源贡献可以得到定量估算，如图 7.11 所示，从而知道哪一个或者哪些源区排放的前体物对当地 O_3 污染的贡献最显著。该方法同时考虑了两类前体物的作用，更加科学合理，并且由于计算过程中没有改变排放源强，可以有效避免 O_3 与前体物排放源之间的非线性问题。在计算速率上，该方法能够通过一次模拟计算得到所有来源的贡献情况，相对节省计算资源。

7.2.3 臭氧污染数值模式预报产品

基于前述的 O_3 数值预报系统构建和关键技术研发工作，在天津地区实现了 0～45 d 无缝隙精细化 O_3 数值预报，通过填色图(图 7.12)、时间序列图以及数据表格等多种可视化形式，

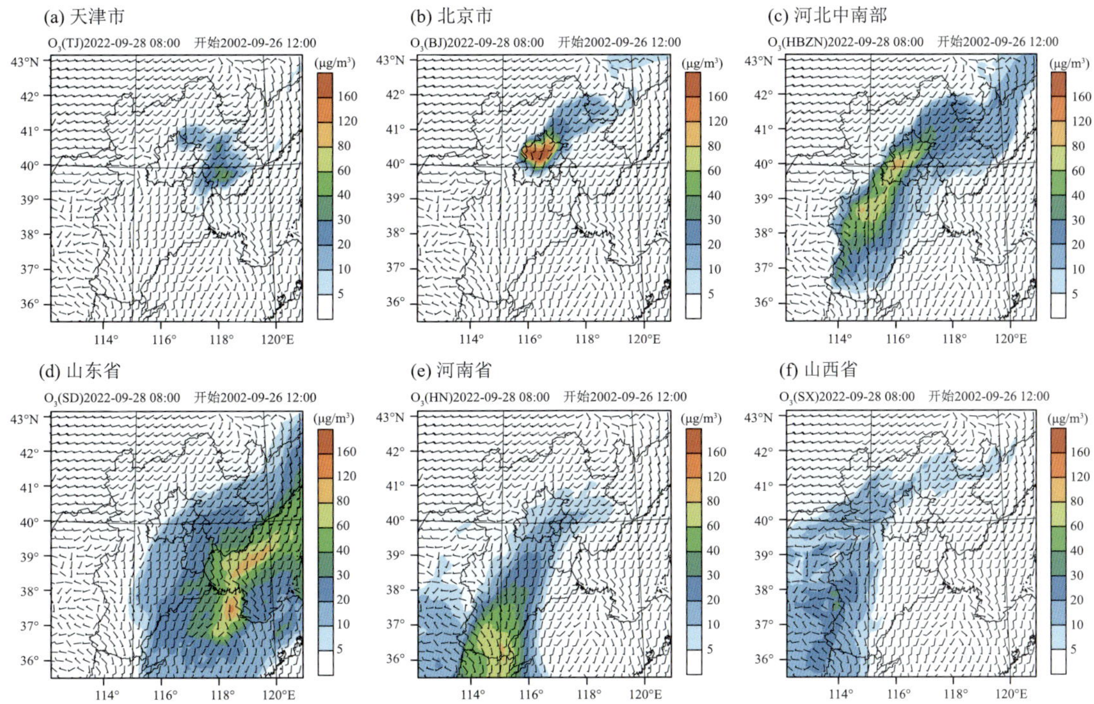

图 7.11　不同来源的臭氧区域输送贡献浓度分布预报图

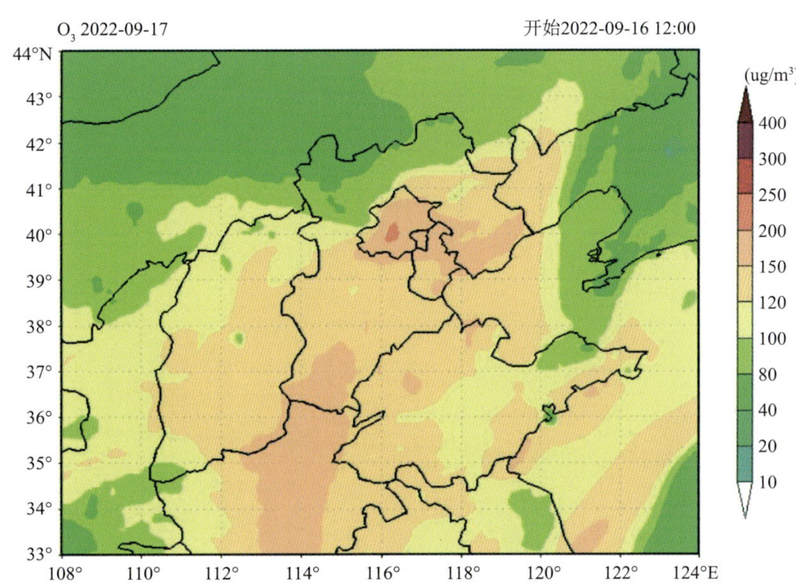

图 7.12　京津冀区域臭氧浓度空间分布预报示例图

可以直观地获取预报时段内天津及周边地区 O_3 浓度空间分布和主要城市的 O_3 浓度变化趋势等预报信息。预报产品空间范围覆盖了京津冀及周边地区，能够为区域内 O_3 污染预报提供客观参考。预报时效涵盖了从短期、中期臭氧污染过程预报到长期污染趋势预测，从而能够有效满足不同时间尺度的臭氧污染预报和服务需求。其中短期预报产品提供 0～120 h 的逐小时和日均值预报(图 7.13),主要用于开展 O_3 污染气象条件及浓度的精细化预报,提供 O_3 浓度等级、空间分布、逐小时变化等预报信息;中期预报产品提供 0～15 d 逐 3 h 和日均值预报(图 7.14),主要作用是对未来一段时间内可能出现的 O_3 污染过程做出提示,从而及时发现并提前关注 O_3 污染过程的发展演变;长期模式提供 0～45 d 逐日均值预报(图 7.15),用于分析和预测 O_3 污染的月变化趋势,为大气污染防治调度和措施制定实施提供一定的技术支持。预报要素除了 O_3 浓度以外,也包含了温度、湿度、辐射和风向风速等主要影响气象因素,用于辅助开展 O_3 污染气象条件分析,为 O_3 污染预报提供丰富的综合判断依据。

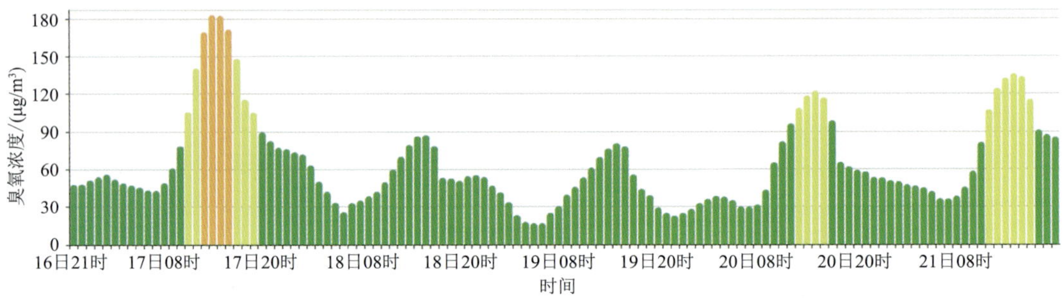

图 7.13　短期预报模式 0～120 h 逐小时臭氧浓度预报时间序列图

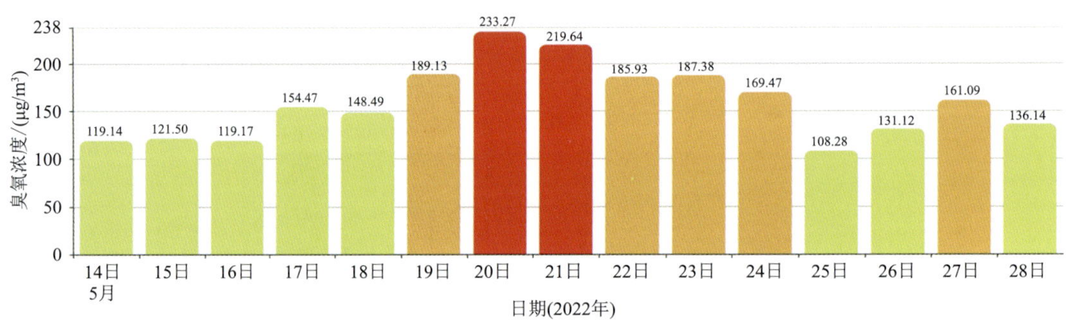

图 7.14　中期预报模式 0～15 d 逐日臭氧浓度预报时间序列图

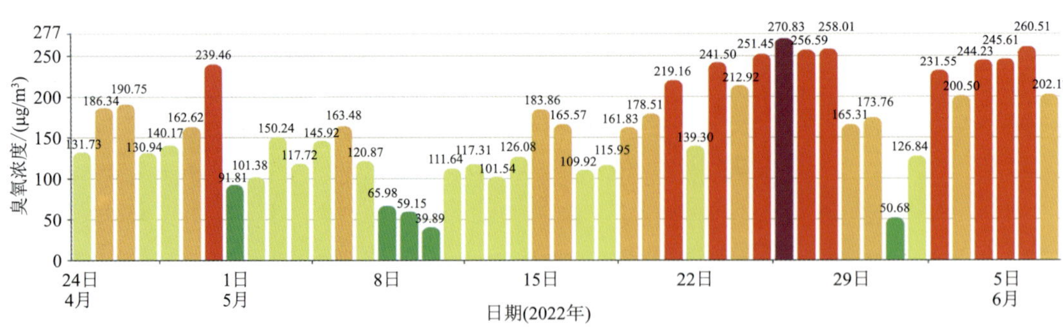

图 7.15　长期预报模式 0～45 d 逐日臭氧浓度预报时间序列图

臭氧数值预报产品是开展夏半年污染气象条件和空气质量预报的主要客观参考产品,在日常预报会商、产品制作中都有着广泛使用,在臭氧污染过程预报中发挥着的重要作用。从 2021 年夏半年 4—9 月天津 O_3 数值预报产品检验情况分析(表 7.6),从整体预报效果来看,数

值模式对天津地区 O_3 浓度预报值比实况观测整体偏高，0～10 d 的预报平均偏差在 10～17 μg/m³。短期预报 0～72 h 时效内，数值模式能够较好地预报出天津地区 O_3 浓度变化，预报和实况之间的相关系数可以达到 0.7 以上，平均相对误差小于 21.6%，平均偏差为 10～13 μg/m³。随着预报时效延长，在中期时效内 4～6 d 模式 O_3 预报和实况之间的相关系数在 0.5～0.6，平均相对误差小于 28.9%，7～10 d 预报相关系数在 0.4 左右，平均相对误差增加至 30%～35%。虽然模式预报效果有一定程度的下降，但是在趋势上也能够较好地放映出 O_3 浓度的变化趋势，对 10 d 以内 O_3 污染过程的分析判断具有良好的指示作用。例如对于 2022 年 5 月 18—25 日的 O_3 污染过程，根据中期预报产品在 13 日 20 时起报的结果显示 19—24 日将出现连续 O_3 污染天气，提前 5 d 对污染过程作出了有效提示。长期预报模式侧重于月尺度臭氧污染变化趋势预测，通过分析其预报结果可以对臭氧污染易发时段做出合理判断，例如，长期预报模式 2022 年 5 月天津臭氧浓度预报结果显示，在 5 月下旬—6 月上旬天津地区臭氧污染较前期明显发展，出现持续性臭氧污染的概率增加，实况观测 5 月 18 日—6 月 4 日期间天津地区臭氧污染日数共 15 d，出现 3 次臭氧污染过程，其中两次过程分别持续了 8 d 和 5 d。综上所述，通过 O_3 数值预报产品的综合应用，可以更好地把握 O_3 污染过程发展演变趋势，提升污染过程的预报提前量和准确率。

表 7.6　2021 年 4—9 月天津 O_3 浓度数值预报检验情况

时间范围	检验指标	短期预报					中期预报				
		24 h	48 h	72 h	96 h	120 h	6 d	7 d	8 d	9 d	10 d
夏半年（4—9 月）	相关系数	0.78	0.71	0.7	0.63	0.57	0.53	0.44	0.44	0.41	0.36
	相对误差/%	20.1	21.6	21.5	25.9	27.7	28.9	30.2	33.3	35.6	33.8
	平均偏差/(μg/m³)	11.67	13.01	10.84	12.25	15.63	15.88	10.9	5.7	15.4	16.86

7.3　臭氧污染影响评估技术

7.3.1　气象条件变化对臭氧污染的影响评估

O_3 是光化学反应的产物，O_3 浓度的高低与温度、相对湿度、辐射、边界层高度等气象要素密切相关，本书第 4 章对气象条件与 O_3 浓度变化之间的影响关系进行了详细分析，基于此通过分析与 O_3 浓度变化密切相关的温度、辐射、相对湿度等气象条件变化趋势，可以对气象条件是否有利于 O_3 污染形成给出定性判断。同时，为了评估多个气象要素对 O_3 浓度变化的综合影响，参考细颗粒物扩散指数建立方法构建了 O_3 气象条件指数，用以表征天津地区 O_3 光化学气象条件反应能力，具体方法如下：以 2018—2021 年天津地区气象指标和 O_3 浓度为样本，根据日最高气温、平均风速、相对湿度、白天紫外辐射和日照时数五个变量，根据其各自变量的分布将其划分为 10 等份，计算每一等份对应的 O_3 质量浓度，并求取其与 2018—2021 年平均 O_3 质量浓度的比值，定为该气象指标对应分布段权重系数。如日最高气温，根据日最高气温出现的概率，将其划分为<20.8 ℃、20.8～24.2 ℃、24.2～26.2 ℃、26.2～27.7 ℃、27.0～29.0 ℃、29.0～30.2 ℃、30.2～31.2 ℃、31.2～32.2 ℃、32.2～34.0 ℃和 34.0 ℃以上，当日最高气温小于 20.8 ℃时，其对应的 O_3 质量浓度为 97 μg/m³，2018—2021 年 O_3 质量浓度均

值 100 μg/m³，其权重系数即为两者比 0.97；日最高气温大于或等于 34.0 ℃时 O_3 平均浓度为 203 μg/m³，初步确定其权重系数为 2.03；依次类推对 5 项气象指标分别计算，以求和构建 O_3 气象条件指数。在此基础上以达到 O_3 气象条件指数和 O_3 质量浓度的相关系数最大为目标，编辑程序再次反复微调权重系数，进行适当的放大和缩小，最终确定权重系数如表 7.7 所示。

表 7.7 天津地区 O_3 气象条件指数权重系数表

项目和权重	分段									
	1	2	3	4	5	6	7	8	9	10
日最高气温/℃	20.8	24.2	26.2	27.7	29.0	30.2	31.2	32.2	34.0	∞
权重系数 1	0.97	1.02	1.07	1.27	1.34	1.44	1.49	1.61	1.84	2.03
平均风速/(m/s)	1	1.5	1.6	1	2	2.3	2.5	2.7	3.2	∞
权重系数 2	0.8	0.95	0.94	1.00	1.15	1.12	1.24	1.18	1.08	0.83
相对湿度/%	37.8	45.8	53.0	60.0	64.9	70.4	75.0	78.6	83.9	100.0
权重系数 3	0.57	0.67	0.67	0.71	0.81	0.79	0.88	0.84	0.77	0.59
白天紫外辐射/(W/m²)	9.5	15.7	21.1	24.6	27.1	28.7	30.3	32.4	34.4	∞
权重系数 4	0.72	0.61	0.81	1.13	1.21	1.52	1.47	1.53	1.48	1.26
日照时数/h	0.6	2.7	5.4	7.5	8.8	9.8	10.6	11.1	11.8	∞
权重系数 5	0.68	0.84	0.90	0.86	0.85	1.12	1.32	1.39	1.45	1.49

注：表 7.7 为权重系数表，以日最高气温为例，表示相对湿度小于或等于 20.8 时，取权重系数 0.97。

基于影响 O_3 浓度的气象指标和构建的 O_3 气象条件指数对 2021 年 4—9 月天津地区 O_3 污染气象条件同比变化进行评估分析(图 7.16)。与 2020 年同期相比，2021 年 4—9 月天津地区气象条件总体不利于光化学反应，具体表现为：气温同比下降，高温日数明显减少，平均气温 22.6 ℃，同比下降 0.3 ℃，日最高气温大于 33 ℃和 35 ℃的天数分别为 27 d 和 10 d，同比分别减少 13 d 和 6 d；光照条件有所减弱，平均紫外辐射 24.2 W/m²，同比下降 8.0%，平均日照时数 7.0 h，同比减少 0.6 h；降水显著增多，降水量 801.6 mm，同比增多 5 成，降水日数 61 d，同比增加 12 d。从各月份变化情况来看，各月份影响 O_3 浓度的气象条件变化有所不同，其中 4 月、6—7 月气象条件同比不利于光化学反应，4 月平均气温略有下降，而光照条件明显减弱，平均紫外辐射 25.3 W/m²，同比下降 21.2%，日照时数 7.2 h，同比减少 2.8 h；6 月气温明显下降，平均气温同比下降 1.2 ℃，日最高气温大于 33 ℃的天数减少 3 d，且降水明显增多，降水量 86.8 mm，同比增加两倍，降水日数 11 d，同比增加 5 d，光照条件略有减弱；7 月平均气温变化不大，但高温日数有所减少，日最高气温大于 33 ℃和 35 ℃的天数分别减少 3 d 和 2 d，且光照条件减弱，降水明显增多，降水量 374.7 mm，同比增加两倍，降水日数 16 d，同比增加 5 d。5 月气温略下降，但光照条件有所增强，平均紫外辐射 31.2 W/m²，同比增加 8.7%，日照时数 9.2 h，同比增加 1.5 h，且降水减少，降水量 12.1 mm，同比减少 8 成，降水日数 6 d，同比减少 3 d。8 月气温下降，高温日数明显减少，未出现日最高气温大于 35 ℃的情况，同比减少 2 d，但光照条件略增强，日照时数增加 1.2 h。

污染物浓度变化是气象条件和排放源综合作用产生的结果，如何定量区分气象条件和排放源对污染物浓度变化的影响贡献是开展污染气象条件评估关注的问题之一。构建基于数值模拟的光化学反应气象条件评估方法，利用大气化学模式进行同排放源数值模拟，在假设排放

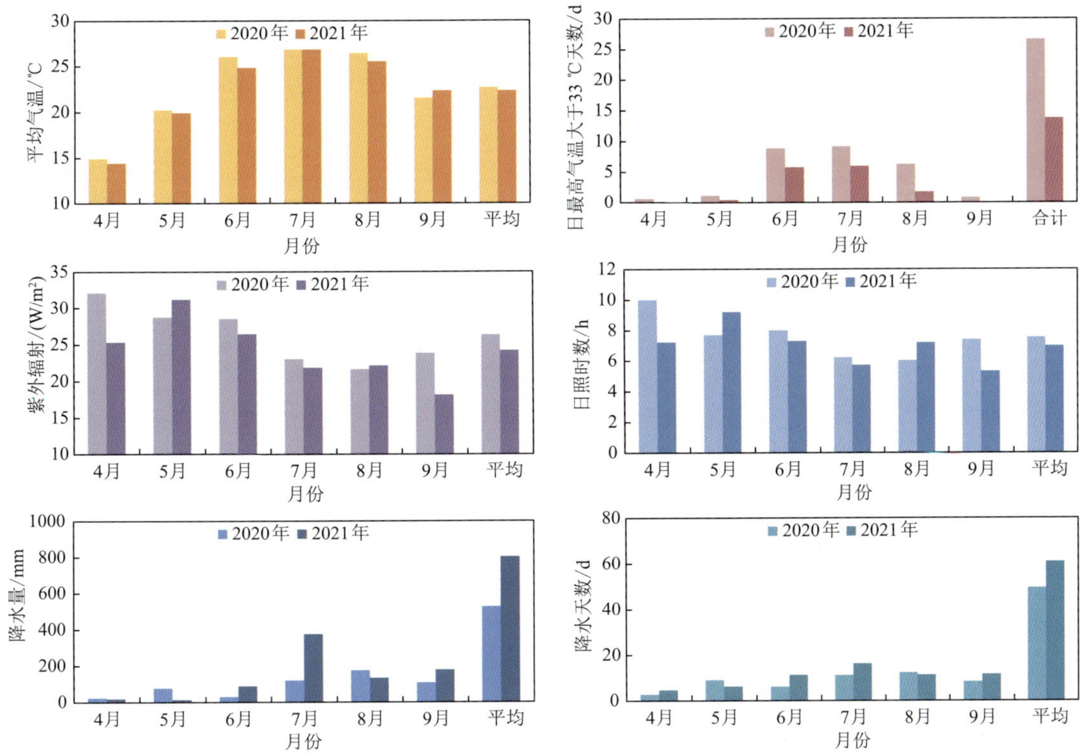

图 7.16　2020 年和 2021 年 4—9 月天津地区影响 O_3 污染的气象条件变化

源固定不变的条件下，模拟分析由于不同时间气象条件差异所造成的 O_3 浓度差异，从而实现气象条件对 O_3 浓度变化的影响的定量评估。考虑到 O_3 作为二次污染物，气象条件以及 VOCs、NO_x 等前体物对其浓度变化的影响机制复杂，因此在选取固定基准排放源时，需要与评估时间段的排放源接近，从而保证模拟结果能够尽可能反映真实情况，减少模拟误差对分析结果造成的不利影响，例如评估 2020—2021 年光化学气象条件，建立相应数值评估方法，其基准排放源为 2020 年最为恰当，使用 2020—2021 年以外的排放源，则会造成较大的偏差。此外，光化学反应气象条件数值评估方法是以评估 O_3 的评价浓度（日最大 8 h 浓度的第 90 百分位数）和超标日数为指标，与细颗粒物扩散气象条件评估有所不同。

基于同排放源数值模拟定量评估 2020—2021 年光化学气象条件变化（图 7.17），从 O_3 浓度变化情况分析，2020 年天津地区 MDA8 O_3 第 90 百分位数模拟值为 188 $\mu g/m^3$，2021 年 MDA8 O_3 第 90 百分位数模拟值为 184 $\mu g/m^3$，同比下降 2.1%，数值模拟评估表明 2021 年天津地区光化学反应气象条件同比略转好；从 O_3 超标日数模拟结果分析，2020—2021 年 O_3 超标日均出现在 4—9 月，其他月份未发生 O_3 超标情况，其中 2020 年天津地区 O_3 超标日数模拟值为 68 d，2021 年模拟值为 58 d，气象条件变化可使得 O_3 超标日数同比减少 10 d。对比 O_3 污染主要影响时段的气象条件分析，2021 年 4—9 月 O_3 高发季温度大于 33 ℃天数同比减少 13 d，降水增加 5 成，辐射下降 8.1%，光化学反应气象条件同比不利于 O_3 生成，数值模拟评估结果与气象指标分析结论一致，可以有效应用于天津地区光化学反应气象条件评估。根据 O_3 浓度实况观测结果，2020 年天津地区 O_3 评价浓度为 190 $\mu g/m^3$，超标日数为 60 d，2021

年 O_3 评价浓度为 160 μg/m^3，同比下降 15.8%，超标日数为 36 d，同比减少 24 d。由此可见，2021 年天津地区 O_3 污染改善是光化学反应气象条件变化和污染防治措施共同作用的结果，其中气象条件变化对 O_3 评价浓度下降的贡献约占 1 成，对 O_3 超标日数减少的贡献约占 4 成。

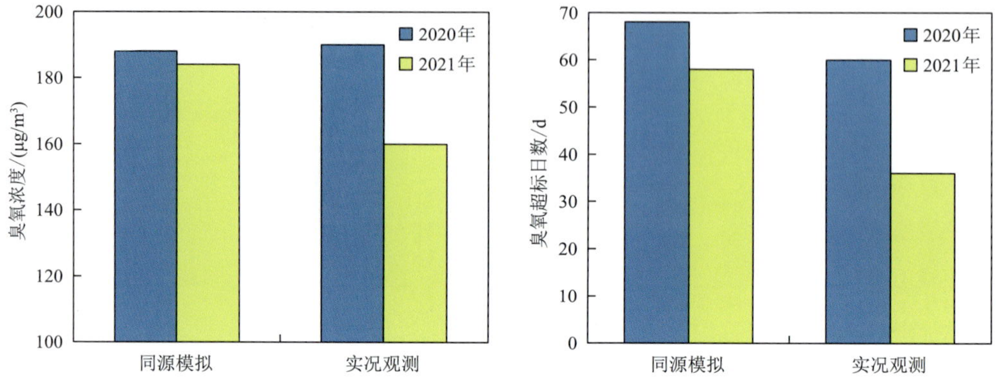

图 7.17　基于同排放源数值模拟的 2020—2021 年光化学气象条件变化定量评估

7.3.2　基于时间序列分析的臭氧长期趋势评估

O_3 浓度的长时间序列变化可以认为是不同时间尺度变化特征叠加作用的结果，因此利用时间序列分析方法将 O_3 浓度的长时间序列变化分解成多个时间尺度分量，通过分析各分量变化来识别不同时间尺度的 O_3 浓度变化特征。一个时间序列通常由长期趋势、季节变动、不规则波动几部分组成，对于一个时间序列 $\{X(t)\}$，假设它是加性模型，则可以写成：

$$X(t) = S(t) + T(t) + R(t) \tag{7.12}$$

$$\text{Baseline}(t) = T(t) + S(t) \tag{7.13}$$

式中，$S(t)$、$T(t)$、$R(t)$ 分别是周期成分、趋势成分、残差成分，周期成分和趋势成分之和定义为基线时间序列。目前研究中常采用的时间序列分解法包括 KZ(Kolmogorov-Zurbenko)滤波和 STL(Seasonal-Trend decomposition procedure based on Loess)法，本研究采用 STL 分解法分解气象因子和污染物的原始时间序列，将时间序列分解成趋势分量、季节分量和余项。

首先使用时间序列分解法将 O_3 和气象因素分解为基线时间序列和短期序列。因为长期分量趋势变化中包括了排放和气象条件主导的趋势，所以仍需进一步剥离二者的趋势变化。通过对短期分量和基线分量时间序列分别建立以气象要素为自变量的回归模型可以有效地剥离排放和气象条件对趋势变化的影响。相比大部分研究中使用的线性回归模型，本研究拟使用随机森林（非线性）法来建立 O_3 和气象因素之间的回归模型。

$$X_{BL}(t) = f(M_{BL,T}, M_{BL,RH}, \cdots, M_{BL,i}) + \varepsilon_{BL}(t) \tag{7.14}$$

$$X_{I}(t) = f(M_{I,T}, M_{I,RH}, \cdots, M_{I,i}) + \varepsilon_{I}(t) \tag{7.15}$$

式中，$M_{BL,i}$ 和 $M_{I,i}$ 分别是气象因素 i（包括气温、辐射、露点温度、相对湿度、气压、风速、风向、比湿、温度露点差）的基线序列和短期序列。基线时间序列和短期序列回归产生的残差（模型基于气象因素预测的 O_3 浓度和实际观测的浓度）之和就是受人为排放影响的 O_3 的总残差，即认为气象波动从原始 O_3 时间序列中被扣除。

$$\varepsilon_t = \varepsilon_{BL}(t) + \varepsilon_I(t) \tag{7.16}$$

式中，$\varepsilon_{BL}(t)$ 和 $\varepsilon_I(t)$ 分别是 O_3 浓度基线序列和短期序列回归的残差。经气象调整的 O_3 浓度定义为基线状态下的 O_3 浓度与残差和（ε_t）的和：

$$X(t)_{adj} = \varepsilon_t + \overline{X(t)} \tag{7.17}$$

式中，基线状态下的 O_3 浓度定义为研究期内 O_3 观测值的平均浓度（$\overline{X(t)}$），反映平均气象条件下的 O_3 浓度。这样一个经气象调整的 O_3 时间序列整体上能够代表排放源相关变化所导致的 O_3 趋势变化。

为了获得排放相关的 O_3 浓度的长期趋势变化，时间序列分解法被再次用来分解 ε_t，获得气象调整 O_3 浓度的长期趋势。滤除气象影响的 O_3 浓度的长期趋势 O_3（$f(t)_{T,adj}$）就是总残差（ε_t）的长期趋势与原始 O_3 浓度长期趋势平均值（$\overline{T(t)}$）的和，对比滤除和未滤除气象影响的 O_3 浓度长期趋势可获得气象条件对 O_3 长期变化趋势的相对贡献。

基于上述时间序列分析方法研究 2015—2021 年天津地区 O_3 污染特征及趋势演变，评估气象条件和排放对 O_3 长期趋势的影响。采用 STL 方法对天津地区 O_3 时间序列进行分解，短期、季节、趋势分量的方差贡献分别为 40.1%、56.7%、2.4%，方差贡献比例总和达到 99.2%。2015—2021 年间天津市 O_3 观测值和气象调整值的时间序列如图 7.18a 所示，O_3 观测值和气象调整值的长期趋势如图 7.18b 所示。观测期间，O_3 平均浓度（小时均值）从 2015 年的 44 $\mu g/m^3$ 上升到 2021 年的 60 $\mu g/m^3$，平均上升速度为每年 3.3 $\mu g/m^3$，是气象调整浓度上升速率的 2.8 倍（每年 1.2 $\mu g/m^3$）。气象调整 O_3 浓度的长期趋势与 O_3 观测浓度的上升趋势一致，从长期变化趋势来看，天津市 O_3 浓度的上升主要受前体物排放的影响。

经气象调整后的 O_3 浓度在 2015—2016 年有所下降，此后直到 2021 年一直保持上升的趋势，2016—2021 年年均上升速率为 1.4 $\mu g/m^3$。气象造成数据高频信号会掩盖由排放造成的真实的 O_3 变化趋势。2015 年和 2016 年气象条件对于缓解 O_3 污染有利，降低年均 O_3 浓度分别达 10 $\mu g/m^3$ 和 4.7 $\mu g/m^3$。而在 2017—2021 年间，气象条件加剧了夏季 O_3 污染。2019 年气象导致 O_3 浓度年均值增加 9.3 $\mu g/m^3$，相当于 O_3 年均浓度的 13%。2019 年后气象对 O_3 污染的加剧作用开始减弱，2021 年是近些年气象对 O_3 污染影响最弱的一年，仅导致 O_3 年均浓度增加 1 $\mu g/m^3$。

7.3.3　区域输送对臭氧污染的影响评估

基于标记法大气化学模式计算 2019 年 4 月 1 日—2019 年 9 月 30 日京津冀地区主要城市 O_3 来源（表 7.8），分析结果显示区域输送对京津冀地区 O_3 的影响程度较高，13 个城市区域输送贡献 83.5%，本地贡献约在 16.5%（10%～40%）。北京、天津和石家庄等城市工业发达，O_3 前体物排放强度较高，本地大气光化学反应强度较强，O_3 本地生成贡献高于区域内其他城市，本地贡献分别为 42.0%、24.0% 和 21.6%，其余城市的本地贡献均低于 20%。不同城市 O_3 输送来源地存在差异，城市相对位置和大地形是导致不同城市 O_3 来源地差异的重要影响因素。京津冀区域对北京、廊坊、承德、张家口、唐山、保定和天津等区域中北部城市 O_3 浓度的影响高于 50%，与夏季盛行偏南气流将黄淮海平原地区的高浓度 O_3 及其前体物向北输送有关，而河北省南部各城市则更易受到山东、河南等地影响；秦皇岛易受到山东和模拟区域以外地区的影响，可能反映了污染气团跨海输送的特征。

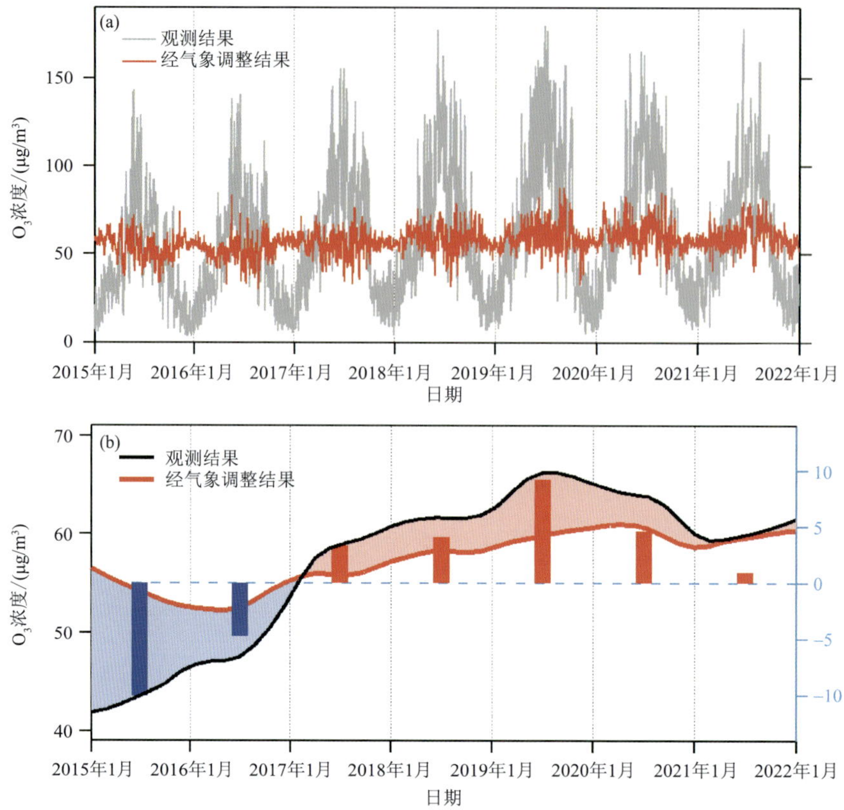

图 7.18　O_3 实况观测以及气象修正浓度时间序列变化(a)原始时间序列(b)长期趋势分量
((b)图中，左侧纵轴对应折线；右侧纵轴对应柱图数据，正负值表示 O_3 长期趋势的气象影响)

天津位于华北平原东北部，东临渤海，北依燕山，O_3 本地生成贡献约占 24.0%，略高于京津冀平均水平，区域输送贡献占比 7 成，对天津地区的影响相比于 $PM_{2.5}$ 区域输送更加显著。其中影响较大的 O_3 输送来源主要位于天津周边地区，如北京、沧州、廊坊、唐山等，区域输送贡献率依次为 6.0%、5.2%、4.0%和 3.6%，河北中南部(保定、邢台、邯郸、衡水和石家庄)的贡献率为 7.6%，京津冀地区以外的输送主要来源于山东省，贡献率为 19.0%，其次为内蒙古、河南、辽宁等，贡献率均在 5%左右，地理因素和主导气团分布是影响天津 O_3 区域来源的主要因素。

表 7.8　京津冀地区主要城市 O_3 来源百分比　　%

地区	北京	天津	保定	廊坊	沧州	唐山	石家庄	邯郸	衡水	邢台	张家口	承德	秦皇岛
北京	42.03	6.03	6.66	13.8	3.71	5.75	2.5	1.48	2.83	1.98	16.79	13.11	2.28
天津	9.29	23.99	6.55	14.54	5.71	16.17	2.42	1.52	2.13	1.56	4.86	9.83	6.73
保定	5.73	2.82	12.59	4.96	2.31	1.82	4.98	1.44	2.15	1.85	7.1	3.58	0.89
廊坊	4.85	3.99	3.59	12.54	2.03	2.13	1.02	0.55	0.99	0.67	2.01	3.04	1.24
沧州	1.86	5.19	5.71	3.94	10.86	3.66	2.42	1.37	3.16	1.83	1.42	2.44	2.97
唐山	3.22	3.6	2.29	4.62	2.43	18.19	1.12	0.76	1.02	0.74	2.79	7.65	5.91
石家庄	1.69	1.53	5.12	1.77	1.39	1.12	21.62	3.12	3.23	5.04	3.54	1.45	0.63
邯郸	0.76	0.96	2.2	1.18	1.35	0.92	3.98	18.29	3.28	12.07	1.01	0.69	0.52
衡水	1.08	1.38	3.49	1.88	1.93	1.08	1.8	1.45	9.1	2.1	0.98	1.04	0.65
邢台	0.86	0.91	2.58	1.16	1.04	0.73	5.63	5.12	3.77	11.61	1.23	0.72	0.48

续表

地区	北京	天津	保定	廊坊	沧州	唐山	石家庄	邯郸	衡水	邢台	张家口	承德	秦皇岛
张家口	2.5	1.36	1.72	1.9	1.23	1.31	1.31	0.82	1.31	1	16.88	2.49	0.74
承德	1.02	1.1	0.73	1.17	1.02	1.77	0.52	0.36	0.61	0.4	1.05	13.88	0.95
秦皇岛	0.31	0.4	0.31	0.38	0.39	0.76	0.16	0.13	0.22	0.15	0.45	0.67	2.77
京津冀区域	75.2	53.26	53.54	63.84	35.4	55.41	49.48	36.41	33.8	41	60.11	60.59	26.76
山东	6.55	19.02	14.15	11.53	28.02	16.4	9.93	13.36	24.62	13.94	5.59	10.28	30.75
山西	1.87	1.72	3.77	2.16	2.22	1.47	8.79	5.21	3.52	5.69	6.65	2.64	0.57
河南	3.18	5.66	8.9	5.43	8.97	5.56	11.78	24.67	14.99	19.45	4.41	3.75	4.13
辽宁	2.05	3.42	3.11	2.81	4.67	4.5	2.97	2.4	3.32	2.64	2.64	3.49	7.87
内蒙古	5.8	6.26	8.14	6.83	7.83	7.04	8.16	6.15	7.45	6.78	14.67	12.09	5.09
其他	5.36	10.68	8.39	7.41	12.88	9.63	8.92	11.81	12.29	10.48	5.92	7.16	24.82

注：纵列城市对横行城市的输送占比，如二者为同一城市，即为本地光化学净生成。

风向风速对 O_3 区域输送特征有着密切影响。一般而言，地面风速与 O_3 区域输送贡献大小呈正相关，地面风速越大越易于 O_3 区域输送出现。当天津地区日平均风速小于 1 m/s 时，O_3 区域输送贡献约为 72.6%；当风速介于 1～2 m/s 时，区域输送贡献约为 74.9%，略小于平均水平；当风速介于 2～3 m/s 之间，区域输送贡献为 77.8%，略大于平均水平；当风速介于 3～4 m/s 之间，区域输送贡献为 78.9%；风速大于 4 m/s 以后，区域输送贡献明显增加至 82.1%。天津地区不同风向下 O_3 的区域输送贡献存在显著差异，当风向为南风和东北风时，区域输送贡献比例较高，分别为 81.0% 和 79.8%；当风向为西风、西南风和东南风时，区域输送贡献比例接近平均水平，依次为 77.3%、76.9% 和 75.7%；北风、西北风、东风时，区域输送贡献比例较低，在 72%～73%之间。

统计分析 O_3 区域输送浓度和不同高度风速的相关性，发现其与 100 m 高度上的风速相关性最高。分析天津地区 100 m 高度风速风向和 O_3 区域输送的关系（图 7.19），发现 100 m 高空风速大小与 O_3 区域输送贡献比例成正比，区域输送浓度在风速介于 4～5 m/s 时最大，为 134.2 μg/m³，本地贡献在风速小于 3 m/s 时最大，达到 48.2 μg/m³。100 m 高空不同风向下 O_3 区域输送贡献百分比也与地面风向分布类似，当风向为东北风时输送贡献百分比最大为 83%，其余风向影响时区域输送贡献百分比差异不大，介于 73%～75%之间；而 O_3 区域输

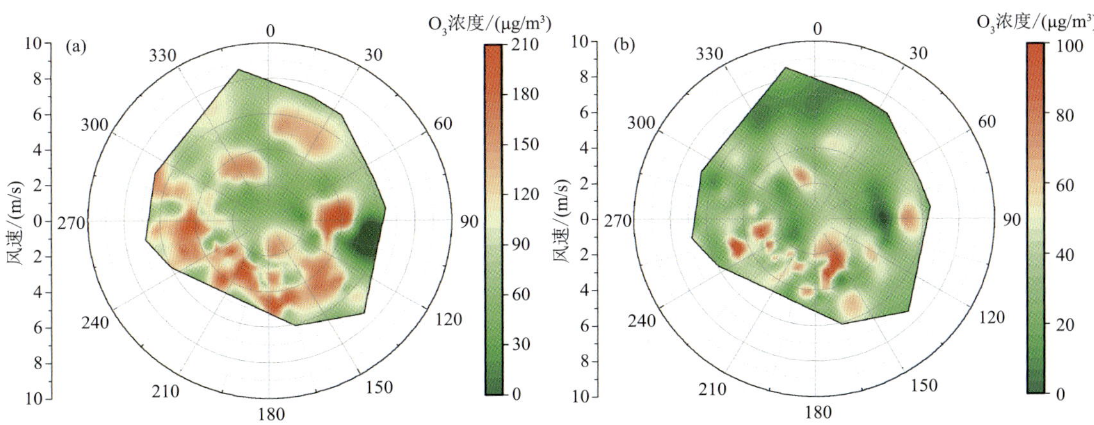

图 7.19　100 m 高度不同风向风速天津地区 O_3 区域输送浓度(a)和本地浓度(b)随风场分布图

送浓度则在西南风时最大，为 126.1 μg/m^3，南风时次之，为 120 μg/m^3，西风时为 118.4 μg/m^3、东南风时为 113.8 μg/m^3、东北风、偏东风、西北风影响时 O_3 输送浓度在 91～97 μg/m^3 之间，北风时输送浓度最小为 88 μg/m^3，这与京津冀 O_3 南高北低的污染格局有关系，河北中南部、山东半岛是天津 O_3 输送的两个重要发源地，也是天津地区 O_3 区域联防联控需要重点监控关注的方向。

不同污染程度下区域输送和本地贡献对天津地区 O_3 的影响程度存在一定差异（图 7.20）。一般而言，随着 O_3 污染加剧，输送贡献占比呈逐步上升趋势，在达到中度污染时，区域输送贡献最高达到 78.5%，而当 O_3 污染进一步加剧达到重度污染时，区域输送比例大幅度下降至 63.7%，这表明较为"轻微"的 O_3 污染主要来自于区域输送，而"严重"污染则更依赖于本地生成的作用。需要关注的是，尽管 O_3 重度污染时其浓度较高，易引发社会关注，但从累积效应而言，轻中度污染发生频率远高于重度污染，而其主要来源于区域输送，即大部分的 O_3 污染事件实质上归因于输送的贡献，以及天气形势和风场的作用。O_3 出现重度污染天气时，O_3 的本地生成与区域输送贡献相当，一方面强辐射和高温天气促进 O_3 的光化学生成，另一方面持续的偏南气流源源不断地带来高浓度 O_3 及其前体物，甚至平流层 O_3 下溢也会造成 O_3 浓度短期的爆发性增长。

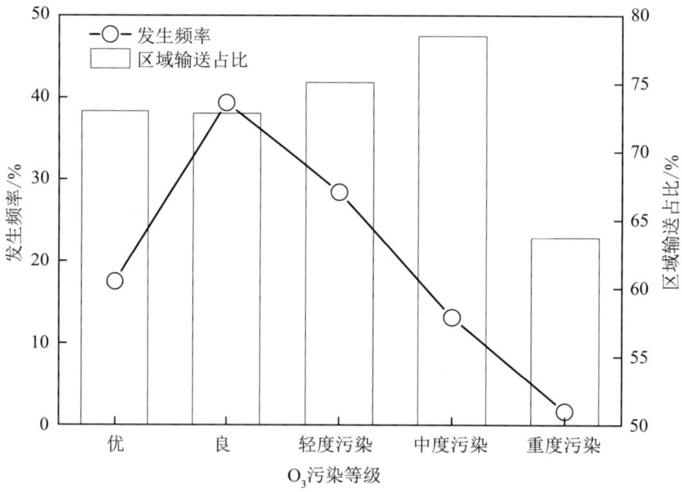

图 7.20　不同污染程度下输送和本地贡献对 O_3 的影响

以 2019 年 5 月 22—25 日 O_3 污染过程为例，分析典型污染过程中 O_3 区域输送特征和气象条件影响。此次过程期间华北、黄淮和东北地区出现高温天气过程，河北东南部等地极端最高气温达 38 ℃以上，局部地区超过 40 ℃，这种大范围的高温天气有利于区域范围的 O_3 生成，京津冀区域近地面主要受弱高压和低压控制，温度较高，辐射强烈，大部分城市出现连续 3 d O_3 污染过程，其中天津 23 日 O_3 8 h 最大浓度为 278 μg/m^3，达到重度污染水平，24 日为轻度污染，25 日出现中度污染，造成一次较为典型的 O_3 持续污染过程。如图 7.21 所示，5 月 23 日凌晨到上午天津地区 O_3 浓度较低，07 时仅为 20.8 μg/m^3，中午前后浓度快速增加，每小时增长量在 50 μg/m^3 左右，14 时达到最大值，为 307.8 μg/m^3，随后浓度略有下降，15—17 时维持在 290 μg/m^3 左右，18 时开始快速下降，至夜间维持在 100～150 μg/m^3。24 日上午起 O_3

浓度缓慢增长，每小时增长量为 15 μg/m³，到 13 时达到最高值为 192.3 μg/m³，随后逐渐下降至低于 100 μg/m³。25 日 O_3 日变化特征与 24 日类似，呈现较为温和的增长态势。图 7.21 同时给出了这次污染过程中 O_3 本地生成与区域输送量的时间分布，23 日午后本地生成 O_3 浓度接近 200 μg/m³，远高于 24—25 日同期，区域输送占比仅为 30%，为本次过程中的最低值。24—25 日本地生成 O_3 浓度较低，仅为 50 μg/m³ 左右，但区域输送浓度均超过 100 μg/m³，致使 O_3 浓度接近或超过 200 μg/m³，达到污染程度，同时区域输送占比也超过 80%，这表明尽管同处一次污染过程中，O_3 来源也不尽相同，开展 O_3 污染过程的精细分析，有助于深入理解 O_3 来源和演化特征。

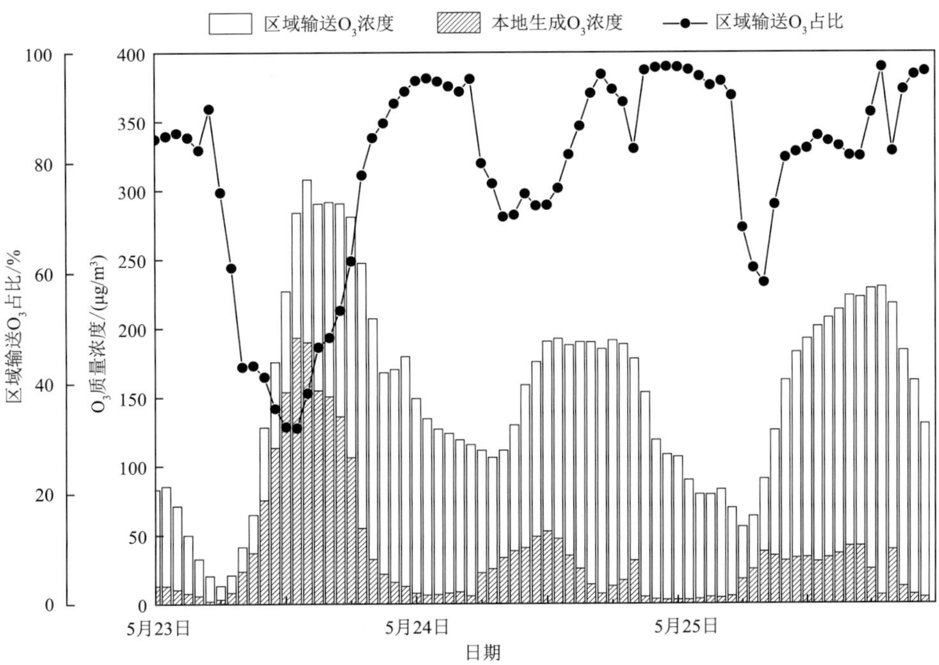

图 7.21　天津 2019 年 5 月 23—25 日典型 O_3 污染过程中区域输送和本地生成 O_3 浓度

图 7.22 给出了该次 O_3 污染过程中地面气象条件和风场垂直变化情况，结合天气形势、地面气象条件（温度、辐射、地面风速和风向）以及边界层风场垂直分布特征可以清晰刻画出该次过程气象条件对 O_3 生成和积累的影响。23 日高空 500 hPa 受高压脊影响，850 hPa 风速明显较弱，地面由弱高压转为低压前部控制，天津地区日最高气温达到 35.7 ℃，地面风场以弱西南风为主，且在上午出现东北风和西南风的辐合风场，弱风和辐合风场利于 O_3 及其前体物在近地面累积，进而利于 O_3 生成。24—25 日高空 500 hPa 逐渐由高压脊转为槽前，地面处于低压系统控制下，日最高气温在 34～35 ℃之间，紫外辐射在 32～34 W/m² 之间，与 23 日较为相似。但地面偏南风较 23 日明显增强，风速达到 4～6 m/s，利于 O_3 及其前体物向北输送，对应 O_3 的区域输送占比也明显增加。风场垂直变化（图 7.22b）可以更为直观地展示不同高度下风向和风速的差异，特别是 24 日和 25 日中午前后存在下沉气流（垂直速度约为－0.5 m/s），这种弱的下沉气流易于上层大气和远距离输送大气中的 O_3 向近地面输送，从而导致 O_3 区域输送占比较高。同期秦皇岛的观测显示，23 日上午 TVOC 浓度快速升高，其后迅速下降，O_3

前体物在本次污染过程的前期快速消耗，可能是造成24—25日本地生成O_3浓度较23日大幅度下降的重要原因。来自于其他区域的O_3通过西南气流和弱下沉气流在24—25日进行了有效的输送，是造成天津O_3浓度仍然维持在较高水平，并形成持续3 d的连续污染过程的重要气象成因。

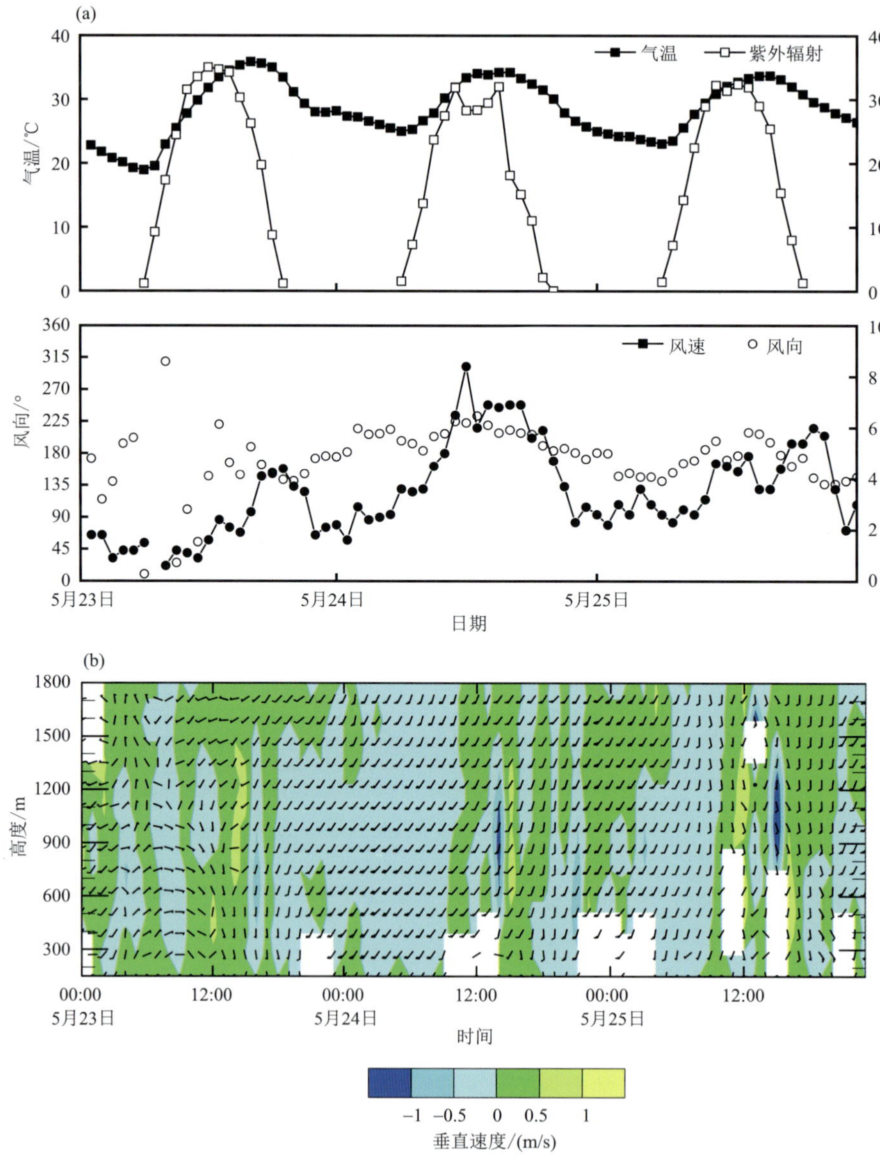

图7.22　天津2019年5月23—25日典型O_3污染过程中地面气象条件(a)和风场垂直变化(b)情况

7.3.4　臭氧污染过程解析技术

过程分析技术是根据大气化学模式的计算过程，将影响O_3的物理化学过程单独输出，通过对单独变量的分析，分析O_3浓度变化的成因。对于模式中污染物浓度的变化，可以用下列等式计算：

$$\Delta C = \Delta C_{\mathrm{Chemi}} + \Delta C_{\mathrm{Phyi}} + \Delta C_{\mathrm{Emisi}} \tag{7.18}$$

式中，影响 O_3 浓度变化 ΔC 变化的量包括：化学过程影响的浓度变化 $\Delta C_{\mathrm{Chemi}}$，物理过程影响的浓度变化 ΔC_{Phyi} 和一次排放的 O_3 浓度 $\Delta C_{\mathrm{Emisi}}$。由于模式假定 O_3 均为二次生成，因此，$\Delta C_{\mathrm{Emisi}}$ 为零。而本研究中物理过程包括平流、垂直混合、干湿沉降和对流，化学过程主要为气相化学。通过将物理和化学过程影响的 O_3 浓度单独输出，并分析这些物理化学过程诊断量的变化，便形成了过程分析技术。本研究中物理过程诊断量包括：垂直平流（Advz），水平平流（Advh），垂直混合（垂直分层中最下底层包含干沉降的贡献）（Vmix），化学过程则以 Chem 表示；Advz 和 Advh 作为输送的影响，将之合并为输送（Tran）。中尺度大气化学模式 WRF-Chem 在其 3.5 版本以后，增加了诊断分析（Chemdiag）功能，开启该功能后模式可实现 CO、O_3 和 NO_2 模拟的物理化学过程追踪。基于过程分析中各物理化学过程诊断量的变化，能够进一步定量分析臭氧浓度变化中各物理化学过程的相对贡献，从而厘清 O_3 浓度变化特征的成因。利用过程分析技术定量分析天津地区不同物理化学过程对近地面 O_3 浓度变化的影响，并通过研究建立臭氧污染过程成因解析方法。模拟时间为 2022 年 6 月 1 日— 9 月 30 日，采用 24 h 滚动计算，每 24 h 重新使用一次 NCEP 的 FNL 气象初始场。

臭氧是光化学反应的产物，化学过程对臭氧浓度的影响一方面包含由光化学反应导致的臭氧生成作用（源），另一方面也包含了 NO_x 滴定导致的臭氧消耗作用（汇），从过程分析结果（图 7.23）来看，天津地区化学过程对近地面臭氧浓度变化整体表现为正贡献，平均值为 3.18 μg/(m³ · h)。化学过程对臭氧浓度贡献的日变化特征与温度、辐射等影响光化学反应的气象因素日变化密切相关，白天随着辐射增强，气温升高，臭氧光化学反应生成量迅速增加，化学过程以正贡献为主，从上午 07:00 开始化学过程正贡献值持续增加，在中午前后达到峰值，为 24 μg/(m³ · h)左右；夜间化学过程的影响则主要以 NO_x 滴定导致的臭氧消耗作用为主，18:00 化学过程转变为负贡献，前半夜 19:00—23:00 负贡献值约为−7 μg/(m³ · h)，后半夜维持在−4 μg/(m³ · h)左右。

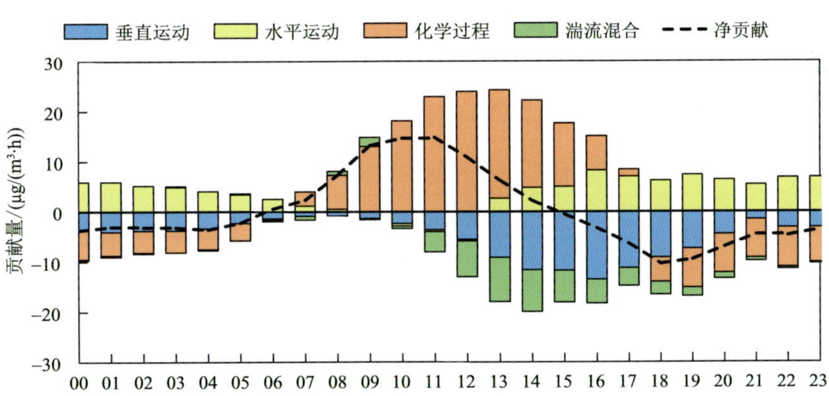

图 7.23　天津地区各物理和化学过程对近地面 O_3 浓度贡献量的日变化特征

影响近地面臭氧浓度变化的物理过程包括水平运动、垂直运动、湍流混合和沉降等。其中水平运动表现为正贡献，平均值为 4.1 μg/(m³ · h)，全天大部分时段以正贡献为主，上午正贡献值较小，09:00—12:00 为弱的负贡献，其他时段贡献值差异不大，在 6～8 μg/(m³ · h)。垂直运动的贡献值平均为−5.2 μg/(m³ · h)，其影响作用整体表现为通过垂直上升运动使得近地面臭氧浓度下降，全天各时段均为负贡献，夜间至上午负贡献影响相对较小，约为－3 μg/(m³·h)，下午负贡献值最多可达到－13 μg/(m³·h)左右，与大气垂直运动强弱日变化有关。湍流混合和沉降作用对近地面臭氧浓度为负贡献，平均值为－2.0 μg/(m³·h)，表明其影响主要为通过大气湍流混合运动和沉降作用使得近地面臭氧浓度下降。从日变化特征分析，随着白天时段边界层发展，湍流混合运动增强，有利于近地面臭氧及其前体物垂直扩散，表现为负贡献，最大值出现在午后13:00—14:00，达到－8 μg/(m³·h)左右。而夜间湍流混合运动减弱，对近地面臭氧浓度变化基本无影响，其贡献值接近于0。

综合考虑物理过程和化学过程的净贡献，可以很好地解释天津地区近地面臭氧浓度的日变化特征。从图7.23可以看到，06:00—15:00净贡献为正值，对应着白天臭氧浓度持续增加的时段，最大值出现在上午09:00—11:00之间，约为14 μg/(m³·h)，该时段也是白天近地面臭氧浓度增加速率最快的时段，主要归因于随着气温升高、辐射增强等光化学气象条件趋向于有利，臭氧化学生成贡献不断增加。12:00开始，净贡献值逐渐下降，一方面是臭氧化学生成贡献开始逐渐下降，另一方面由于湍流混合和垂直上升运动引起扩散作用增强有利于近地面臭氧浓度降低，从而导致臭氧浓度增加速率减缓，在16:00左右净贡献转为负值，意味着臭氧浓度开始下降。傍晚至夜间，湍流混合和垂直运动的负贡献有所减弱，但与此同时，化学过程也转变成了以滴定消耗为主的负贡献，综合作用结果表现为净贡献为负导致夜间近地面臭氧浓度持续下降，净负贡献最大值出现在18:00—19:00，约为－10 μg/(m³·h)，此时化学过程已经转为消耗作用，而湍流混合和垂直运动的负贡献还维持一定水平，之后由于夜间湍流混合和垂直运动的负贡献减弱，物理化学过程净作用的负贡献也有所减弱，净贡献值维持在－4 μg/(m³·h)左右，臭氧浓度下降速率减缓。

表7.9给出了天津地区不同O_3浓度等级的物理化学过程的影响贡献变化。无论对于O_3浓度未超标日(优、良)还是污染日，化学过程对近地面O_3浓度的贡献始终维持正值，且随着O_3污染等级加重，化学过程的正贡献作用呈增强趋势，对臭氧污染的发展起到了促进作用。湍流混合与化学过程的表现恰好相反，对近地面O_3浓度始终表现为负贡献，且随着臭氧污染加重，湍流混合负贡献作用增强，但是从O_3浓度与湍流混合贡献量的分布中可以看到(图7.24)，也有一些O_3污染日出现在湍流混合负贡献较弱甚至为正贡献的情况。在O_3污染

表7.9　天津地区不同O_3浓度等级的物理化学过程的影响贡献变化　单位：μg/(m³·h)

统计时段	类别	化学过程	湍流混合	水平运动	垂直运动
全天	优	0.86	－0.32	0.13	－0.75
	良	2.74	－1.85	4.41	－4.93
	轻度污染	5.77	－2.90	3.99	－6.23
	中度及以上污染	5.15	－3.95	13.27	－14.09
	平均值	3.59	－2.07	4.03	－5.18
白天(08:00—19:00)	优	4.68	－1.10	－1.50	－0.64
	良	9.29	－3.37	4.32	－6.89
	轻度污染	15.39	－4.97	2.83	－9.44
	中度及以上污染	15.95	－7.21	14.00	－18.19
	平均值	10.98	－3.75	3.34	－7.33

日，水平运动贡献平均为正值，表明 O_3 污染发生时水平输送积累有所增强，同时也存在水平运动正贡献较大的 O_3 污染过程。垂直运动贡献平均为负值，在 O_3 污染日的作用平均表现为通过垂直扩散使得近地面 O_3 浓度下降，但是当垂直运动贡献为正值时，意味着出现下沉运动导致近地面 O_3 浓度增加，当其正贡献达到一定程度也是导致 O_3 污染发生发展的有利因素。

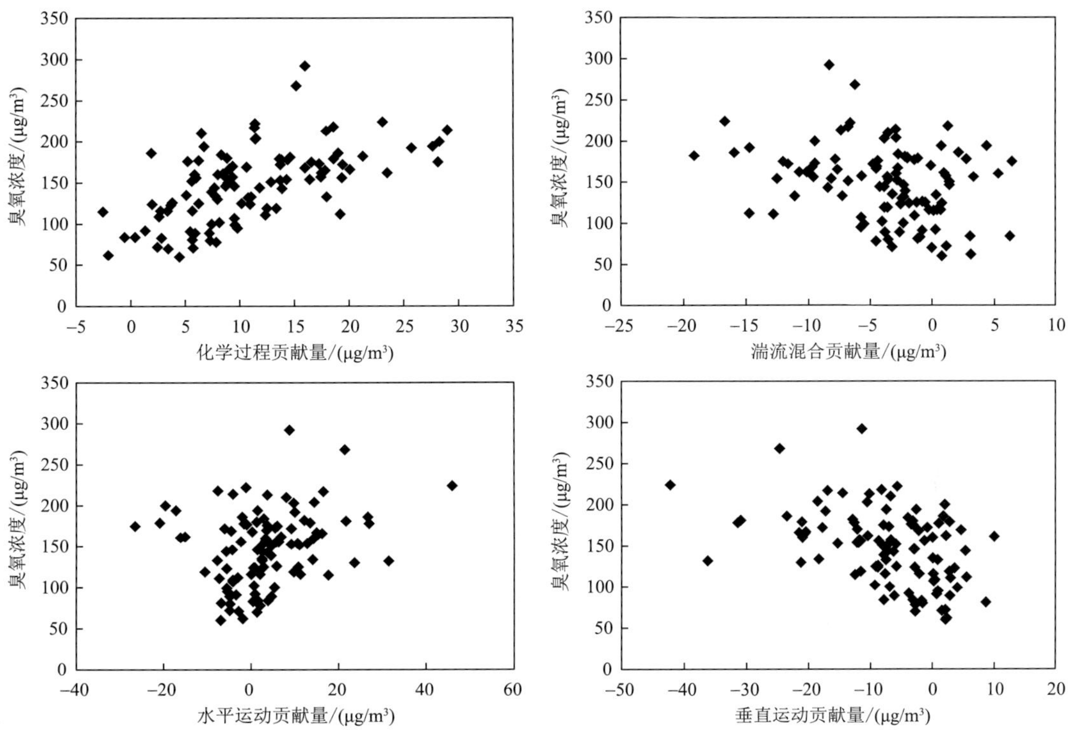

图 7.24　天津地区 O_3 浓度与各物理化学过程贡献量的分布

在上述研究基础上，基于过程分析技术对2022年6—9月天津地区 O_3 污染日成因进行解析。以贡献量趋向于正值，且正贡献越大为有利于 O_3 污染出现的方向，根据各物理化学过程对近地面 O_3 浓度变化的贡献分布，选取有利于 O_3 污染出现的前30%排序的贡献值作为判断阈值，当某一过程贡献大于判断阈值后，认为该物理化学过程对 O_3 污染的形成影响显著。考虑到 O_3 污染日以日最大8 h滑动平均浓度为标准，因此采用 O_3 浓度较高的白天时段(08:00—19:00)的过程贡献量平均值作为判断指标进行判断阈值选取和 O_3 污染过程成因解析，经过统计将判断阈值依次设定为化学过程≥14 μg/(m³·h)，湍流混合≥−1 μg/(m³·h)、水平运动≥8 μg/(m³·h)和垂直运动≥0 μg/(m³·h)。分析结果显示(表7.10)，2022年6—9月天津出现 O_3 污染日43 d，轻度污染37 d，中度及以上污染6 d，除9月17日、9月26日和9月28日无法归因解析以外，其余均存在为一个或多个物理化学过程对 O_3 污染形成产生显著影响，一个因素影响显著的占比49%，两个因素影响显著的占比44%。化学过程对 O_3 污染发生有着重要影响，58%的 O_3 污染日化学过程贡献影响显著；39%的 O_3 污染日与水平运动密切相关，水平输送积累是天津地区 O_3 污染形成不可忽视的因素；垂直运动和湍流混合贡献影响显著的 O_3 污染日相对较少，占比分别为16%和18%。

表 7.10　2022 年 6—9 月津地区 O_3 污染日成因解析结果

日期	成因解析	日期	成因解析	日期	成因解析
6 月 1 日	化学过程	7 月 8 日	化学过程	9 月 3 日	湍流混合
6 月 2 日	化学过程	7 月 11 日	化学过程、垂直运动	9 月 4 日	垂直运动
6 月 3 日	化学过程、水平运动	7 月 14 日	化学过程、水平运动	9 月 8 日	水平运动
6 月 4 日	化学过程、水平运动	7 月 15 日	化学过程、水平运动	9 月 9 日	水平运动
6 月 16 日	化学过程、湍流混合	7 月 16 日	化学过程、垂直运动	9 月 10 日	化学过程、湍流混合
6 月 17 日	化学过程、垂直运动	7 月 17 日	化学过程	9 月 12 日	水平运动
6 月 18 日	化学过程、湍流混合	7 月 19 日	化学过程	9 月 13 日	湍流混合、垂直运动
6 月 19 日	化学过程、湍流混合	7 月 21 日	化学过程、水平运动	9 月 17 日	—
6 月 20 日	化学过程	7 月 22 日	化学过程、水平运动	9 月 25 日	垂直运动
6 月 21 日	化学过程、水平运动	7 月 24 日	化学过程	9 月 26 日	—
6 月 23 日	化学过程	7 月 25 日	水平运动	9 月 27 日	水平运动
6 月 25 日	化学过程、水平运动	8 月 5 日	水平运动	9 月 28 日	—
6 月 26 日	化学过程、水平运动	8 月 12 日	水平运动	9 月 29 日	湍流混合
7 月 2 日	化学过程	8 月 21 日	湍流混合、水平运动	9 月 30 日	化学过程
7 月 7 日	化学过程、垂直运动				

7.4　臭氧污染预报和评估技术集成与应用

7.4.1　臭氧污染预报和评估技术集成

天津一体化环境气象业务平台是天津气象部门建设的集环境气象监测、预报分析、产品制作、共享发布于一体的集约化综合平台，包括实况分析、预报分析、格点制作、智能评估等模块。以该平台为载体，实现了 O_3 预报评估技术的集成和业务应用，为促进天津地区 O_3 预报和服务能力提升，支撑 O_3 高发季节环境气象业务提供有效助力。其中在实况分析模块（图 7.25 和图 7.26），通过对接环境和气象实况观测数据，实现了臭氧以及气温、辐射等气象影响要素的实时监测，范围覆盖京津冀及周边地区，提供空间分布和时间序列变化，从而便于实时关注区域内的臭氧浓度和气象条件变化，为臭氧污染趋势判断和预报调整提供参考。同时，除了常规气象观测以外，在实况分析模块也接入了天津地区边界层综合观测数据，可实时显示气象塔 15 层温湿风垂直廓线、逆温和大气稳定度指标、风廓线雷达高空风和垂直速度以及微波辐射计温湿廓线等，为分析边界层结构及其对臭氧浓度变化的可能影响提供直观的观测结果。

业务平台预报分析模块与天津大气化学数值模式系统对接，实现臭氧数值预报产品的可视化显示（图 7.27），预报产品包括预报区域内的臭氧浓度空间分布和单站时间序列图等，同时也将温度、湿度、辐射等影响 O_3 浓度的气象要素输出显示，用于辅助臭氧预报分析和智能网格预报产品制作（图 7.28）。短期预报模式提供多组模式预报产品，包括天津不同化学机制和边界层方案预报产品以及中国气象局、华北区域环境气象模式的预报产品，预报时效为 0～120 h，时间分辨率为逐小时和日均值，预报产品每日更新 1 次；中期预报模式提供 0～15 d 逐

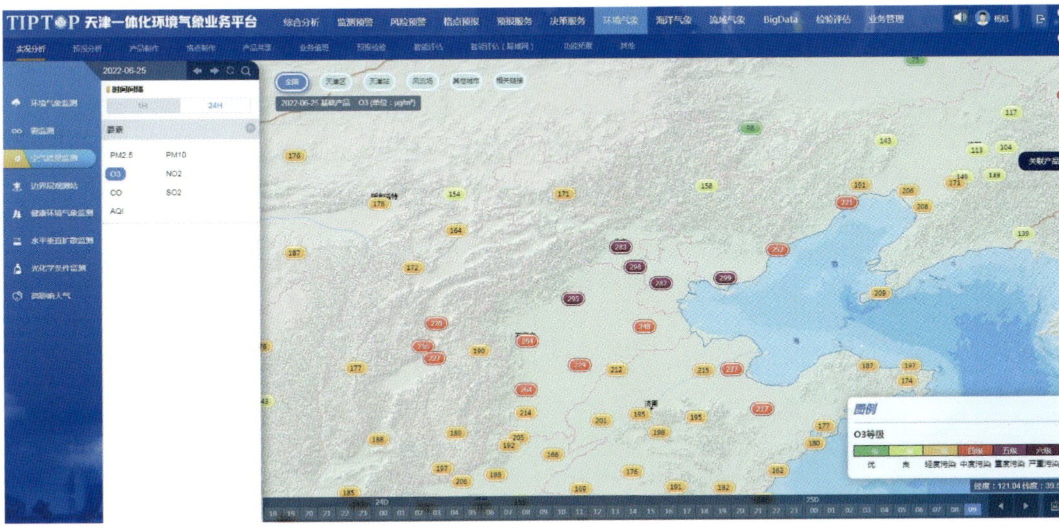

图 7.25　京津冀及周边地区各城市臭氧浓度实况监测

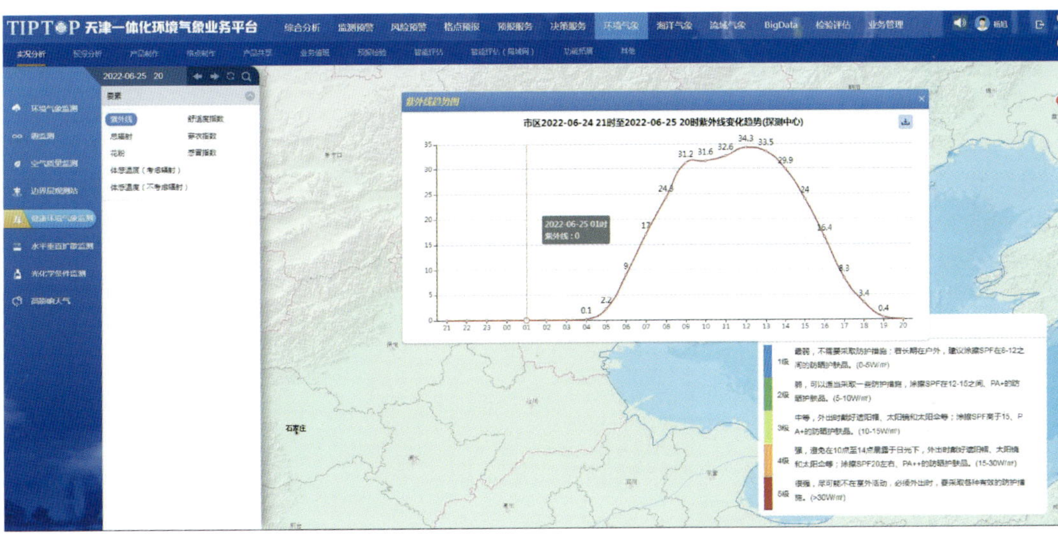

图 7.26　天津市区紫外辐射实况监测

3 h 和日预报，用于对未来 10 d 内臭氧污染过程做出提示，预报产品每日更新 1 次；长期预报模式提供 0～45 d 逐日预报，预报产品每月更新 1～2 次，为月尺度臭氧污染趋势预测提供参考。

O_3 评估技术方法接入业务平台智能评估系统，其中数据统计模块在大气扩散条件评估指标的基础上加入 O_3 评估气象指标，例如平均气温、高温日数、紫外辐射、日照时数等（图 7.29），通过数据统计模块可以实现京津冀及周边地区 O_3 评估气象指标的自动计算、历史数据查询和可视化展示，从而快速直观地分析气象条件对 O_3 浓度变化的影响；区域输送分析模块对接基于数值模式的源追踪模型，精确给出天津全市以及各区的 O_3 输送来源（图 7.30）；O_3 过程分析模块以过程分析技术为依托，通过衔接模式，可视化显示 O_3 污染过程中物理化学过

图 7.27　业务平台预报分析模块臭氧数值预报产品展示

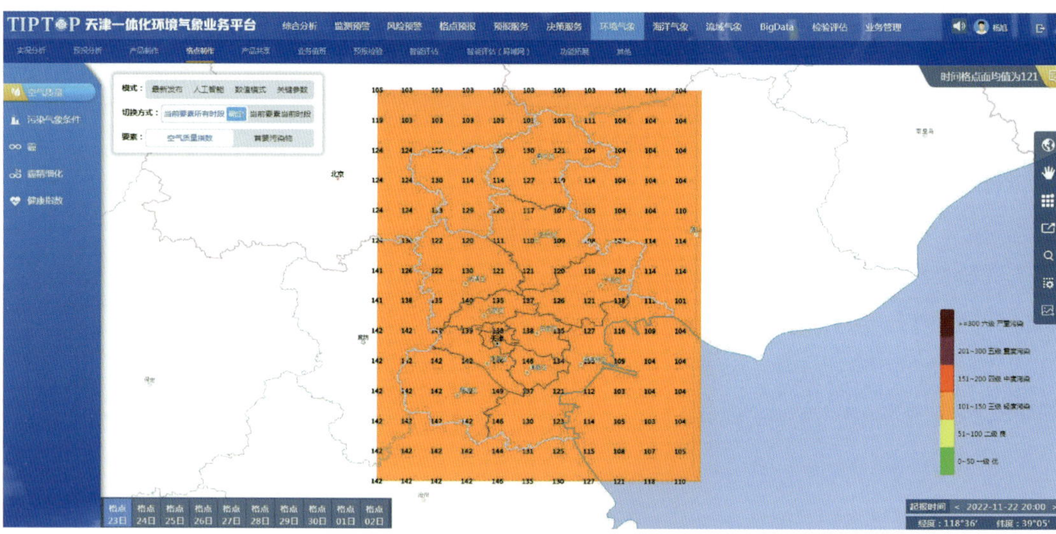

图 7.28　业务平台空气质量指数格点预报产品制作

程量贡献，将 O_3 污染过程从水平输送、湍流混合、化学生成等过程分析，准确判别每一次污染过程影响显著的气象成因。

7.4.2　臭氧污染预报和评估技术业务应用

天津市气象部门环境气象业务经过多年发展，形成了以观测、预报和评估为核心的业务体系，预报上具备从小时到月尺度的空气质量和污染气象条件等环境气象要素的无缝隙精细化预报能力，评估上发展定量化精细化大气环境气象评估服务，具备气象条件影响分析、来源追踪、成因解析能力，在服务全市空气质量预报和重污染预警，助力大气污染防治和地方生态文明建设中发挥着重要作用。

图 7.29　业务平台数据统计模块(紫外线数据)

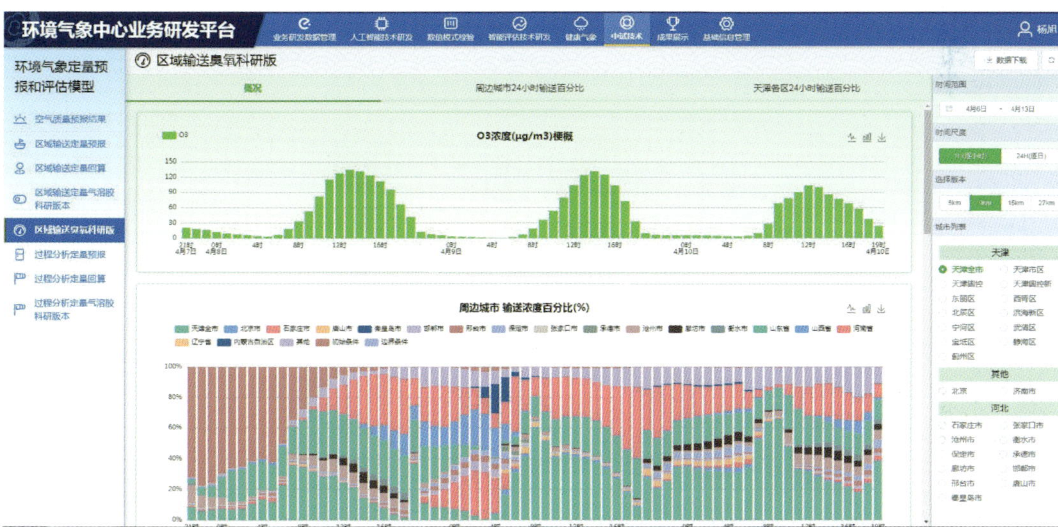

图 7.30　业务平台臭氧区域输送功能模块

O_3 是影响天津地区环境空气质量的主要污染物之一,其预报和评估业务是天津环境气象业务的重要组成部分,也是夏半年(4—9 月)天津地区空气质量预报和大气污染防治工作关注的主要问题。现有预报业务主要包括以下几项内容:①每日与天津市生态环境监测中心进行四次联合会商,在天气形势和气象要素综合分析的基础上,对未来 10 d 空气质量变化趋势进行分析研判,制作完成污染物浓度、空气质量指数、污染气象条件以及霾等的预报产品(图 7.31),如天津市 0~10 d 环境气象主观预报和 3 d 分区预报,其中在三级以上污染气象预报中对 O_3 污染气象条件和大气污染扩散气象条件进行了区分,依据气象条件是否有利于 O_3 生成将其划分为四个等级,分别表示气象条件较有利、有利、非常有利和极有利于 O_3 生成;②每旬第一天和每周四发布环境气象旬预测和周预测,预报未来一段时间污染气象条件和空气质量变化，提示可能出现的污染过程，材料以气象信息快报的形式报送天津市相关部门(图 7.32)；③联合生态环境部门开展月大气污染气象条件和空气质量趋势预测，发布月预测产品，作为定期材料向市政府报送，为全市大气污染防治调度工作提供依据。

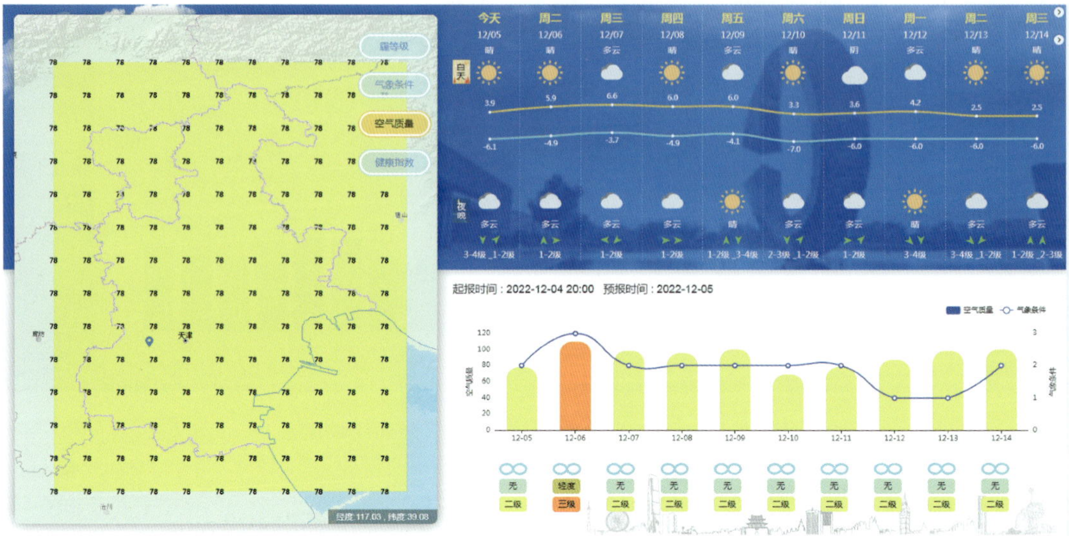

图 7.31 天津地区 0～10 d 环境气象智能网格预报

环境气象快报

2022 年第 16 期（供内部参考）

天津市环境气象中心 2022 年 6 月 1 日 17 时

6 月上旬霾及臭氧预报

一、5 月下旬霾天气及臭氧污染回顾

5月下旬，大气扩散条件较为有利，未出现明显霾天气。21—24 日高温晴热天气、辐射强，出现连续性臭氧轻度污染；28 日出现高温天气，全市大部分地区日最高气温超过 36℃，出现今年首次臭氧中度污染；31 日气温较高，气象条件有利于臭氧生成，出现臭氧轻度污染。

二、6 月上旬霾及臭氧预报

预计 6 月上旬，大气扩散条件整体较好，无明显霾天气。旬初天气晴好，气温高、辐射强，光化学反应条件较为有利，易出现臭氧轻度污染；旬中后期多降水天气，气温下降，气象条件不利于臭氧生成。

具体预报结论如下：

1—3 日：臭氧轻度污染

图 7.32 环境气象旬预报

大气污染防治工作离不开大气环境气象条件的评估工作，环境气象评估旨在利用气象手段解析大气污染防治中与气象相关的大气环境问题，实现气象条件在空气质量转变中的贡献评估、气象条件在污染形成中成因评估等。天津大气污染气象条件评估以科学解析气象条件对空气质量影响为目标，每年发布月评估报告 12 期，半年和年评估报告各 1 期，专题报告若干，以情况专报和气象信息专报的形式报送市政府，获得市领导关注，并多次批示。区级层面由市环境气象中心提供数据、模式支撑和业务指导，各区分别完成大气污染气象条件评估报告，成为各区领导大气污染防治中关注重要材料之一。O_3 作为天津地区仅次于 $PM_{2.5}$ 的污染物，已纳入大气环境气象条件评估业务体系，在 4—9 月评估报告和年大气环境气象条件评估报告中包含了 O_3 污染气象条件评估内容（图 7.33），为天津地区 O_3 高发季大气污染防治工作提供支持。

情 况 专 报

第 6 期

天津市气象局　　签发：　　2021 年 5 月 7 日

2020 年天津市大气环境气象条件评估

2020年本市大气扩散条件同比略转好，中度及以上霾日减少2天，$PM_{2.5}$平均浓度比2019年下降5.9%，较“十二五”收官之年（2015年）下降近三分之一，其中气象条件贡献34.1%，大气污染防控措施贡献65.9%，防控措施对空气质量改善效果明显。

一、中度及以上霾日减少，$PM_{2.5}$平均浓度下降，空气质量持续改善

2020年本市$PM_{2.5}$平均浓度48微克/立方米，同比下降5.9%；重污染日11天，同比减少4天；中度及以上霾日9天，同比减少2天；臭氧中度及以上污染日10天，同比减少17天，空气质量持续改善。

4.4—9月气温下降，紫外辐射略增加，降水量增加，大气光化学条件同比不利于臭氧生成。

与2015年相比，O_3污染逐步突显。2015年我市O_3浓度为142微克/立方米，超标日为24天。2018年O_3浓度为201微克/立方米，比2015年上升41.5%，超标日为85天，较2015年翻了两番。2020年O_3浓度为190微克/立方米，同比下降5.0%，O_3超标日为60天，同比减少22天。

2020年4—9月高温日($T>33$℃)减少，平均气温下降，辐射略增加，降水增加，光化学条件同比不利于臭氧生成，出现臭氧中度以上污染10天，同比减少17天，其中重度污染1天（6月7日），同比减少2天。

表1 天津市4—9月臭氧影响生成的主要气象因子均值及变化情况

	2020年	2019年	与2019年同比
平均气温/℃	22.6	23.3	-3.0%
高温日数/d	27	34	-20.6%
紫外线/(W/m²)	26.3	25.3	4.0%
降水量/mm	526.5	436.5	20.4%

5.基于数值模式模拟评估，2020 年大气扩散条件略转好，可导致 $PM_{2.5}$ 平均浓度下降 1.6%。

利用空气质量数值模式对2020年气象条件进行了评估，方案如下：基于相同的京津冀及周边地区高分辨率污染排放清单，分别对2020年和2019年气象条件，利用空气质量模式模拟，评估了气象条件对本市空气质量的影响。在排放源不变的条件下，本市2020年和2019年$PM_{2.5}$平均浓度分别为69.0微克/立方米和70.1微克/

图 7.33　2020 年天津市大气环境气象条件评估报告及 O_3 评估部分内容

7.4.3　臭氧污染预报和评估技术服务应用

技术应用于天津市细颗粒物和 O_3 污染协同防控“一市一策”驻点跟踪研究工作，项目组围绕大气重污染成因和细颗粒物与 O_3 协同管控联合开展实时跟踪研究，分时段、分区域、分行业提出针对性减排措施，形成科学性、针对性、操作性强的“一市一策”综合解决方案，支撑 $PM_{2.5}$ 和 O_3 污染协同防控的科学决策和精准实施。其中针对天津市 O_3 污染，开展了 O_3 污染现状、趋势和时空分布特征研究，跟踪研判典型 O_3 污染过程，分析气象条件、大气污染防治措施、区域输送等对 O_3 污染的影响，开展了 O_3 主要前体物来源与管控对策研究，明确 VOCs 重点行业，梳理天津市 O_3 污染防控及 VOCs、NO_x 等主要前体物治理措施存在的突出问题，结合

产业、能源、交通结构特点以及气候气象因素，提出针对性强、可行有效的 O_3 污染防控解决方案，综合评估 O_3 污染防控措施实施效果，向市政府及向国家大气污染防治攻关联合中心大气污染跟踪研究专报多期，为天津市大气污染防治和污染过程科学防控提供了科技支撑。下面以天津跟踪组第 23 期报告为例说明。

天津市 2022 年 6 月 1 日—22 日 O_3 污染分析

（引自国家大气污染防治攻关联合中心天津市跟踪研究工作专报第 23 期）

一、O_3 污染过程时空分布特征

如图 1 所示，截至 6 月 26 日，天津 6 月 O_3 超标 13 d，其中五级重度污染 2 d，四级中度污染 2 d，三级轻度污染 9 d。O_3 浓度为 202 μg/m³，最高浓度 286 μg/m³。共有两个污染过程，分别为 6 月 1—4 日，6 月 16—25 日。

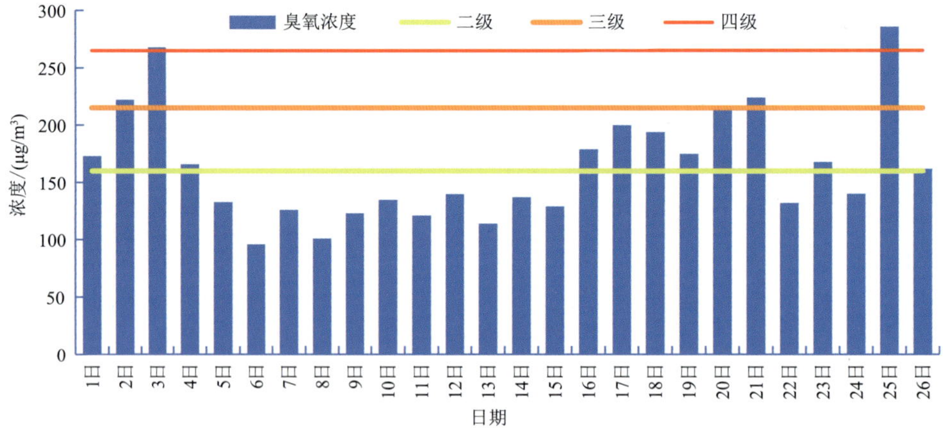

图 1　天津市 6 月份 O_3 日最大 8 h 平均浓度分布

与周边地区相比（表 1），天津 O_3 超标天数与廊坊持平，较北京和唐山分别多 1 d 和 2 d，少于石家庄、邢台、邯郸、衡水和保定。从重污染天数来看，石家庄最多（3 d），天津、廊坊和保定均为 2 d，北京、唐山、邯郸、衡水和邢台为 1 d。从 O_3 日最大 8 h 平均浓度的日均值和最大值来看，天津 O_3 污染程度处于京津冀地区的中游水平。

表 1　京津冀地区 6 月份空气质量统计

地区	超标日数/d	轻度污染/d	中度污染/d	重度污染/d	O_3 平均浓度/(μg/m³)	O_3 最大浓度/(μg/m³)
天津	12	8	2	2	202	286
北京	11	5	5	1	215	287
唐山	10	7	2	1	194	297

续表

地区	超标日数/d	轻度污染/d	中度污染/d	重度污染/d	O_3 平均浓度/(μg/m³)	O_3 最大浓度/(μg/m³)
廊坊	12	6	4	2	216	299
沧州	16	10	6	—	201	248
石家庄	22	14	5	3	209	275
保定	18	10	6	2	208	296
邯郸	21	14	6	1	209	277
衡水	20	13	6	1	205	266
邢台	22	14	7	1	208	284
秦皇岛	4	2	2	—	211	253
承德	7	6	1	—	184	229
张家口	9	8	1	—	191	231

6 月 1—4 日 O_3 污染过程中，地面处于低压控制，以偏南风 2～3 级为主，最高温度达 38 ℃，白天光照强烈，光化学反应较强，出现 1 d O_3 重度污染(6 月 3 日)，1 d O_3 中度污染(6 月 2 日)，2 d O_3 轻度污染(6 月 1 日和 4 日)，O_3 日最大 8 h 平均浓度最高为 268 μg/m³，期间 $PM_{2.5}$ 浓度均维持在优良水平，其中 6 月 3 日和 4 日 $PM_{2.5}$ 浓度水平相对较高，分别为 56 μg/m³ 和 69 μg/m³，即本次污染过程 O_3 浓度较高时 $PM_{2.5}$ 也较高。从小时变化来看(图 2)，6 月 2 日 O_3 高浓度持续时间较长；6 月 3 日 O_3 峰值浓度高，升高和回落均较快，此次污染过程，O_3 小时浓度最高达 288 μg/m³。

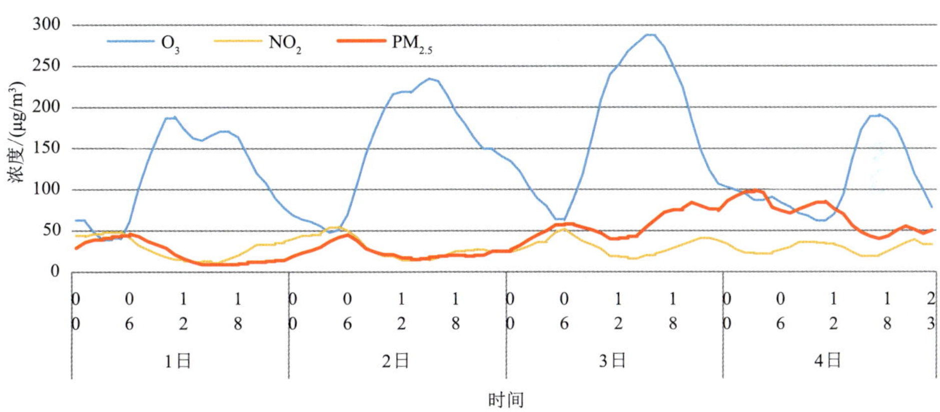

图 2 6 月 1—4 日污染物浓度分布

从 6 月 1—4 日天津市各区域 O_3 浓度分布情况看(图 3)，各区域 O_3 日最大 8 h 平均浓度范围为 199～288 μg/m³，总体呈现“西部高、北部和中南部次之、东部较低”的空间分布格局，可能与东部湿度较高，云量较大有关。

6 月 16—25 日 O_3 污染过程中，O_3 超标日地面整体以偏南风为主，最高温度在 32 ℃以上，尤其是 25 日地面受低压控制，西南风 2～3 级，最高气温达 40 ℃，为 O_3 生成提供了有利光化学反应条件，空气质量达五级重度污染。超标日中，O_3 日最大 8 h 平均浓度最高为 286

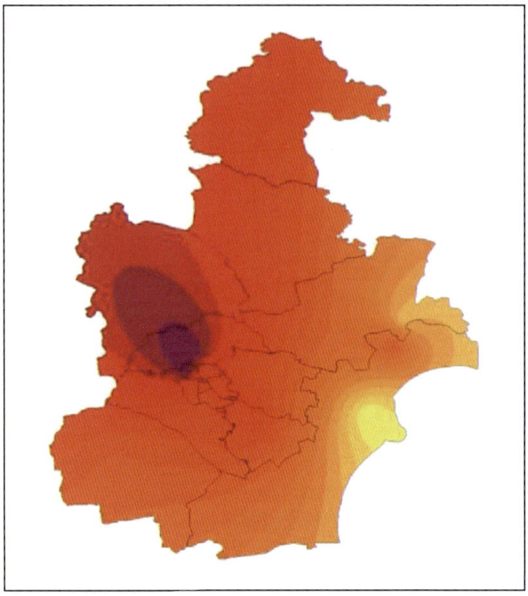

图 3　6 月 1—4 日 O_3 浓度空间分布

μg/m³，平均为 205 μg/m³。期间 $PM_{2.5}$ 浓度均维持在优良水平，最高浓度为 47 μg/m³，本次污染过程中未出现 O_3 和 $PM_{2.5}$ 同时较高的时段。从小时变化来看（图 4），6 月 21 日和 25 日均表现出 O_3 浓度从 08 时开始迅速上升，14:00 达到峰值，高位维持 2～3 h，随后迅速下降。此次污染过程，O_3 小时浓度最高达 311 μg/m³。

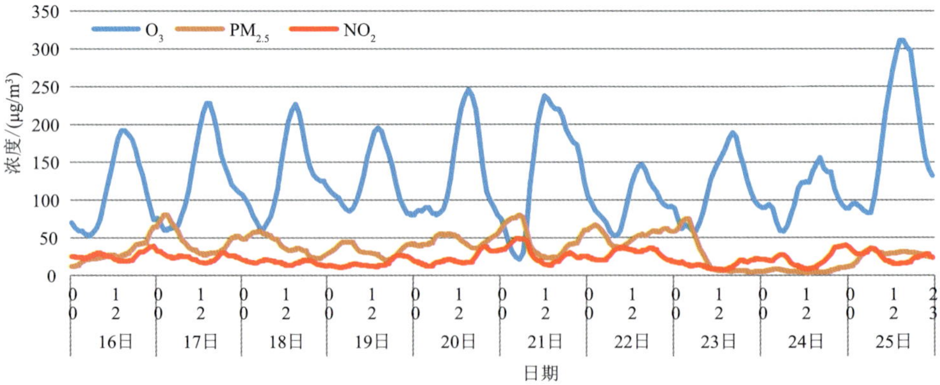

图 4　6 月 16—25 日污染物浓度分布

从 6 月 16—25 日天津市各区域 O_3 浓度分布情况看（图 5），各区域 O_3 日最大 8 h 平均浓度范围为 192～297 μg/m³，总体呈现“西部高、北部和中部次之、东南部较低”的空间分布格局，可能与期间以偏东风或东南风为主有关。

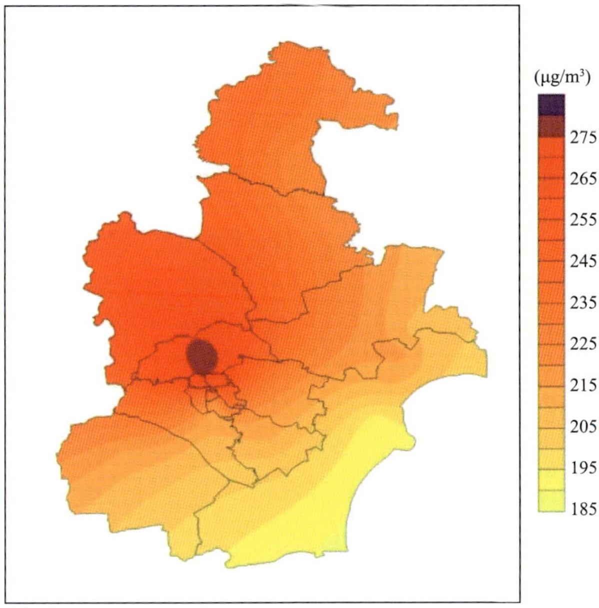

图5　6月16—25日O_3浓度空间分布

二、关键气象因子影响

2022年6月1—22日，天津市平均气温24.3 ℃，日最高气温大于30 ℃和35 ℃的天数为9 d和2 d，平均紫外辐射强度为27.8 W/m²，降水量为56.7 mm，降水日数为6 d。整体来看，2022年6月1—22日气象条件整体有利于O_3生成，基于数值模拟定量评估，气象条件影响可使得O_3浓度较去年同期增加14.6%。其中1—4日、16—22日期间天津市处于500 hPa高压脊或平直环流、地面低压前部或弱低压场，以晴好天气为主，气温高、辐射强，有利于O_3生成；5—15日受高空冷涡活动影响，气温下降且出现多次降水天气，不利于O_3污染出现。

具体分析如下：6月1—4日，天津市处于500 hPa弱高压脊或平直环流控制，地面天气形势为低压前部或弱低压场，地面风场以西南风为主(图6)。全市平均气温在25～27 ℃，除了4日受弱降水天气影响日最高气温在30 ℃左右，其余各天日最高气温均超过了33 ℃，其中3日天津中南部地区最高达到37 ℃以上(图7)；平均紫外线强度为30.3 W/m²。5日500 hPa冷涡过境，天津市处于地面高压前部，天气晴朗，日最高气温仍达到33 ℃以上，但由于地面风场转为西北风3～4级，有利于O_3及其前体物的稀释扩散，抑制了O_3的生成和积累。6月6—15日受两次连续的高空冷涡活动影响，天津市出现多次降水天气，同时地面处于弱高压或高压后部控制下，地面风场以偏东风为主。期间天津市气温较前期1—5日明显下降，且光照条件减弱，平均气温在20～23 ℃左右，日最高气温均低于30 ℃，平均紫外线强度为25.1 W/m²，气象条件整体不利于O_3污染出现。随着高空冷涡活动结束，16—22日天津市处于500 hPa高压脊以及地面低压或低压前部控制下，地面风场以东南风为主。全市气温回升，日平均气温均在25 ℃以上，日最高气温在30 ℃以上，平均紫外线强度为30.7 W/m²，再次出现持续性O_3污染过程。其中21日地面风场转为西南风(图8)，有利于近地面升温，全市平均气温达到30.6 ℃，中南部地区日最高气温超过37 ℃，O_3浓度达到中度污染水平。

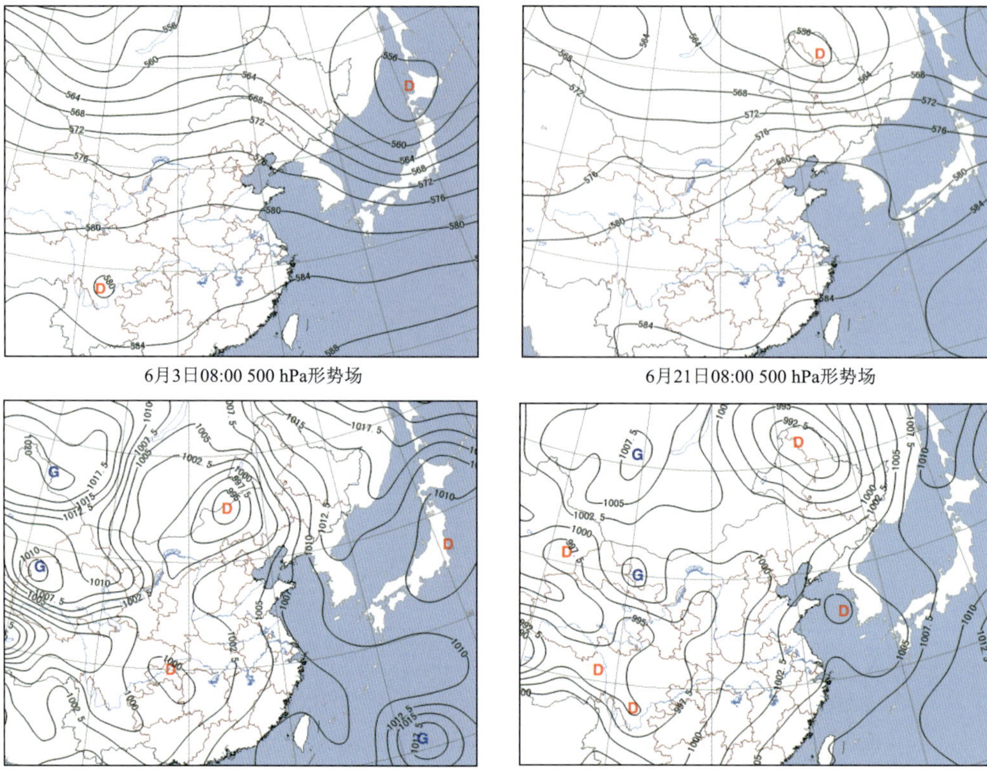

6月3日08:00 500 hPa形势场　6月21日08:00 500 hPa形势场

6月3日08:00海平面气压场　6月21日08:00海平面气压场

图 6　6 月 3 日和 21 日高空 500 hPa 和地面天气形势图

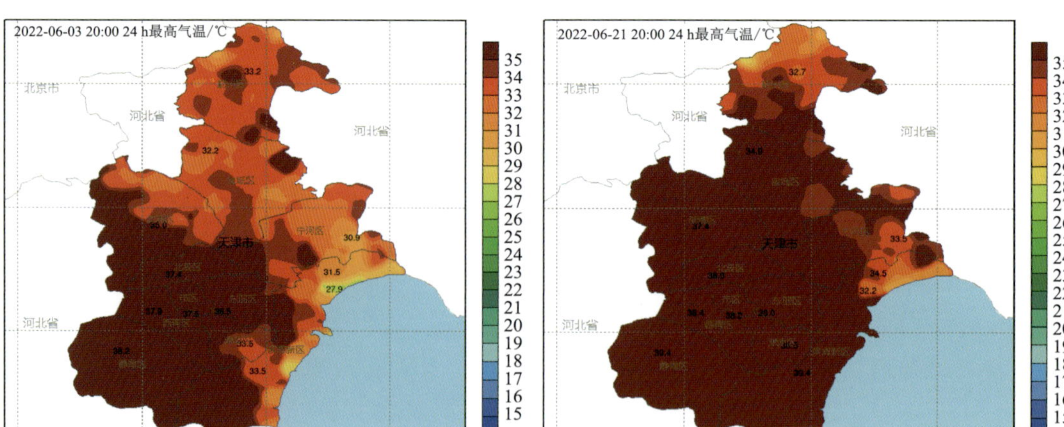

图 7　6 月 3 日和 21 日最高气温分布图

三、主要前体物污染特征与来源

1. O_3 与前体物浓度时间变化特征分析

2022 年 6 月 1 日 00:00—22 日 23:00，天津市区复康路站点 O_3 及其前体物（NO_x、NO、

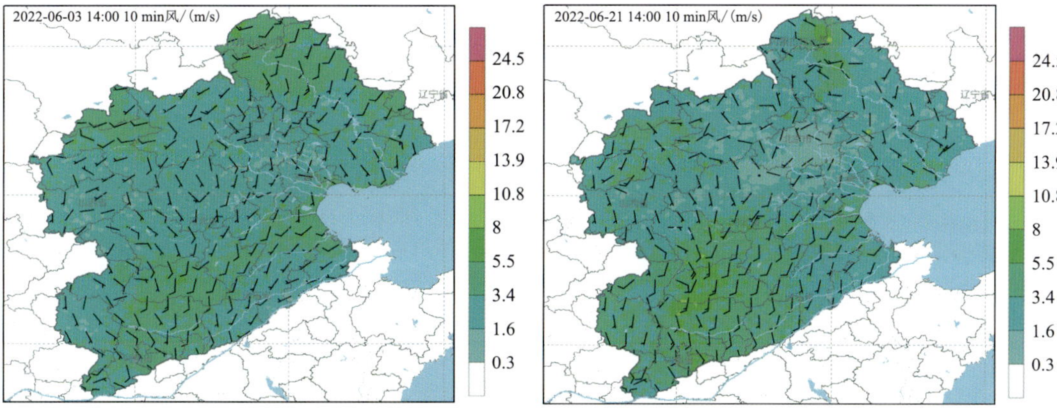

图 8　6 月 3 日和 21 日地面风场图

NO_2、VOCs、CO)浓度的时间变化分别如图 9 和图 10 所示。O_3 小时平均浓度为 116 μg/m³，O_3 时间变化趋势呈现“单峰型”；NO、NO_2 日变化规律均呈类似“双峰型”曲线，与 O_3 浓度变化呈现相反的趋势；CO 日变化趋势大致与 NO 相似，在 06:00—09:00 其浓度均突增明显。

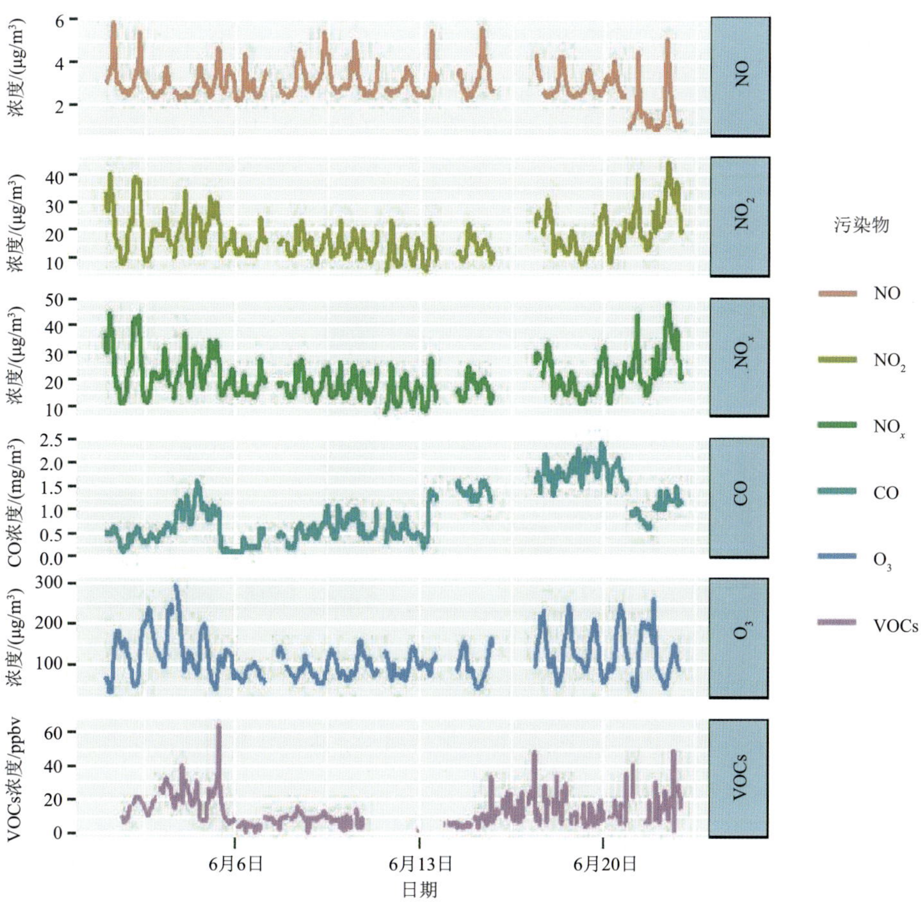

图 9　天津市 O_3 及其前体物浓度的时间变化

白天 O_3 浓度均值高于晚间 O_3 浓度均值，O_3 的浓度峰值出现在一天当中的午后 15:00 左右，此时的 O_3 光化学生成反应最为剧烈。前体物 NO_x 和 VOCs 的日变化规律较为一致，浓度高峰值出现在夜间至次日上午时段，与机动车排放、人类活动强度增大有较好的响应。

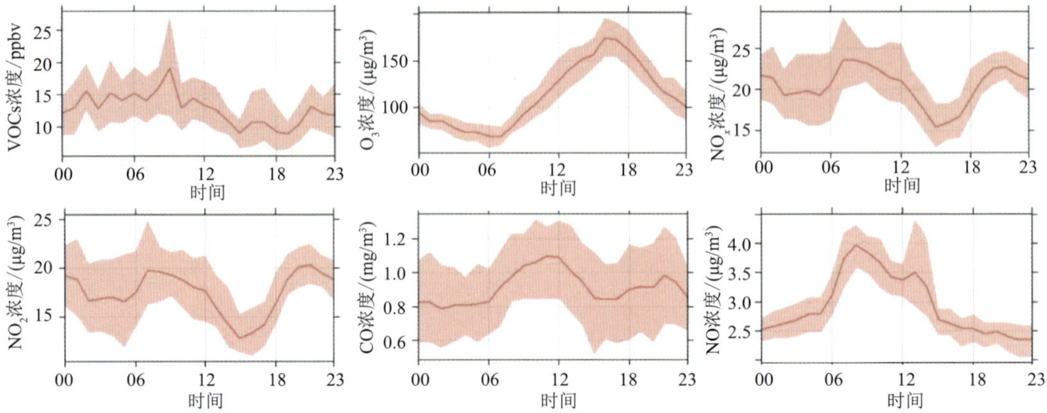

图 10　天津市 O_3 及其前体物浓度日变化特征

2. O_3 污染关键贡献物种识别

对 2022 年 6 月 1 日 00:00—6 月 22 日 23:00 期间市区复康路站点的 VOCs 进行分析，VOCs 监测组分共计 56 种，包括烷烃 29 种、烯烃 11 种、炔烃 1 种和芳香烃 15 种。

不同 VOCs 物种浓度及占比如图 11 所示，其中烷烃为市区 VOCs 的主要贡献物种。市区各 VOCs 物种占比呈现烷烃（62.6%）＞芳香烃（21.8%）＞炔烃（9.2%）＞烯烃（6.2%）的趋势。

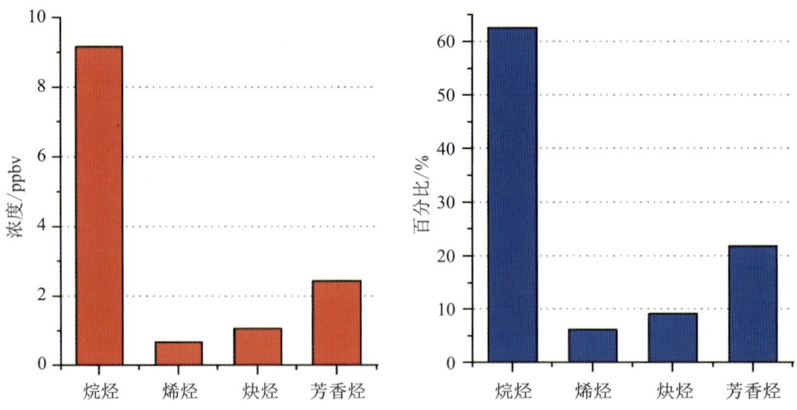

图 11　不同 VOCs 物种浓度及百分占比（市区监测站）

如图 12 所示，对市区监测点位不同 VOCs 物种进行 OFP 分析发现，芳香烃为该时段市区 OFP 主要占比物种，贡献率为 40.4%。

市区复康路监测点位 6 月 1 日 00:00—6 月 22 日 23:00 小时监测数据显示，56 种 VOCs 平均浓度为（12.8±8.6）ppbv，浓度贡献前十物种分别为丙烷（3.6±2.5）ppbv、正丁烷（1.1±1.0）ppbv、乙烷（1.1±1.2）ppbv、乙炔（1.1±1.0）ppbv、甲苯（0.9±0.9）ppbv、异丁烷（0.9±0.7）ppbv、异戊烷（0.8±1.0）ppbv、间，对-二甲苯（0.5±0.5）ppbv、正戊烷（0.5±0.6）

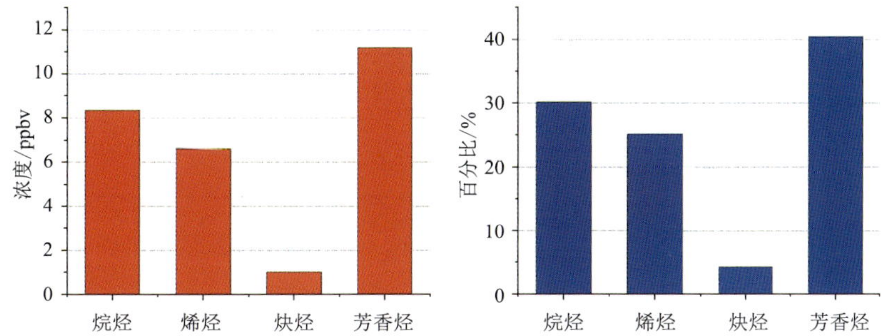

图 12　不同 VOCs 物种 OFP 及百分占比

ppbv、苯(0.5±0.6) ppbv。对监测数据进行 OFP(O_3 生成潜势)分析，OFP 贡献前十物种分别为间，对-二甲苯(4.0±3.9) ppbv、甲苯(3.7±3.6) ppbv、2-甲基 1,3-丁二烯(3.0±3.6) ppbv、丙烷(1.5±1.2) ppbv、邻二甲苯(1.5±1.4) ppbv、正丁烷(1.3±1.1) ppbv、异戊烷(1.2±1.4) ppbv、乙烯(1.2±2.7) ppbv、异丁烷(1.1±0.9) ppbv 和乙炔(1.0±1.0) ppbv，其中 2-甲基 1,3-丁二烯、邻二甲苯、乙烯并不在浓度贡献前十物种中，由于较高的化学反应活性，对 O_3 污染的形成产生较高影响。如图 13 所示。

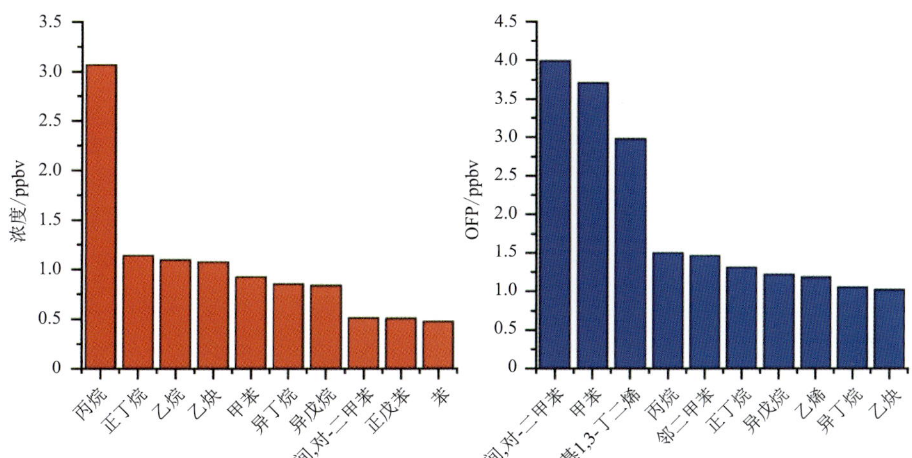

图 13　市区监测点位 VOCs 浓度和 OFP 贡献前十物种

市区分析数据显示，VOCs 和 OFP 贡献前十物种均包含丙烷、正丁烷、乙炔、甲苯、异丁烷、异戊烷、间，对-二甲苯，其中，丙烷、正丁烷、乙炔、异丁烷、异戊烷主要来源于机动车排放、石化工业及燃烧源，甲苯、间，对-二甲苯主要来源于溶剂使用、机动车排放及工业过程，说明这些源类对天津市 O_3 污染形成有较大影响。

3. O_3 生成控制区判断

O_3 为气态前体物 VOCs 和 NO_x 等通过光化学反应生成的二次反应产物，因此常用 VOCs 控制区或 NO_x 控制区描述前体物对 O_3 生成的影响，可通过 VOCs 或非甲烷总烃(NMHC)浓度与 NO_x 浓度比值判断 O_3 光化学生成控制区属性。VOCs/NO_x 比值小于 8∶1 时，O_3 生成处于 VOCs 控制区，O_3 的产生受 VOCs 影响较大；当 VOCs/NO_x 比值大于 8∶1 时，O_3 生成为

NO_x控制区，此时改变 VOCs 浓度对 O_3 生成影响不大。

利用 VOCs 与 NO_x 比值的方法确定市区复康路站点 O_3 敏感区。如图 14 所示，6 月 1—22 日数据点基本都位于 8∶1 线之上，说明复康路点位 O_3 生成处于 VOCs 控制区，对 VOCs 更敏感。

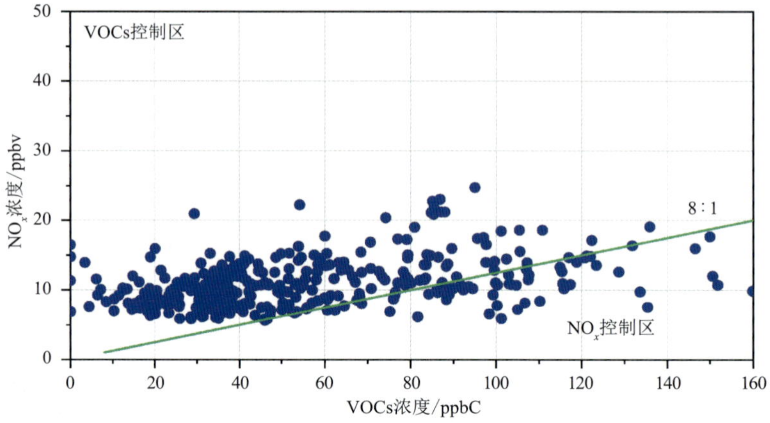

图 14　监测中心站点 VOCs 与 NO_x 关系图

四、区域输送分析

对 6 月 1—4 日和 16—22 日两个 O_3 污染主要时段的区域输送分析：第一次过程 1—4 日白天时段(08:00—20:00，下同)区域输送对天津市 O_3 贡献率平均为 61.0%，其中 3—4 日区域输送贡献率在 80%左右；从输送来源分析，1—4 日京津冀区域内输送贡献占比为 18.9%，主要来源于北京、廊坊、唐山和沧州等周边城市，贡献率均在 3%左右，京津冀以外主要来源于东南方向，其中河南省贡献率为 3.2%，山东省贡献率为 16.5%，其他地区贡献率为 22.5%。第二次过程 16—22 日白天时段 O_3 区域输送对天津市贡献率平均为 72.4%，其中 21 日和 22 日区域输送贡献达到 90%以上；区域输送主要来源于偏南方向，且长距离输送特征比较明显，京津冀区域内输送贡献占比为 9.7%，京津冀以外河南省贡献率为 7.8%，山东省贡献率为 17.0%，其他地区贡献率为 37.9%。

五、对策建议

对 2022 年 6 月 1—22 日 VOCs 进行分析，浓度和 OFP 贡献均较高的物种及来源分别为：丙烷、正丁烷、乙炔、异丁烷、异戊烷主要来源于机动车排放、石化工业及燃烧源，甲苯、间，对-二甲苯主要来源于溶剂使用、机动车排放及工业过程，需要对这些源类进行重点管控。

7.5　本章小结

本章重点阐述了天津地区臭氧污染预报和评估技术及应用。围绕臭氧污染预报探讨了基于天气概念模型和人工智能方法的统计预报技术，并以数值模拟为核心系统化介绍了天津臭氧数值模式框架、关键技术和预报产品。针对污染防治中的科学问题梳理了臭氧污染影响评估和成因解析方法，技术实现气象条件影响评估、长期趋势分析、区域来源追踪和污染过程解析。依托一体化业务平台实现臭氧污染预报和评估技术集成，在业务和服务中开展了实际应用。主要结论如下：

(1)臭氧污染的发生发展和演变与天气形势背景密切相关，结合主客观天气分型方法可将天津地区臭氧污染日的天气形势划分为平直-低压前部型、平直-弱高压型和副高控制型 3 种类型。基于 BP 神经网络建立的天津地区臭氧统计预报模型能够较好地把握天津地区臭氧浓度变化特征，检验样本预报值和观测值之间的相关系数为 0.79，平均相对误差为 16.3%，臭氧超标日预报正确率达到 71.1%，模型构建时需综合考虑神经元节点数、迭代次数的选择。

(2)天津臭氧数值预报系统以 WRF-Chem 模式为核心，通过引入天津地区高分辨率排放源结合源同化技术实现排放源优化，对比分析不同化学机制和边界层参数化方案对臭氧数值预报的影响，形成了 0～45 d 从短期、中期和长期预报时效的臭氧数值预报产品。通过臭氧数值预报产品的综合应用，可以更好地把握 O_3 污染过程发展演变趋势，提升污染过程的预报提前量和准确率。

(3)围绕臭氧污染防治工作需求，发展臭氧污染影响评估和成因解析方法。基于气象指标分析和数值模拟实现了气象条件变化对臭氧污染的影响的定量评估，基于时间序列分析方法研究实现了气象条件和排放对 O_3 长期趋势的影响评估，探究了臭氧区域输送特征对天津地区的影响，利用过程分析技术定量分析不同物理化学过程影响，建立了臭氧污染过程成因解析方法。

(4)以天津一体化环境气象业务平台为载体，实现臭氧预报评估技术的集成和业务应用，预报上实现从小时到月尺度的无缝隙精细化预报，评估上具备气象条件影响分析、来源追踪、成因解析能力，技术应用于天津市细颗粒物和臭氧污染协同防控"一市一策"驻点跟踪研究工作，为天津市大气污染防治和污染过程科学防控提供支撑。

参考文献

蔡子颖，韩素芹，邱晓滨，等，2019. 基于 WRF/Chem 模式天津地区重污染天气成因分析[J]. 高原气象，38(5)：1108-1119.

蔡子颖，唐邈，肖致美，等，2022. 基于源反演和气溶胶同化方法天津空气质量模式预报能力改进[J]. 环境科学，43(5)：2415-2426.

陈长虹，苏雷燕，王红丽，等，2012. 上海市城区 VOCs 的年变化特征及其关键活性组分[J]. 环境科学学报，32(2)：367-376.

樊文雁，蔡子颖，姚青，等，2022. 区域输送对天津臭氧污染的影响[J]. 中国环境科学，42(11)：4991-4999.

房小怡，蒋维楣，吴涧，等，2004. 城市空气质量数值预报模式系统及其应用[J]. 环境科学学报，24(1)：111-115.

丰睿，2021. 杭州市大气污染物的模拟研究和分析[D]. 杭州：浙江大学.

郭文凯，李光耀，陈冰，等，2021. 兰州市高分辨率人为源排放清单建立及在 WRF/Chem 中应用评估[J]. 环境科学，42(2)：634-642.

黄志，高天宇，赵西萌，等，2016. 2006—2014 年北京夏季大气中 PANs 浓度变化趋势[J]. 北京大学学报(自然科学版)，52(3)：528-534.

贾诗卉，徐晓斌，林伟立，等，2015. 华北平原夜间对流天气对地面 O_3 混合比抬升效应[J]. 应用气象学报，26(3)：280-290.

蒋美青，陆克定，苏榕，等，2018. 我国典型城市群臭氧形成机制和关键 VOCs 的反应活性分析[J]. 科学通报，63(12)：1130-1141.

李莉，2012. 典型城市群大气复合污染特征的数值模拟研究[D]. 上海：上海大学.

刘烽，徐怡珊，2017. 臭氧数值预报模型综述[J]. 中国环境监测，33(4)：1-16.

刘静达，2020. 2013—2018 中国臭氧区划和演变特征及其气象形成机制研究[D]. 南京：南京信息工程大学.

罗蕊，王学中，林国梁，等，2006. 一次污染物对臭氧生成的影响研究[J]. 环境科学研究，19(4)：26-30.

沈劲，何灵，程鹏，等，2019. 珠三角北部背景站臭氧浓度变化特征[J]. 生态环境学报，28：2006-2011.

盛涛，陈筱佳，高松，等，2018. 上海某石化园区周边区域 VOCs 污染特征及健康风险[J]. 环境科学，39(11)：4901-4908.

唐孝炎，张远航，邵敏，2006. 大气环境化学(第二版)[M]. 北京：高等教育出版社：215-218.

唐颖潇，姚青，蔡子颖，等，2022. 基于过程分析的京津冀区域典型城市臭氧成因[J]. 环境科学，43(6)：2917-2927.

王自发，李丽娜，吴其重，等，2008. 区域输送对北京夏季臭氧浓度影响的数值模拟研究[J]. 自然杂志，30：194-198.

谢劭峰，赵云，李国弘，等，2020. GA-BP 神经网络的 GPS 可降水量预测[J]. 测绘科学，45(3)：33-38.

解鑫，邵敏，刘莹，等，2009. 大气挥发性有机物的日变化特征及在臭氧生成中的作用——以广州夏季为例[J]. 环境科学学报，29(1)：54-62.

闫慧，张维，侯墨，等，2020. 我国地级及以上城市臭氧污染来源及控制区划分[J]. 环境科学，41(12)：5215-5224.

杨笑笑，汤莉莉，张运江，等，2016. 南京夏季市区 VOCs 特征及 O_3 生成潜势的相关性分析[J]. 环境科学，37

(2):443-451.

姚青,马志强,林伟立,等,2019a.天津夏季边界层低层大气中 PAN 和 O_3 的输送特征分析[J].环境科学,40(1):67-75.

姚青,马志强,刘敬乐,等,2019b.气象条件对天津冬季低层大气中 PAN 浓度的影响[J].中国环境科学,39(8):3161-3168.

姚青,韩素芹,张裕芬,等,2020.天津夏季郊区 VOCs 对臭氧生成的影响[J].环境科学,41(4):1573-1581.

姚青,马志强,郝天依,等,2021.京津冀区域臭氧时空分布特征及其背景浓度估算[J].中国环境科学,41(11):4999-5008.

岳婷婷,柴发合,张新民,等,2009.天津武清地区夏季臭氧光化学研究[J].环境科学研究,22(1):23-27.

张恺,2004.CAPPS 模式中二次污染物的预报研究[D].北京:中国气象科学研究院.

张亮,朱彬,高晋徽,等,2015.长江三角洲夏季一次典型臭氧污染过程的模拟[J].环境科学,36:3981-3988.

张敏,崔振雷,韩素芹,等,2015.NCARMM 模式对天津市夏季大气臭氧敏感性分析[J].气象与环境学报,31(5):71-78.

张瑞欣,陈强,夏佳琦,等,2021.乌海市夏季臭氧污染特征及基于过程分析的成因探究[J].环境科学,42:4180-4190.

张运江,雷若媛,崔世杰,等,2022.2015—2020 年我国主要城市 $PM_{2.5}$ 和 O_3 污染时空变化趋势和影响因素[J].科学通报,67(18):2029-2042.

中国环境科学学会臭氧污染控制专业委员会,2020.中国大气臭氧污染防治蓝皮书(2020 年)[M].北京:科学出版社.

中华人民共和国生态环境部,2018.环境空气臭氧污染来源解析技术指南(试行)[R/OL].(2018-07-03)[2022-09-28].https://www.mee.gov.cn/xxgk2018/xxgk/xxgk06/201807/W020180926550435480461.pdf.

ALQAMAH S, YUNSOO C, EBRAHIM E, et al, 2021. A novel CMAQ-CNN hybrid model to forecast hourly surface-ozone concentrations 14 days in advance[J]. Scientific Reports, 11:10891.

AVNERY S, MAUZERALL D L, LIU J, et al, 2011. Global crop yield reductions due to surface ozone exposure: 1. Year 2000 crop production losses and economic damage[J]. Atmospheric Environment, 45: 2284-2296.

BARTHLOTT C, KIRSHBAUM D J, 2013. Sensitivity of deep convection to terrain forcing over Mediterranean Islands[J]. Quarterly Journal of the Royal Meteorological Society, 139(676): 1762-1779.

CANELLA R, ROBERTA B, CAVICCHIO C, et al, 2016. Tropospheric ozone effects on chlorine current in lung epithelial cells: An electrophysiological approach[J]. Free Radical Biology and Medicine, 96: S58-S59.

CARDELINO C A, CHAMEIDES W L, 1995. An observation-based model for analyzing ozone precursor relationships in the urban atmosphere[J]. Journal of the Air & Waste Management Association, 45 (3): 161-180.

CARTER W P L, ATKINSON R, 1989. Computer modeling study of incremental hydrocarbon reactivity[J]. Environmental Science & Technology, 23: 864-880.

CHANG J S, BROST R A, ISAKSEN I S A, et al, 1987. A three-dimensional eulerian acid deposition model: Physical concepts and formulation[J]. Journal of Geophysical Research, 92: 681-700.

CHAPMAN S, 1930. A theory of upper-atmospheric ozone[J]. Journal of the Royal Meteorological Society, 3:103-125.

CHEN D, XIE X, ZHOU Y, et al, 2017. Performance evaluation of the WRF-Chem model with different physical parameterization schemes during an extremely high $PM_{2.5}$ pollution episode in Beijing[J]. Aerosol and Air Quality Research, 17: 262-277.

CHEN P, QUAN J, ZHANG Q, et al, 2013. Measurements of vertical and horizontal distributions of ozone over Beijing from 2007 to 2010[J]. Atmospheric Environment, 74: 37-44.

CHEN Y, BEIG G, ARCHER N S, et al, 2021. Avoiding high ozone pollution in Delhi, India[J]. Faraday Discuss, 226: 502-514.

CHEN Y P, YAN H, YAO Y J, et al, 2020. Relationships of ozone formation sensitivity with precursors emissions, meteorology and land use types, in Guangdong-Hong Kong-Macao Greater Bay Area, China[J]. Journal of Environmental Sciences, 94: 1-13.

CHENG N, LI R, XU C, et al, 2019. Ground ozone variations at an urban and a rural station in Beijing from 2006 to 2017: Trend, meteorological influences and formation regimes[J]. Journal of Cleaner Production, 235: 11-20.

CLEVELAND R B, CLEVELAND W S, MCRAE J E, et al, 1990. STL: A seasonal-trend decomposition procedure based on loess[J]. Journal of Official Statistics, 6: 3-73.

COLLET S, KIDOKORO T, KARAMCHANDANI P, et al, 2018. Future year ozone source attribution modeling study using CMAQ-ISAM[J]. Journal of the Air & Waste Management Association, 68(11): 1239-1247.

COOPER O R, PARRISH D D, STOHL A, et al, 2010. Increasing springtime ozone mixing ratios in the free troposphere over western North America[J]. Nature, 463: 344-348.

DANG R J, LIAO H, FU Y, 2021. Quantifying the anthropogenic and meteorological influences on summertime surface ozone in China over 2012—2017[J]. Science of the Total Environment, 754: 142394.

DING D, XING J, WANG S, et al, 2019. Impacts of emissions and meteorological changes on China's ozone pollution in the warm seasons of 2013 and 2017[J]. Frontiers of Environmental Science & Engineering, 13(5): 76.

DING J, DAI Q L, FAN W Y, et al, 2023. Impacts of meteorology and precursor emission change on O_3 variation in Tianjin, China from 2015 to 2021[J]. Journal of Environmental Sciences, 126: 506-516.

DONG Y M, LI J, GUO J, et al, 2020. The impact of synoptic patterns on summertime ozone pollution in the North China Plain[J]. Science of the Total Environment, 735: 139559.

DUNCAN B, YOSHIDA Y, RETSCHER C, et al, 2009. The sensitivity of U. S. surface ozone formation to NO and VOCs as viewed from space[R]. In: Presented at the 8th Annual CMAS Conference, Chapel Hill, NC, October 19-21.

EDSON C T, IVÁN H P, ALBERTO M, et al, 2017. Use of combined observational- and model-derived photochemical indicators to assess the O_3-NO_x-VOC system sensitivity in urban areas[J]. Atmosphere, 8: 22.

FENG Z, HU E, WANG X, et al, 2015. Ground-level O_3 pollution and its impacts on food crops in China: A review[J]. Environmental Pollution, 199: 42-48.

FENG Z, XU Y, KOBAYASHI K, et al, 2022. ozone pollution threatens the production of major staple crops in East Asia[J]. Nature Food, 3: 47-56.

FERNALD F G, 1984. Analysis of atmospheric lidar observations: Some comments[J]. Applied Optics, 23(5): 652.

FU J S, DONG X, GAO Y, et al, 2012. Sensitivity and linearity analysis of ozone in East Asia: The effects of domestic emission and intercontinental transport[J]. Journal of the Air & Waste Management Association, 62(9): 1102-1114.

GAO D, XIE M, LIU J, et al, 2021. O_3 variability induced by synoptic weather patterns in warm seasons of 2014—2018 over the Yangtze River Delta region, China[J]. Atmospheric Chemistry and Physics, 21(8): 5847-5864.

GAO J, ZHU B, XIAO H, et al, 2016. A case study of surface ozone source apportionment during a high concentration episode, under frequent shifting wind conditions over the Yangtze River Delta, China[J]. Science of the Total Environment, 544: 853-863.

GAO J, ZHU B, XIAO H, et al, 2017. Diurnal variations and source apportionment of ozone at the summit of Mount Huang, a rural site in Eastern China[J]. Environmental Pollution, 222: 513-522.

GENG F H, ZHAO C S, TANG X, et al, 2007. Analysis of ozone and VOCs measured in Shanghai: A case study[J]. Atmospheric Environment, 41: 989-1001.

GENG F H, TIE X X, GUENTHER A, et al, 2011. Effect of isoprene emissions from major forests on ozone formation in the city of Shanghai, China[J]. Atmospheric Chemistry and Physics, 11:10449-10459.

HAAGEN-SMIT A J, 1963. Photochemistry and smog[J]. Journal of the Air Pollution Control Association, 13: 444-446.

HAAGEN-SMIT A J, 1964. The control of air pollution[J]. Scientific American, 210: 25-31.

HAAGEN-SMIT A J, 1970. A lesson from smog capital of world[J]. Proceedings of the National Academy of Sciences of the United States of America, 67: 887-897.

HAN S Q, BIAN H, TIE X, et al, 2009. Impact of nocturnal planetary boundary layer on urban air pollutants: Measurements from a 250-m tower over Tianjin, China[J]. Journal of Hazardous Materials, 162(1): 264-269.

HAN S Q, ZHANG M, ZHAO C S, et al, 2013. Differences in ozone photochemical characteristics between the megacity Tianjin and its rural surroundings[J]. Atmospheric Environment, 79: 209-216.

HAN S Q, YAO Q, TIE X, et al, 2020. Analysis of surface and vertical measurements of O_3 and its chemical production in the NCP region, China[J]. Atmospheric Environment, 241: 117759.

HAN X, ZHU L, WANG S, et al, 2018. Modeling study of impacts on surface ozone of regional transport and emissions reductions over North China Plain in summer 2015[J]. Atmospheric Chemistry and Physics, 18(16): 12207-12221.

HARTSELL B E, ANEJA V P, LONNEMAN W A, 1994. Relationships between peroxyacetyl nitrate, O_3 and NO_y at the rural Southern Oxidants Study site in central Piedmont, North Carolina, site SONIA[J]. Journal of Geophysical Research, 99(D10): 21033-21041.

HENNEMANA L, HOLMES H, MULHOLLAND J, et al, 2015. Meteorological detrending of primary and secondary pollutant concentrations: Method application and evaluation using long-term (2000—2012) data in Atlanta[J]. Atmospheric Environment, 119: 201-210.

HEO G, MCDONALD B E, CARTER W P L, et al, 2012. Modeling ozone formation from alkene reactions using the Carbon Bond chemical mechanism[J]. Atmospheric Environment, 59: 141-150.

HOGREFE C, VEMPATY S, RAO S, et al, 2003. A comparison of four techniques for separating different time scales in atmospheric variables[J]. Atmospheric Environment, 37: 313-325.

HU C, KANG P, JAFFE D A, et al, 2021. Understanding the impact of meteorology on ozone in 334 cities of China[J]. Atmospheric Environment, 248: 118221.

HU J, LI Y, ZHAO T, et al, 2018. An important mechanism of regional O_3 transport for summer smog over the Yangtze River Delta in eastern China[J]. Atmospheric Chemistry and Physics, 18: 16239-16251.

HUTH R, 2000. A circulation classification scheme applicable in GCM studies [J]. Theoretical and Applied Genetics, 67(1/2):1-18.

ITAHASHI S, UNO I, KIM S, 2013. Seasonal source contributions of tropospheric ozone over East Asia based on CMAQ-HDDM[J]. Atmospheric Environment, 70: 204-217.

JIN X, HOLLOWWAY T, 2015. Spatial and temporal variability of ozone sensitivity over China observed from the ozone monitoring instrument[J]. Journal of Geophysical Research: Atmospheres, 120(14): 7229-7246.

KIRIYAMA Y，HAYAMI H，ITAHASHI S，et al，2015. Effect of NO_x and VOCs controls for surface ozone concentration in summertime in Kanto Region of Japan[J]. Journal of Japan Society for Atmospheric Environment/Taiki Kankyo Gakkaishi，50(1)：8-15.

KUANG S，NEWCHURCH M J，THOMPSON A M，2017. Ozone variability and anomalies observed during SENEX and SEAC4RS campaigns in 2013[J]. Journal of Geophysical Research：Atmospheres，122(20)：11227-11241.

KUMAR A，BALI K，SINGH S，et al，2019. Estimates of reactive trace gases (NMVOCs，CO and NO_x) and their ozone forming potentials during forest fire over southern Himalayan region[J]. Atmospheric Research，227：41-51.

KUNHIKRISHNAN T，LAWRENCE M G，KUHLMANN R V，et al，2006. Regional NO_x emission strength for the Indian subcontinent and the impact of emissions from India and neighboring countries on regional O_3 chemistry[J]. Journal of Geophysical Research，111：D15301.

KWOK R H F，BAKER K R，NAPELENOK S L，et al，2015. Photochemical grid model implementation and application of VOC，NO_x，and O_3 source apportionment[J]. Geoscientific Model Development，8：99-114.

LAMB R G，1983. A regional-scale (1000 km) model of photochemical air pollution：Part I. Theoretical formulation[R]. U. S. EPA，EPA/600/3-85-035，Research Triangle Park，NC.

LANGFORD A O，ALVAREZ R J，KIRGIS G，et al，2019. Intercomparison of lidar，aircraft，and surface ozone measurements in the San Joaquin valley during the California Baseline Ozone Transport Study (CABOTS)[J]. Atmospheric Measurement Techniques，12：1889-1904.

LEI X W，CHENG H R，PENG J，et al，2021. Impact of long-range atmospheric transport on volatile organic compounds and ozone photochemistry at a regional background site in central China[J]. Atmospheric Environment，246：118093.

LI H，LI L，HUANG C，et al，2015. Ozone source apportionment at urban area during a typical photochemical pollution episode in the summer of 2013 in the Yangtze River Delta[J]. Environmental Science，36：1-10.

LI J，WANG Z，AKIMOTO H，et al，2007. Modeling study of ozone seasonal cycle in lower troposphere over east Asia[J]. Journal of Geophysical Research：Atmospheres，112：D22.

LI J，WANG Z，AKIMOTO H，et al. 2008. Near-ground ozone source attributions and outflow in central eastern China during MTX2006[J]. Atmospheric Chemistry and Physics，8：7335-7351.

LI J，LU K，LV W，et al，2014. Fast increasing of surface ozone concentrations in Pearl River Delta characterized by a regional air quality monitoring network during 2006—2011[J]. Journal of Environmental Sciences，26(1)：23-36.

LI J，YANG W Y，WANG Z F，et al，2016. Modeling study of surface ozone source-receptor relationships in East Asia[J]. Atmospheric Research，167：77-88.

LI K，JACOB D J，LIAO H，et al，2019. Anthropogenic drivers of 2013—2017 trends in summer surface ozone in China[J]. Proceedings of the National Academy of Sciences of the United States of America，116：422-427.

LI K，JACOB D J，SHEN L，et al，2020. Increases in surface O_3 pollution in China from 2013 to 2019：Anthropogenic and meteorological influences[J]. Atmospheric Chemistry and Physics，20：11423-11433.

LI M，WANG T，SHU L，et al，2021. Rising surface ozone in China from 2013 to 2017：A response to the recent atmospheric warming or pollutant controls? [J]. Atmospheric Environment，246：118130.

LIN C Q，LAU A K H，FUNG J C H，et al，2021. Removing the effects of meteorological factors on changes in nitrogen dioxide and ozone concentrations in China from 2013 to 2020[J]. Science of the Total Environment, 793:148575.

LIN M Y, FIORE A M, COOPER O R, et al, 2012a. Springtime high surface ozone events over the western United States: Quantifying the role of stratospheric intrusions[J]. Journal of Geophysical Research, 117: D00V22.

LIN M Y, FIORE A M, HOROWITZ L W, et al, 2012b. Transport of Asian ozone pollution into surface air over the western United States in spring[J]. Journal of Geophysical Research, 117: D00V07.

LIN X, RIDLEY B A, WALEGA J, et al, 1994. Parameterization of subgrid scale convective cloud transport in a mesoscale regional chemistry model[J]. Journal of Geophysical Research: Atmospheres, 99(D12): 25615-25630.

LIU C Q, SHI K, 2021a. A review on methodology in O_3-NO_x-VOC sensitivity study[J]. Environmental Pollution, 291: 118249.

LIU C Q, ZHANG L, WEN Y, et al, 2021b. Sensitivity analysis of O_3 formation to its precursors- Multifractal approach[J]. Atmospheric Environment, 251: 118275.

LIU H L, ZHANG M G, HAN X, et al, 2019. Episode analysis of regional contributions to tropospheric ozone in Beijing using a regional air quality model[J]. Atmospheric Environment, 199: 299-312.

LIU H L, ZHANG M G, HAN X, 2020. A review of surface ozone source apportionment in China[J]. Atmospheric and Oceanic Science Letters, 13(5):1-15. DOI:10.1080/16742834.2020.1768025.

LIU S C, TRAINER M, FEHNSENFELD F C, et al, 1987. Ozone production in the rural troposphere and the implications for regional and global ozone distributions[J]. Journal of Geophysical Research, 92(D4): 4191-4207.

LIU Y, WANG T, 2020. Worsening urban O_3 pollution in China from 2013 to 2017-Part 1: The complex and varying roles of meteorology[J]. Atmospheric Chemistry and Physics, 20(11): 6305-6321.

LIU Z, WANG Y H, GU D S, et al, 2010. Evidence of reactive aromatics as a major source of peroxyacetyl nitrate over China[J]. Environmental Science & Technology, 44: 7017-7022.

LOU S J, LIAO H, ZHU B, 2014. Impacts of aerosols on surface-layer ozone concentrations in China, through heterogeneous reactions and changes in photolysis rates[J]. Atmospheric Environment, 85: 123-138.

LU C H, CHANG J S, 1998. On the indicator-based approach to assess ozone sensitivities and emissions features[J]. Journal of Geophysical Research, 103(D3): 3453-3462.

LU H, XIE M, LIU X R, 2021. Adjusting prediction of ozone concentration based on CMAQ model and machine learning methods in Sichuan-Chongqing region, China[J]. Atmospheric Pollution Research, 12(6): 101066.

LU K, ZHANG Y, SU H, et al, 2010. Oxidant (O_3+NO_2) production processes and formation regimes in Beijing[J]. Journal of Geophysical Research, 115: 1-18.

LU X, ZHANG L, CHEN Y, et al, 2019a. Exploring 2016—2017 surface O_3 pollution over China: Source contributions and meteorological influences[J]. Atmospheric Chemistry and Physics, 19: 8339-8361.

LU X, ZHANG L, SHEN L, 2019b. Meteorology and climate influences on tropospheric ozone: A review of natural sources, chemistry, and transport patterns[J]. Current Pollution Reports, 5: 238-260.

MA X, HUANG J, ZHAO T, et al, 2021. Rapid increase in summer surface O_3 over the North China Plain during 2013—2019: A side effect of particulate matters reduction control? [J]. Atmospheric Chemistry and Physics, 21(1): 1-16.

MA Z, XU J, QUAN W, et al, 2016. Significant increase of surface O_3 at a rural site, north of eastern China [J]. Atmospheric Chemistry and Physics, 16: 3969-3977.

MACCRACKEN M C, SAUTER, G D, 1975. Development of an air pollution model for the San Francisco Bay Area[R]. Final Report, Lawrence Livermore Laboratory Report.

MAO J, WANG L, LU C, et al, 2020. Meteorological mechanism for a large-scale persistent severe ozone pollution event over eastern China in 2017[J]. Journal of Environmental Sciences, 92: 187-199.

MARTIN R, JACOB D J, YANTOSCAL R M, et al, 2003. Global and regional decreases in tropospheric oxidants from photochemical effects of aerosols[J]. Journal of Geophysical Research, 108:4097.

MCDONALD B C, MCKEEN S A, CUI Y Y, et al, 2015. Modeling ozone in the eastern United States using a fuel-based mobile source emissions inventory[C]//Agu Fall Meeting. AGU Fall Meeting Abstracts.

MCFADYEN G G, CAPE J N, 2005. Peroxyacetyl nitrate in eastern Scotland [J]. Science of the Total Environment, 337: 213-222.

MIJLING B, VAN DER A R J, ZHANG Q, 2013. Regional nitrogen oxides emission trends in East Asia observed from space[J]. Atmospheric Chemistry and Physics, 13(23): 12003-12012.

MILFORD J, RUSSELL A G, MCRAE G J, 1989. A new approach to photochemical pollution control, implications of spatial patterns in pollutant responses to reductions in nitrogen oxides and reactive organic gas emissions[J]. Environmental Science & Technology, 23(10): 1290-1301.

MILFORD J, GAO D, SILLMAN S, et al, 1994. Total reactive nitrogen (NO_y) as an indicator for the sensitivity of ozone to NO_x and hydrocarbons[J]. Journal of Geophysical Research, 99: 3533-3542.

MOUSAVINEZHAD S, CHOI Y, POUYAEI A, et al, 2021. A comprehensive investigation of surface ozone pollution in China, 2015—2019: Separating the contributions from meteorology and precursor emissions[J]. Atmospheric Research, 257: 105599.

NARSTO, 2000. An assessment of tropospheric ozone pollution—A North American perspective[R]. Narsto Management Office (Envair), Pasco, Washington.

NELSON P E, QUIGLEY S M, 1983. The m,p-xylenes: Ethylbenzene ratio. A technique for estimating hydrocarbon age in ambient atmosphere[J]. Atmospheric Environment, 17(3):659-662.

ORLANDO J P, ALVIM D S, YAMAZAKI A, 2010. Ozone precursors for the São paulo metropolitan area [J]. Science of the Total Environment, 408(7): 1612-1620.

OU J M, YUAN Z B, ZHENG J Y, et al, 2016. Ambient ozone control in a photochemically active region: Short-term despiking or long-term attainment? [J]. Environmental Science & Technology, 50: 5720-5728.

PENG Y P, CHEN K S, WANG H K, et al, 2011. In situ measurements of hydrogen peroxide, nitric acid and reactive nitrogen to assess the ozone sensitivity in Pingtung County, Taiwan[J]. Aerosol and Air Quality Research, 11(1):59-69.

PEREZ C, JIMENEZ P, JORBA O, et al, 2006. Influence of the PBL scheme on high-resolution photochemical simulations in an urban coastal area over the western Mediterranean[J]. Atmospheric Environment, 40 (27): 5274-5297.

PHILIPP A, BECK C, HUTH R, et al, 2016. Development and comparison of circulation type classifications using the COST 733 dataset and software[J]. International Journal of Climatology, 36(7):2673-2691.

PORTER W C, HEALD C L, 2019. The mechanisms and meteorological drivers of the summertime ozone-temperature relationship[J]. Atmospheric Chemistry and Physics, 19(21): 13367-13381.

RAO S T, ZURBENKO I G, 1994. Detecting and tracking changes in ozone air quality[J]. Journal of the Air & Waste Management Association, 44: 1089-1092.

REYNOLDS S D, SEINFELD J H, ROTH P M, 1973. Mathematical modeling of photochemical air pollution CI, Formulation of the model[J] . Atmospheric Environment, 7: 1033-1061.

REYNOLDS S D, LIU M K, HECHT T A, et al, 1974. Mathematical modeling of photochemical air pollution III. Evaluation of the model[J]. Atmospheric Environment, 8(6): 563-596.

RICHARD D, SEAN B, CHARLES C, et al, 2014. Analysis of UK and European NO_x and VOC emission scenarios in the Defra model intercomparison exercise[J]. Atmospheric Environment, 94: 249-257.

RIDER C F, CARLSTEN C, 2019. Air pollution and DNA methylation: Effects of exposure in humans[J]. Clinical Epigenetics, 11(1):131.

RUSSLL A, DENNIS R, 2000. NARSTO critical review of photochemical models and modeling[J]. Atmospheric Environment, 34: 2283-2324.

RYOO J M, JOHNSON M S, IRACI L T, et al, 2017. Investigating sources of ozone over California using AJAX airborne measurements and models: Assessing the contribution from long range transport[J]. Atmospheric Environment, 155: 53-67.

SCHEFFE R D, MORRIS R E, 1993. A review of the development and application of the urban airshed model [J]. Atmospheric Environment. Part B. Urban Atmosphere, 27: 23-39.

SEINFELD J H, PANDIS S N, 2016. Atmospheric Chemistry and Physics: From Air Pollution to Climate Change, 2nd ed[M]. New York: John Wiley & Sons, Inc: 383-705.

SHARMA S, SHARMA P, KHARE M, 2017. Photo-chemical transport modelling of tropospheric ozone: A review[J]. Atmospheric Environment, 159: 34-54.

SIERRA A, VANOYE A Y, MENDOZA A, 2013. Ozone sensitivity to its precursor emissions in northeastern Mexico for a summer air pollution episode[J]. Journal of the Air & Waste Management Association, 63: 1221-1233.

SILLMAN S, 1995. The use of NO_y, H_2O_2, and HNO_3 as indicators for ozone-NO_x hydrocarbon sensitivity in urban locations[J]. Journal of Geophysical Research, 100 (D7): 14175-14188.

SILLMAN S, HE D, PIPPIN M R, et al, 1998. Model correlations for ozone, reactive nitrogen and peroxides for Nashville in comparison with measurements, implications for VOC-NO_x sensitivity[J]. Journal of Geophysical Research, 103: 22629-22644.

SILLMAN S, 1999. The relation between ozone, NO_x and hydrocarbons in urban and polluted rural environments[J]. Atmospheric Environment, 33: 1821-1845.

SILLMAN S, HE D Y, 2002. Some theoretical results concerning O_3-NO_x-VOC chemistry and NO_x-VOC indicators[J]. Journal of Geophysical Research, 107 (D22): 4659.

SKLAREW R C, FABRIK A J, PRAGER J E, 1971. A particle-in-cell method for numerical solution of the atmospheric diffusion equation and application to air pollution problems[C]// Systems, Science and Software. CaReg35R-844.

SKLAREW R C, FABRICK A J, PRAGER J E, 1972. Mathematical modelling of photochemical smog the using PIC method[J]. Journal of the Air Pollution Control Association, 22: 865-869.

STEPHENS E R, HANST P L, DOERRR C, et al, 1956. Reactions of nitrogen dioxide and organic compounds in air[J]. Industrial and Engineering Chemistry Research Fundamentals, 48: 1498-1504.

SUN J, WANG Y, WU F, et al, 2017. Vertical characteristics of VOCs in the lower troposphere over the North China Plain during pollution periods[J]. Environmental Pollution, 236:907-915.

SUN L, XUE L, WANG Y, et al, 2019. Impacts of meteorology and emissions on summertime surface O_3 increases over central eastern China between 2003 and 2015[J]. Atmospheric Chemistry and Physics, 19: 1455-1469.

TANG G, LIU Y, HUANG X, et al, 2021a. Aggravated ozone pollution in the strong free convection boundary layer[J]. Science of the Total Environment, 788: 147740.

TANG G, LIU Y, ZHANG J, et al, 2021b. Bypassing the NO_x titration trap in ozone pollution control in Beijing[J]. Atmospheric Research, 249: 150333.

TIE X X, MADRONICH S H, LI G H, et al, 2007. Characterizations of chemical oxidants in Mexico city: A regional chemical/dynamical model (WRF-Chem) study[J]. Atmospheric Environment, 41: 1989-2008.

TONG D, CHENG J, LIU Y, et al, 2020. Dynamic projection of anthropogenic emissions in China: Methodology and 2015—2050 emission pathways under a range of socio-economic, climate policy, and pollution control scenarios[J]. Atmospheric Chemistry and Physics, 20: 5729-5757.

TORKMAHALLEH M A, AKHMETVALIYEVA Z, OMRAN A D, et al, 2021. Global air quality and COVID-19 pandemic: Do we breathe cleaner air? [J]. Aerosol and Air Quality Research, 21(4). https://doi.org/10.4209/aaqr.200567.

TRAINER M, PARRISH D D, BUHR M P, et al, 1993. Correlation of ozone with NO_y in photochemically aged air[J]. Journal of Geophysical Research: Atmospheres, 98: 2917-2925.

VAN DINGENEN R, DENTENER F J, RAES F, et al, 2009. The global impact of ozone on agricultural crop yields under current and future air quality legislation[J]. Atmospheric Environment, 43: 604-618.

VO T, LIN C, WENG C, et al, 2018. Vertical stratification of volatile organic compounds and their photochemical product formation potential in an industrial urban area[J]. Journal of Environmental Management, 217: 327-336.

WANG P, CHEN Y, HU J, et al, 2019. Source apportionment of summertime ozone in China using a source-oriented chemical transport model[J]. Atmospheric Environment, 211: 79-90.

WANG T, XUE L K, BRIMBLECOMBE P, et al, 2017. Ozone pollution in China, A review of concentrations, meteorological influences, chemical precursors, and effects[J]. Science of the Total Environment, 575: 1582-1596.

WISE E K, COMRIE A C, 2005. Extending the Kolmogorov-Zurbenko Filter: Application to ozone, particulate matter, and meteorological trends[J]. Journal of the Air & Waste Management Association, 55: 1208-1216.

XU Z, HUANG X, NIE W, et al, 2018. Impact of biomass burning and vertical mixing of residual layer aged plumes on ozone in the Yangtze River Delta, China: A tethered-balloon measurement and modeling study of a multiday ozone episode[J]. Journal of Geophysical Research: Atmospheres, 123: 11786-11803.

XUE L K, WANG T, GAO J, et al, 2014. Ground-level ozone in four Chinese cities: Precursors, regional transport and heterogeneous processes[J]. Atmospheric Chemistry and Physics, 14: 13175-13188.

YANG L, LUO H, YUAN Z, et al, 2019. Quantitative impacts of meteorology and precursor emission changes on the long-term trend of ambient ozone over the Pearl River Delta, China, and implications for ozone control strategy[J]. Atmospheric Chemistry and Physics, 19: 12901-12916.

YANG W, CHEN H, WANG W, et al, 2019. Modeling study of ozone source apportionment over the Pearl River Delta in 2015[J]. Environmental Pollution, 253: 393-402.

YARWOOD G, RAO S, YOCKE M, et al, 2005. Updates to the Carbon Bond Chemical Mechanism, CB05 [R]. Final Report to the US EPA. RT-0400675.

YIN C, DENG X, ZOU Y, et al, 2019. Trend analysis of surface ozone at suburban Guangzhou, China[J]. Science of the Total Environment, 695: 133880.

ZHAO W, TANG G Q, YU H, et al, 2019. Evolution of boundary layer ozone in Shijiazhuang, a suburban site on the North China Plain[J]. Journal of Environmental Sciences, 83: 152-160.

ZHENG B, ZHANG Q, GENG G, et al, 2021. Changes in China's anthropogenic emissions and air quality during the COVID-19 pandemic in 2020[J]. Earth System Science Data, 13: 2895-2907.